规模化生态养猪
疫病防控答疑解惑

◎ 孙宏磊　高　静　孟新英　主编

U0306540

中国农业科学技术出版社

图书在版编目（CIP）数据

规模化生态养猪疫病防控答疑解惑 / 孙宏磊，高静，
孟新英主编 . -- 北京：中国农业科学技术出版社，2023.7
ISBN 978-7-5116-6154-8

Ⅰ . ①规… Ⅱ . ①孙… ②高… ③孟… Ⅲ . ①猪病－
传染病防治－问题解答 Ⅳ . ① S852.65-44

中国版本图书馆 CIP 数据核字（2022）第 247077 号

责任编辑　张国锋
责任校对　贾若妍　李向荣
责任印制　姜义伟　王思文

出 版 者　中国农业科学技术出版社
　　　　　北京市中关村南大街 12 号　　邮编：100081
电　　话　（010）82106625（编辑室）　（010）82109702（发行部）
　　　　　（010）82109709（读者服务部）
网　　址　https://castp.caas.cn
经 销 者　各地新华书店
印 刷 者　北京富泰印刷有限责任公司
开　　本　170 mm×240 mm　1/16
印　　张　13
字　　数　300 千字
版　　次　2023 年 7 月第 1 版　2023 年 7 月第 1 次印刷
定　　价　48.00 元

◄━◆◆◆ 版权所有·侵权必究 ◆◆◆━►

编者名单

主　编　孙宏磊　高　静　孟新英

副主编　武洪志　刘兰英　章　晔

　　　　夏　伟　吴秋玉　陈铁军

编　者　刘世榜　王　哲　乌英才其克

　　　　郭　雷　汲佳佳　李心越

　　　　王晨星　吴　兰　龙木措

　　　　李和银　孟祥营

前　言

随着人民生活水平和生活质量的不断提高，绿色、优质的猪肉产品越来越受到消费者青睐，猪的规模化生态养殖正在蓬勃发展。养殖从业者从农业可持续发展的角度，应用农业生态工程方法，自然有机地组织生猪生产系统，实现生猪生产系统综合效益最优。养猪生产过程中，严格限制化学药品和饲料添加剂的使用，禁用激素和人工合成促生长剂，通过良好的饲养环境、科学饲养管理和卫生保健措施，最大限度地满足猪群的营养、生理和心理需求，提高了猪群本身的免疫力和抗病力。采取综合防控措施，使猪少得病甚至不得病，得病后少用药物或不用药物，尤其是少用或不用化学药物，使猪肉产品达到绿色食品的标准，以满足消费者追求纯天然的需求。

本书是作者总结几十年猪病综合防控的教学、科研、诊疗经验。在编写过程中，本着立足基层、服务基层的原则，将科学性和实用性融为一体，系统、全面地回答了标准、规范、实用的规模化生态养猪疫病防控与临床诊疗过程中的疑问，具有较强的实用性、针对性和可操作性。在内容上，突破了常规同类图书偏重叙述发病机理，忽视实践防控策略的固有模式，重点解读了规模化生态猪场场址选择与猪场规划、环境控制、消毒防疫、驱虫保健等生物安全措施方面的常见问题，技术性强、简明实用；形式上，一问一答，解疑答惑，便于读者检索。

本书可作为广大规模化生态养猪场户的指导用书，也是兽医院、基层兽医站技术人员的必备用书，还可供兽医专业的高职、大专院校学生参考使用。

由于作者水平有限，书中存在疏漏和不足在所难免，诚恳希望各地读者在使用中提出宝贵意见，以使本书日臻完善。

编　者

2022 年 11 月

目 录

第一章　概　述

1. 什么是生态养猪?

生态养猪就是利用生态学原理指导养猪生产，或将生态学、生物学、经济学原理应用于养猪生产。具体地讲，生态养猪就是根据生态系统物质循环与能量流动基本原理，将猪作为农业生态系统必要组成元素，应用农业生态工程方法，自然有机地组织生猪生产系统，实现生猪生产系统综合效益最优及养猪业的可持续发展。生态养猪是一种最大限度地节能、节水、节省饲料、大幅减排二氧化碳及其他有害物质的养猪业，也是保护生态环境与持续健康发展的养猪业。它是将现代科学技术与传统的养殖技术结合起来，实现资源良性循环，实现生态效益、经济效益与社会效益协调统一发展的养猪模式。

生态养猪强调猪仅是具体某个农业生态系统或农业生产系统的重要组成元素之一。猪作为农业生态系统中家养动物群落的一个动物，不能脱离其生存发展的环境。与养猪相关的饲料、品种、圈舍、饲养方式、市场等多种环节，构成以猪为核心的一个不可分割的系统，这就是生态养猪的生产系统。

生态养猪业要求与环境相互依存，形成良好环境，不仅使生猪生产系统自身是一个良性循环系统，而且能与农业生产系统形成相互依存的关系，使养猪业与农业资源、环境协调统一，是养猪可持续健康发展的道路。生态养猪业既要考虑满足当代人类对猪产品数量、质量的基本需求，又不损害子孙后代养猪生产的基本生态条件。

2. 什么是动物疫病?

《中华人民共和国动物防疫法》(简称《动物防疫法》，全书同)第三条第三款规定，动物疫病是指动物传染病，包括寄生虫病。

3. 以猪伪狂犬病为例，解释什么是动物传染病。

动物传染病是指由病原微生物引起，具有一定潜伏期和临床表现，并具有传染性和流行性的疾病。以猪伪狂犬病为例，解释动物传染病。

病原微生物：猪伪狂犬病病毒。

流行特点：有一定的季节性，多发生在寒冷的季节，但其他季节也有发生。

潜伏期：是指从感染病原到动物最早临床症状开始的时间。潜伏期：一般为3～6天，短者36小时，长者达10天。

临床表现：可引起妊娠母猪流产、死胎，公猪不育，新生仔猪大量死亡，育肥猪呼吸困难、生长停滞等。

流行病学：伪狂犬病病毒在全世界广泛分布。伪狂犬病自然发生于猪、牛、绵羊、犬和猫，另外，多种野生动物、肉食动物也易感。猪是伪狂犬病病毒的贮存宿主，病猪、带毒猪以及带毒鼠类为重要传染源。不少学者认为，其他动物感染本病与接触猪和鼠有关。在猪场，猪伪狂犬病病毒主要通过已感染猪排毒而传给健康猪，另外，被伪狂犬病毒污染的工作人员和器具在该病传播中起着重要的作用。而空气传播则是伪狂犬病毒扩散的最主要途径，但到底能传播多远还不清楚。人们还发现在有伪狂犬病发生的猪场周围放牧的牛群也能发病，在这种情况下，空气传播是唯一可能的途径。在猪群中，病毒主要通过鼻分泌物传播，另外，乳汁和精液也是可能的传播方式。

4. 猪传染病发生的主要环节是什么?

传染病的一个基本特征是能在个体之间通过直接接触或间接接触相互传播，构成流行。传染病能在猪群中发生、传播和流行，必须具备三个必要环节：传染源、传播途径、易感猪。

（1）**传染源**。就是受感染的猪，包括已发病的病猪和带菌（毒）的猪，尤其是带菌（毒）的猪，外表无临床症状且一般不易查出，容易被人们忽视。对已发病的病猪和带菌（毒）的猪要隔离，积极治疗；如果不治死亡后，要采取无害化处理方法，切断传染源；如果治愈，也要继续观察一段时间后，再和其他猪合群。

（2）**传播途径**。指病原从传染源排出后，经过一定的方式再侵入健康动物经过的途径。传播途径可分为水平传播和垂直传播两类。

水平传播的传播方式可分为直接接触传播和间接接触传播。直接接触传播是在没有任何外界因素参与下，病猪与健康猪直接接触引起传染，特点是一个接一个发生，有明显连锁性。间接接触传播，即病原体通过媒介如饲料、饮水、土壤、空气等间接地使健康猪发生传染。大多数传染病以间接接触为主要传播方式。垂直传播即从母体经胎盘、产道将病原体传播给后代。

对病猪要早发现、早隔离、早治疗，切断病原体的传播途径，对母畜患有传染病的要及时治疗，对不能治愈的要及时淘汰，防止将病原体传播给后代。

（**3**）**易感猪**。易感性是指猪对某种传染病病原感受性的大小，其与病原的种类和毒力强弱、猪的免疫状态、遗传特性、外界环境、饲养管理等因素有关。给猪注射疫苗、抗病血清，或通过母源抗体使猪变为不易感，都是通常采取的措施。

5.什么是动物寄生虫病?

动物寄生虫病是指由寄生虫引起的疾病，比如猪蛔虫病、猪囊尾蚴病、猪疥癣病、猪球虫病等。

6.动物疫病共分为几类?

我国《动物防疫法》第四条规定，根据动物疫病对养殖业生产和人体健康的危害程度，动物疫病分为下列三类。

（一）一类疫病，是指口蹄疫、非洲猪瘟、高致病性禽流感等对人、动物构成特别严重危害，可能造成重大经济损失和社会影响，需要采取紧急、严厉的强制预防、控制等措施的；

（二）二类疫病，是指狂犬病、布鲁氏菌病、草鱼出血病等对人、动物构成严重危害，可能造成较大经济损失和社会影响，需要采取严格预防、控制等措施的；

（三）三类疫病，是指大肠杆菌病、禽结核病、鳖腮腺炎病等常见多发，对人、动物构成危害，可能造成一定程度的经济损失和社会影响，需要及时预防、控制。

7.我国规定的一、二、三类动物疫病中，猪的疫病有哪些?

2022年6月，中华人民共和国农业农村部公告（第573号）公布的《一二三类动物疫病病种名录》，我国规定的一类动物疫病11种，分别是：口蹄疫、猪水疱病、非洲猪瘟、尼帕病毒性脑炎、非洲马瘟、牛海绵状脑病、牛瘟、牛传染性胸膜肺炎、痒病、小反刍兽疫、高致病性禽流感。猪疫病3种：口蹄疫、猪水疱病、非洲猪瘟。

二类动物疫病37种，其中多种动物共患病7种，分别是：狂犬病、布鲁氏菌病、炭疽、蓝舌病、日本脑炎、棘球蚴病、日本血吸虫病；猪疫病3种，分别是：猪瘟、猪繁殖与呼吸综合征（蓝耳病）、猪流行性腹泻。

三类动物疫病126种。其中，多种动物共患病25种，分别是：伪狂犬病、轮状病毒感染、产气荚膜梭菌病、大肠杆菌病、巴氏杆菌病、沙门氏菌病、李氏杆菌病、链球菌病、溶血性曼氏杆菌病、副结核病、类鼻疽、支原体病、衣原体病、附红细胞体病、Q热、钩端螺旋体病、东毕吸虫病、华支睾吸虫病、囊尾蚴病、片形吸虫病、旋毛虫病、血矛线虫病、弓形虫病、伊氏锥虫病、隐孢子虫病。猪疫病13种，分别是：猪细小病毒感染、猪丹毒、猪传染性胸膜肺炎、猪波氏菌病、猪圆环病毒病、格拉瑟病、猪传染性胃肠炎、猪流感、猪丁型冠状病毒感染、猪塞内卡病毒感染、仔猪红痢、猪痢疾、猪增生性肠病。

8. 当前规模化生态养猪疫病流行有什么特点?

当前，规模化生态养猪疫病流行有下列主要特点。

（1）**疫病传播速度快。** 规模化生态养猪场的生猪饲养数量比较多，部分养殖场会结合日龄进行合理分群，但可能会由于饲养数量过多而导致养殖密度过大，再加上养殖人员的交叉管理，更容易加速疾病的传播，防控难度大，造成较大经济损失。且结合实际调查显示，规模化养猪场中猪病的传播速度约为散养的3倍。

（2）**疫病种类多。** 规模化生态猪场由于饲养数量多，引种和生猪调运工作更为频繁，一旦生猪进出检疫不够严格或是检疫方式落后，极有可能造成疫病从外传入。部分养殖场的检疫人员对于猪病检疫的认识程度不够，继而容易使得疫病由外引进概率大，种类比较多。部分病原在与环境、生物以及人为等因素的长期相互影响之下，生物学特性产生了变异，免疫原性、毒力出现了改变，更多新病种出现，缺乏防控经验作为参考，因此，防控难度加大，还需养殖人员进行高度重视。

（3）**混合交叉感染率高。** 规模化生态猪场中生猪进出比较频繁，非常容易造成猪病出现和流行，传播的途径进一步拓宽，各种疾病呈现混合交叉感染的趋势，很多猪病由原来的单一病原转变为多重感染或混合感染，防控的难度大大增加。

（4）**寄生虫病严重。** 现阶段规模化生态猪场存在寄生虫感染严重的情况，部分养殖场由于忽视了饲养管理工作，导致养殖环境差，卫生条件差、粪污处理不及时、消毒清洁不彻底等，都给各种寄生虫的滋生创造了条件，环境中存在大量的病原微生物，会对生猪的生长发育产生制约。常见的寄生虫有蛔虫、疥螨等，虽然不会造成生猪死亡，但是会严重影响养殖工作的顺利进行，很多生猪都会成为寄生虫的携带者，导致疫病高发。

（5）**具有非典型性特点。** 目前，受病原变异等因素的影响，生猪疫病在流行时往往会出现新的血清和亚型，这些疫病会给养殖业带来风险，为了做好疫病防控，一般会采取超强免疫防范工作，继而导致部分疫病具备非典型特点。如当前较为高发的猪瘟，其出现在规模化养猪场后，会呈现非典型症状，持续时间长，防治难度大。

（6）**细菌性疾病发生率高。** 规模化生态猪场规模逐渐壮大，生猪商品市场流通更加频繁，养殖过程中未能控制好养殖环境，再加上环境污染严重，多种应激因素影响之下，环境中细菌大量滋生，生猪对细菌的易感性更强，使得生猪细菌性疾病的发生率更高。另外，兽医及技术人员进行疾病治疗时未能找准病因、精准诊断、科学用药，会造成极大的不利影响。当前很多养殖场在疾病治疗过程中存在滥用抗生素的情况，使得生猪对于疾病的抗药性进一步增强，从而导致疾病的发病率逐年升高。同时滥用药物贻误了最佳治疗时机，导致疫病的防控难度加大。

9. 猪疫病发生的根本原因是什么？

（1）对猪传染病出现的新情况认识不足。近几年来，有不少传染病（如猪瘟、蓝耳病、伪狂犬病等）出现了隐性感染、持续性感染和潜伏期带毒，并且痊愈后带毒猪越来越多，由于这些猪一般不表现临床症状，但却能向外排毒，往往不会引起人们的注意，如果对这些新情况认识不足，就会致使疫病传染数量不断增多。这些生猪及其产品调运、外购流动频繁，加之监测不力，检疫不严，使传染病分布越来越广，造成疫病的广泛扩散。

（2）引种混乱、检疫不严。各地区每年从国内外大量引进种猪，由于部门和渠道众多、考查不细、检疫手段落后和检疫不严，致使引进的种猪不仅带入了新的传染病（如猪圆环病毒感染、蓝耳病和猪传染性胸膜肺炎等），而且使全国各地已基本控制了的传染病又重新复发，造成疫病的严重传播。

（3）兽药、疫苗质量不稳定，使用不当。兽用疫苗和兽药生产管理存在漏洞，没有严格按照 GMP 标准进行质量可追溯，其质量难以保证，无法满足动物疫病防控工作的需要。加上药品运输、保存、使用不当，易影响其免疫效果和治疗效果。尤其是广大农村养猪专业户防疫观念淡薄，免疫密度不够，免疫程序不合理，致使猪群不能获得免疫保护，造成疫病的发生与流行。

（4）饲养环境的日益恶化是造成传染病发生与流行的重要原因。随着集约化和规模化养猪场的增多，环境污染也越加严重。饲养规模和密度过大、通风换气不良、各种应激因素增多、粪便和污水排放量过大、处理能力差、缺乏生物安全意识，致使环境性病原菌如大肠杆菌、链球菌、葡萄球菌、沙门氏菌、巴氏杆菌、支原体等广泛存在于饲养环境中，通过各种途径进行传播。加之盲目大量滥用抗菌药物，任意加大使用剂量，并在饲料中长期添加某些抗菌药物，使一些细菌和寄生虫产生了耐药性。这些环境性病原引发的疫病已成为养猪场和广大农村养猪专业户的常见病和多发病，危害也越来越严重。一旦发生，往往出现混合感染和继发感染，使用多种抗菌药物治疗无效，造成重大的经济损失。

（5）诊断手段落后，不重视免疫监测。当猪场发生疫病时，不及时进行实验室检查，作出正确诊断，而是盲目用药，花费大量人力、财力去进行治疗，往往得不到好的结果。对发生的疫病要认真分析，从流行特点、临床症状、病理变化和实验室检查等多个方面进行综合诊断，才能采取科学的防控措施，选择最佳的方案控制疫病的发生与流行。

定期进行免疫监测，可及时掌握猪场中传染病和寄生虫病的流行动态与分布，以便及早地制定科学合理的免疫程序和防疫措施，预防疫病的发生。一些猪场怕花钱，怕检出染病种猪不好出售，故不重视免疫监测与监控，这种态度和做法是错误的。

（6）其他原因。 随着我国规模化养猪场数量的增多，经营规模的扩大，畜禽及其产品流通市场的发展，给猪病流行创造了有利条件；养猪生产经营主体多元化，盲目扩大生产；广大农村养猪专业户，普遍不重视疫病防控工作；基层防疫队伍不稳定，技术水平不高，防疫手段落后，防疫经费不足；养猪环境的污染日益严重，旧病没有很好控制，又出现不少新病，使新老疫病在我国许多猪场同时存在，给养猪业造成极大的侵害。由此可见，当前我国猪场的疫病防控形势仍很严峻。

10. 影响规模化生态养猪的主要环境因素有哪些？

生态环境（包括自然环境和生活环境）的变化，如全球气候变暖、臭氧层的破坏，以及生猪饲养环境中的空气、水源、土壤及饲料等被化学性、物理性和生物性污染物的污染等，对猪只的生长与健康均造成特异性损害和非特异性损害，导致猪只免疫抑制、抗病力与生产力下降，诱发各种疾病的发生与流行，严重威胁着养猪业的健康发展。当前影响生态养猪的主要环境因素表现在以下几个方面。

（1）空气污染对猪的不良影响。 养猪生产中产生的各种有害气体，改变了养猪场的生态环境，严重危害着养猪业的健康发展。一个万头猪场，每天排出的粪尿量约为 60 吨，1 年的排出量为 2.19 万吨，如果采用水冲洗清除粪污，则每天排放的粪污水量为 109.5 万吨。这些粪尿与污水，加上垫料、死尸及其他污染物等，如不进行无害化处理，则会每天不断地产生大量的氨气、氮气、二氧化碳、硫化氢、吲哚、酚、粪臭素、甲烷和硫酸类等有害气体。这些有害气体散出后严重地污染空气，不仅危害养猪场的生产，而且对人的健康也会产生影响。猪舍内被有害气体污染的空气，产生刺激性气味，对猪只的眼、鼻及呼吸道系统产生强烈的刺激，引发猪只发生各种呼吸道疾病，如鼻炎、支气管炎、肺炎、肺气肿及眼结膜炎，以及猪肺疫、气喘病、传染性胸膜肺炎、萎缩性鼻炎和许多病毒性疾病等。最终导致猪场发病率与死亡率增高，猪群抗病力与生产力下降，危害养猪业的健康发展。

环境中的许多病原可附着于污染空气中的尘埃上，形成凝集性气溶胶，在猪场随着飞沫飘动，传播多种传染病，引发疫情。比如猪流感、口蹄疫、蓝耳病、圆环病毒病、细小病毒病、猪水疱病、猪传染性胃肠炎、博卡病毒感染、猪副黏病毒病、血凝性脑脊髓炎、猪巴氏杆菌病、猪支原体肺炎、链球菌病、传染性脑膜肺炎、猪副嗜血杆菌病、葡萄球菌病、炭疽、萎缩性鼻炎、结核病、李氏杆菌病、绿脓杆菌病、魏氏梭菌病、衣原体病、钩端螺旋体病等。这些传染病病原体都能在猪场通过污染的空气传播，引发猪群发生各种疫病，当前对养猪生产危害甚大。

（2）**水污染对猪的不良影响。**养猪场的用水被污染，其污染源来自5个方面：一是养猪生产中排放出的猪粪尿与污水，这是主要的；二是人的生活污水，如冲厕所排水、厨房洗涤排水，洗衣排水、沐浴排水等；三是猪从饲料中摄入体内的氮的65%、磷的70%排到体外，然后随雨水冲刷进入江河和地下水中；四是农业污水，农作物大量使用农药、化肥，残留于土壤中，通过降雨，沉降而进入地表水与地下水中；五是外界环境中的各种病原微生物及寄生虫卵进入地表水与地下水中等，污染猪场的水源。如果猪只饮用这样的污水，不仅会造成对猪只的损害，导致生产性能降低，免疫力下降，发生各种中毒病及肠道疾病而死亡，还会诱发多种疫病的发生，如猪群中常见的口蹄疫、肠道病毒病、博卡病毒感染、嵴病毒感染、杯状病毒感染、流行性腹泻、传染性胃肠炎、轮状病毒病、大肠杆菌病、沙门氏菌病、仔猪红痢、猪痢疾、炭疽、布鲁氏菌病、结核病等都能通过污染的水经消化道在猪群中传播。

（3）**土壤污染对猪的不良影响。**当前规模化养猪场猪群直接接触土壤的机会虽然不多，但是猪场内、外环境中的土壤污染还是存在的。其污染源主要来自3个方面：一是农民种地大量使用农药和化肥，其残留于土壤中，当种植各种谷物时，可转移到植物体内并在其中积累，再以此类谷物作饲料原料生产饲料，用以喂猪则对猪只造成危害。二是饲料中添加过量的重金属，如砷、汞、镉、铅、铜等超标，猪只摄入后随粪便排出，进入土壤中累积起来，还原十分困难，造成土壤被重金属污染。三是猪场的大量粪污以及生活垃圾与生活废水等处理不当，进入土壤，造成污染。这样被污染的土壤即可成为许多病原微生物的繁殖与集散基地，造成各种疾病在猪场传播。如许多肠道病原微生物、炭疽、破伤风、猪丹毒等疫病都是经污染的土壤而传播的。

（4）**饲料污染对猪的不良影响。**饲料污染除了农药、化肥及重金属等污染饲料原料，对猪造成危害之外，主要是各种真菌的污染引发饲料发霉变质，造成霉菌毒素中毒，危害严重，再者就是许多病毒和细菌的污染，以及旋毛虫、囊虫、线虫、吸虫、球虫和弓形虫等寄生虫的污染等，均可引发猪群发生各种疾病，造成死亡。

（5）**野生动物与节肢动物的存在对猪的不良影响。**随着自然环境与生活环境的改变以及气候的变化，野生动物与节肢动物的生活习性也在发生改变，应引起重视。据有关研究报告，野猪可传播猪瘟与圆环病毒病等；狐、狼可传播伪狂犬病和狂犬病等。据报道，我国的老鼠超过30亿只，每年偷吃粮食约250万吨，超过我国每年进口粮食的总量，经济损失高达100亿元人民币。鼠类可传播猪瘟、口蹄疫、伪狂犬病、流行性腹泻、脑心肌炎、炭疽、沙门氏菌病、布鲁氏菌病、结核病、猪丹毒、猪肺疫、李氏杆菌病、土拉杆菌病、钩端螺旋体病及立克次体病等（家犬与家猫也可传播上述多种传染病）。这些野生动物长期存在，对猪场构成很大的威胁，危害甚大，应引起重视。

节肢动物主要有蚊、蝇、蜱和虻等，是一种传播媒介。据有关报道，吸血昆虫可携带细菌100多种、病毒20多种、原虫30多种，可传播传染病和寄生虫病约20余种，其中，家蝇可传播16种猪的疫病。许多猪场对这些危害往往视而不见，这是非常有害的，疫病防控中一定要重视猪场的灭鼠与灭虫工作。

（6）兽药残留对猪的不良影响。兽医临床上与饲料中大量使用抗生素类、驱肠虫药类、抗原虫药类、灭锥虫药类、生长促进剂类、镇静剂和 β–肾上腺素能受体阻断剂等七类兽药用于防控或作添加剂使用等。因这些兽药使用后都会在猪体内产生药物残留，或者以原药或代谢物的形式随粪尿排出体外，残留于环境之中，污染空气、污染水源、污染土壤等，对植物、土壤微生物、昆虫及水生物等都有不良影响。对猪不仅引发耐药性细菌的增多，导致"超级细菌"的出现，也增大了对疫病的防控难度，而且药物长期残留会造成猪体免疫抑制、免疫力下降、生产性能降低，疫病常年不断地发生，严重危害到动物性食品的安全与养猪生产的健康发展，应引起高度重视。

（7）猪舍内环境对猪的不良影响。猪舍内环境除了上面提及的空气、水质、土壤与饲料等因素之外，对猪只产生较大影响的还有温度、湿度与应激等因素。

①温度与湿度的影响。猪舍内的温度过低，湿度过高，会导致仔猪免疫力低下，成活率降低。大猪需要消耗更多能量用于产热，以维持其体温，致使日增重降低，饲料转化率下降，生长缓慢，而诱发各种呼吸道病与消化道病的发生。温度过高，可使种公猪性欲降低，精液品质下降，影响配种；高温可使母猪促性腺激素分泌不足，卵巢机能障碍，发情和排卵出现异常；哺乳母猪采食量下降，泌乳量减少。高热潮湿的环境中各种病原微生物与寄生虫卵最适宜发育繁殖，易造成猪场疫病的传播与流行。

②应激的影响。引发猪只产生应激的因素很多，常见的有各种有害气体，温度过高或过低、水质的污染、饲料的突变、转群、免疫接种、去势、剪牙、饲养密度过大、驱赶、运输等，当猪体受到应激原的刺激后，肾上腺皮质激素分泌增加，机体的免疫器官功能和淋巴组织发育受到抑制，导致免疫机能降低，抗体的产生减少，机体的抗病力下降。应激还能破坏机体的生理平衡，引起猪只发生应

激综合征而造成死亡。应激可使成年猪性腺萎缩，性功能降低，精子畸形；种母猪卵泡生成、发育、成熟受阻，造成繁殖性能降低。应激可刺激育肥猪合成代谢减弱，分解代谢增加，导致其生长发育停滞，饲料转化率低下，生产性能下降等。

11. 怎么判断猪发生疫病了？

凡是在短时间内出现发病数量增多、死亡率高，母猪产仔数减少、肥育猪育肥效果等明显下降，尤其出现临床症状异常、常规治疗无效时，就要怀疑猪是否感染了疫病。

12. 怀疑猪得了疫病，该怎么办？

根据《动物防疫法》规定，猪发生传染病时，要进行紧急处置。具体内容如下。

（1）**报告疫情**。兽医技术及相关管理人员发现疫情要立即向上级部门报告疫情（如口蹄疫、猪瘟等烈性传染病），划定疫区，采取严格封锁措施，组织力量尽快扑灭。

（2）**隔离饲养**。立即将病猪和健康猪隔离，以防健康猪受到传染。就地迅速采取隔离措施，把染疫动物和同群动物分别关好，在养殖场所周边喷洒消毒剂，等待专业人员处理。在此期间，禁止个人买卖动物、屠宰动物、运输动物。

在诊断过程中，疑似或确诊某种传染病时，必须立即隔离病猪，进行观察，尽可能缩小病猪活动范围，控制病原微生物的扩散。根据传染病的种类，规划疫区或疫场（疫点），进行严格封锁。在此期间严禁猪群或其他动物调运，并不准从疫场或疫舍调出饲料，疫区的出入口要设立标牌，禁止人畜出入。疫区或疫场内最后一头病猪死亡或痊愈后，经过规定时间（决定于该病的潜伏期）未发现病猪，解除封锁。

对于可疑感染猪（与病猪有过接触，目前未发病的猪），必须单独圈养，观察20天以上不发病，才能与健康猪合群。

（3）**及时发现病猪，尽快确诊**。在猪群中发现病猪后，根据猪传染病的特点，在排除其他疾病（如中毒病）的前提下，尽早确诊。如观察到由一头猪或几头病猪迅速传染给其他健康猪，或由一栋猪舍传播另外一栋猪舍，由一个地区传播到其他地区，并且，还具有传染快、发病率和死亡率都高的特点，同时结合病猪有败血症（全身器官或皮肤出血）特征，可以确诊为传染病。

进一步确诊是哪一种传染病，主要根据传染病的流行特点、临床症状、病理变化以及实验室检验，进行确诊。

（4）**严格消毒**。工作人员出入隔离场所要遵守消毒制度，其他人员、畜禽不得进入。对全场进行紧急、严格消毒，尤其是被病猪的排泄物、分泌物及病猪内脏、血液污染的场地、用具、工作服、饲料和饮水等，都要用 10% ～ 20% 石灰乳或 2% ～ 3% 氢氧化钠溶液，全面喷雾消毒。污染的垫草、粪尿彻底清除，予以烧毁或堆积发酵，利用生物热将病原杀死。

隔离区内的用具、饲料、粪便等，未经彻底消毒不得运出。

（5）谨慎治疗。口蹄疫等一类动物疫病，不得对发病动物采取治疗措施。根据传染病的种类，采用相应的血清或某些抗生素，进行合理的治疗。配合相应的对症治疗措施，如强心补液、解热镇痛、利尿排毒等。上述治疗措施，对于消灭某些传染病，也是不可忽视的。

没有治疗价值的病猪，在死亡后，要进行焚烧或深埋。因患传染病死亡的病猪尸体，含有大量病原体，是该种传染病最主要的传染源。所以，对病猪尸体处理妥善与否，是关系到猪传染病能否及时扑灭的关键环节。因此，对该种病猪尸体不能随地乱扔，也绝不能分割食用和到市场上去销售，以免发生扩大传播。为彻底消灭传染源，必须按农业农村部要求无害化处理。同时要有人看护，以防人、狗等挖出偷吃，散播病原。

（6）对健康猪和疑似猪要进行疫苗紧急接种或进行预防性治疗。发生猪传染病时，临近的地区、猪场、猪舍的猪只受到严重的威胁，所以，除采取其他措施外，还应立即进行预防注射，以保护健康猪群免受传染。例如，发生猪瘟时，对尚未出现症状的猪只，一律注射猪瘟兔化弱毒苗，超过 60 日龄的猪只，注射剂量为常规量的 4 倍，注射后 4 天左右即可产生免疫力。

13. 动物发生疫病，由谁来向社会发布动物疫情？

《动物防疫法》第三十六条规定，国务院农业农村主管部门向社会及时公布全国动物疫情，也可以根据需要授权省、自治区、直辖市人民政府农业农村主管部门公布本行政区域的动物疫情。其他单位和个人不得发布动物疫情。

第一百零四条第（一）款，任何单位和个人擅自发布动物疫情，要由县级以上地方人民政府农业农村主管部门责令改正，处三千元以上三万元以下罚款。

根据《治安管理处罚法》相关规定，发布虚假动物疫情的，按"虚构事实，扰乱公共秩序"处以 15 日以下治安拘留，并处罚款。

14. 动物强制性扑杀后，可以获得补助吗？

国家在预防、控制和扑灭动物疫病过程中，对被强制扑杀动物的所有者给予补偿，补助经费由中央财政和地方财政共同承担。目前，纳入中央财政补助范围的强制扑杀疫病种类包括非洲猪瘟、口蹄疫、高致病性禽流感、小反刍兽疫、布鲁氏菌病、结核病、包虫病、马鼻疽和马传贫。被强制扑杀的猪，每头猪大约补助 800 元，具体以所在地细化补助测算标准为准。

15. 猪疫病的综合防控措施有哪些?

（1）加强饲养管理。科学的饲养管理可以增强猪群的免疫力和抗病能力，减少猪群发病的概率。

①创造良好的环境条件。俗话说"猪群想要好，猪窝先搞好"，猪本身对环境条件要求很高，猪群在一个舒适、安静、干燥、干净的环境中生长不仅采食好、发育快而且疾病发生率大大降低。养殖户在日常生产管理中，根据季节变化做好防暑降温、防寒保温，猪舍通风，粪便及时处理等工作，是基本而又很重要的。

②营养需求均衡。猪群在采食时，对饲料中营养的需求随着发育阶段是不同的，不同种类的猪对营养需求也是不一样的，提供全价平衡饲料，保证营养均衡是猪群健康的重要保障。在饲料原料选取时一定要选用优质饲料，合理地加工调制；重视猪群各阶段的营养配比；重视饲料存放、使用，防止发生变质、污染。

③充足卫生的饮水。猪群充足的饮水往往对很多疾病起到预防的作用，水本身就是重要的营养素，很多猪场存在母猪便秘的情况，去实地检查后发现原来母猪每天得不到有效的饮水造成的。所以，养殖户在每天工作中一定要检查饮水设备的出水情况，保证猪群充足而干净的饮水。

④减少应激的发生。在猪场饲养过程中，猪群应激无处不在。如：运输、转群、断尾、免疫接种、换料、随意饲喂、供水不足等生产因素，还有饲料中营养配比不均，营养缺失，猪舍内温度过高或过低、猪舍采光不足等环境因素都会引起猪群应激。

减少和避免应激的产生对猪群正常生长有极大的促进作用。

（2）加强隔离管理。

①严格的引种。猪场在进行引种时，要提前了解好种猪场的具体情况，引进洁净的猪后，要在隔离区进行 1 ～ 2 个月的饲养观察，确认未携带传染病后才可入场。特别是非洲猪瘟疫情严重时期，这一点尤为重要。

②做好消毒工作。在猪场门口必须建消毒池，最好安装喷洒消毒设备。人员在进场前进行消毒，严禁闲人进场。

猪场外最好设置防疫沟，并在围墙外种植荆棘类植物，形成防疫隔离带；猪舍内每天要进行喷洒消毒，人员进出要进行更衣、换鞋。

③采取"全进全出"的方式。"全进全出"的饲养方式可以使猪场能够有效地阻止疾病传播，猪场能够做好空圈、净场、充分清洗、消毒等工作，从而切断了疾病传播途径，保证猪场的安全。

（3）正确的免疫接种。在当前猪场的传染病仍频发，正确的免疫接种是预防传染病的有效措施。

①疫苗的采购。疫苗的质量直接影响到免疫接种的成败，在购买疫苗时，一定要检查药品的名称、厂家、批号、有效期、物理性状等信息是否与说明书相符，仔细检查说明书与瓶签是否相符，选择信誉好且有批准文号的疫苗。

另外，在购买疫苗时应注意生产日期，购买最近生产的，有效期在3个月以下的最好别买。

②疫苗的保管。很多时候，疫苗本身没有问题，养殖户在购买后，由于保管不善导致疫苗的作用减弱或丧失，所以，在保管时要格外注意。

由于很多疫苗是在冰箱里冷冻保存的，冰箱要保持清洁，存放疫苗时排放有序，并定期地查看，清理过期的疫苗。

③疫苗的规范使用。疫苗在注射时，一定要进行规范操作，避免污染。注射前，要保证瓶内液体充分摇匀，冻干苗加稀释液后，轻轻摇匀。在选取针头时，应根据猪只大小和注射剂量合理选用。如：新生仔猪猪瘟免疫时可用长20毫米的9号针头。

注射时，要进行严格消毒，每注射一栏猪更换一枚针头，防止传染。注射进针要稳，拔针应迅速，不打飞针，保证疫苗液真正足量进入猪肌肉内。

（4）有效的药物防治。猪群药物防治主要包括药物保健和寄生虫病的控制。

①药物保健。药物保健就是在猪群容易发病的几个关键时期，提前在饲料中加入药物，用来预防猪群发病，降低猪场的发病率。在进行药物保健时，应尽可能少地使用抗生素类药物，以避免耐药性。药物保健使用中药制剂、微生态制剂等效果较好。

②寄生虫病控制。猪场寄生虫病通常是慢性疾病，看不见摸不着，但阻碍猪群生长发育，严重影响猪群健康，寄生虫病的控制在日常生产中不可忽视。

猪场中常见的体外寄生虫为疥螨、虱子；体内寄生虫多为肠道线虫，如圆线虫、鞭虫等。

实际控制中常用的驱虫药为粉剂预混剂或注射液，阿苯达唑、伊维菌素对寄生虫病的控制效果较好。

16. 购销猪有哪些防疫要求？

（1）出猪台场内、场外车辆行走路线不得交叉。出猪台须设一低平处用于外来车辆的消毒，地面铺水泥；设计好冲洗消毒水的流向，勿污染猪场生产与生活区。外来车辆先在此低处全面清洗消毒后才能靠近出猪台。

（2）外来种猪卸猪时，其车辆需在指定地点先全面消毒方可靠近隔离舍。隔离舍出猪台卸猪时，在过道适当路段设铁栏障碍，保证每头猪能够暂停，全身细雾消毒后才放行进入隔离舍。消毒药要长效而又耐有机物。隔离舍在外进种猪调入后的前 3 天加强消毒。

（3）从外地购入种猪，必须经过检疫，并在猪场隔离舍饲养观察 45 天，确认为无传染病的健康猪，经过清洗并彻底消毒后方可进入生产线。

（4）出售猪时，须经猪场有关技术人员临床检查，无病方可出场。出售猪只只能单向流动，猪只进入售猪区后，严禁再次返回生产线。

（5）禁止养殖户进入出猪台内与未售猪直接接触，可提供一长棒供其挑猪。

场内出猪人员上班时在生活区指定地点更换工作服与水鞋，走专门路线去出猪台。在出完猪后对出猪台进行全面消毒，之后严格洗手、脚踏消毒后走专门路线返回生活区，在指定地点换掉工作服。换下的工作服及水鞋须立即浸泡消毒。

（6）生产线人员随车押送到出猪台时，不得离开车厢，只能在车上赶猪。

第二章　规模化生态猪场的选址与规划

1. 规模化生态猪场的建设总体要求是什么?

规模化生态猪场的建设总体要求可概括为布局合理、功能完善、便于管理、防疫可靠、交通便利、水电充足、环境友好、环保达标等。

2. 如何进行猪场的总体规划?

猪场总体规划是根据确定的生产管理工艺流程来规划猪场建设规模。商品猪场的规划应根据建设地区资源、投资、本地区及周边地区市场需求量和社会经济发展状况，以及技术与经济合理性和管理水平等因素综合确定。通常基础母猪数 120 ～ 300 头，年出栏商品猪 2 000 ～ 5 000 头的为小型猪场；基础母猪数 300 ～ 600 头，年出栏商品猪 5 000 ～ 10 000 头的为中型猪场；基础母猪数 600 头以上，年出栏商品猪 10 000 头以上的为大型猪场。

总体规划的步骤是：首先根据生产管理工艺确定要建设哪些主要设施和附属设施以及各类猪舍、各类猪栏数量和所需要的面积，其次计算各类猪舍栋数，最后完成各类猪舍的布局安排。商品猪场的建设规模应与其基础母猪的数量相适应。

规模化生态猪场猪舍样式、结构、内部布置和设备牵涉的细节很多，需要多考察几个养殖场户，请教专家和听取有经验养殖人员的建议，特别是屋顶、天棚、地面及排污沟等怎么建造最合适，要取长补短，综合分析比较，选择适合本地气候和管理特点的建筑形式，然后再做详细的方案。

3. 规模化生态猪场应该实行什么生产管理工艺? 根据这一生产工艺，猪群结构是怎么划分的?

规模化生态猪场生产管理要实行"全进全出"一环扣一环的流水式作业。所以，猪舍建筑也需要根据这一生产管理工艺来规划。根据目前普遍饲养的瘦肉型猪品种的生产特点，其主要生产技术指标如表 2-1 所示。

表 2-1 商品猪场主要生产技术指标

项目	指标	项目	指标
平均年产仔窝数	2 窝以上	生产母猪年产仔数	19 头以上
每窝平均产仔数	11 头以上	哺乳仔猪的成活率	92% 以上
平均窝产活仔数	10 头以上	保育猪的成活率	96% 以上
仔猪断奶日龄	28 天以上	生长育肥猪成活率	98% 以上
配种分娩率	85% 以上	全期成活率	90% 以上

猪群结构是依照生产功能、工艺流程、技术指标确定的。中小型规模化生态猪场正常运营情况下，以出栏商品猪数来计算猪群结构，可分为 4 种规模（表 2-2）。

表 2-2 猪群存栏数与结构　　　　　　　　　　　　　　　　　（头）

规模与群别	成年种公猪	后备公猪	生产母猪	后备母猪	哺乳仔猪	保育猪	生长发育猪	合计存栏	年产商品肉猪
1 000	2～3	1～2	56～60	17～20	100 以上	100 以上	300 以上	500 以上	1 000 以上
3 000	7～8	2～4	170～200	50～60	320 以上	310 以上	930 以上	1 800 以上	3 000 以上
5 000	11～12	4～6	280～300	83～90	530 以上	510 以上	1 540 以上	2 960 以上	5 000 以上
10 000	22～25	8～10	560～600	167～200	1 000 以上	1 000 以上	3 000 以上	5 900 以上	10 000 以上

猪群具体划分如下。

（1）成年公猪群。直接参与生产的公猪组成成年公猪群。实行人工辅助自然交配的猪场，种公猪应占生产母猪群 2%～5%；实行人工授精配种的猪场种公猪可降低到 1% 以下。

（2）后备公猪群。由更新成年公猪而饲养的幼猪组成或直接从种猪场购买75 千克以上的公猪，占成年公猪的 30%～50%，一般选留比例为 10:2。

（3）生产母猪群。由已经产仔的母猪组成，占猪群总存栏量的 10%～12%。

（4）后备母猪群。由用于更新生产母猪的幼猪组成，占生产母猪群的25%～30%，选留比例为 2:1。

（5）仔猪群。系指初生到断奶的哺乳仔猪，占出栏猪数的 15%～17%。

（6）**保育猪群**。系指断奶后仔猪。在网床笼内（一般指 35 ～ 70 日龄仔猪）或地面饲养，而后转入生长发育群。

（7）**生长发育（育成、育肥）猪群**。经保育阶段以后，转入地面饲养，依体重可分为育成期（体重 25 ～ 35 千克）、育肥前期（体重 35 ～ 60 千克）和育肥后期（体重 60 ～ 100 千克）。

4. 生态猪场应如何进行正确选址？

生态猪场的规划与建设关系到投资和经营成败，是件基础性工作。规模化生态养猪的猪场与传统意义上的养猪场相比，生产工艺流程不同，因而在规划建设上两者有很大差别，所以需分别讨论。

规模化生态养猪的猪场场址选择，涉及面积、地势、水源、防疫、交通、电源、排污与环保等诸多方面，需周密计划，事先勘察，才能选好场址。

（1）**面积与地势**。要把生产、管理和生活区都考虑进去，并留有余地，计划出建场所需占地面积。地势宜高燥，地下水位低，土壤通透性好。要有利于通风，切忌把大型养猪场建到山窝里，否则污浊空气排不走，整个场区常年空气环境恶劣。

（2）**防疫**。距主要交通干线公路、铁路要尽量远一些，距居民区至少 2 千米，既要考虑猪场本身防疫，又要考虑猪场对居民区的影响。猪场与其他牧场之间也需保持一定距离。

（3）**交通**。既要避开交通主干道，又要交通方便，因为饲料、猪产品和物资运输量很大。

（4）**供电**。距电源近，节省输变电开支。供电稳定，少停电。

（5）**水源**。规划猪场前先勘探，水源是选场址的先决条件。一是水源要充足，包括人畜用水。二是水质要符合畜禽饮用水标准。

（6）**排污与环保**。猪场周围有农田、果园，并便于自流，就地消耗大部或全部粪水是最理想的。否则需把排污处理和环境保护做重要问题规划，特别是不能污染地下水和地上水源、河流。

而对于一般的专业户养猪场，场址选择的原则与规模化生态猪场基本相同，主要考虑地势要高燥，防疫条件要好，交通方便，水源充足，供电方便等条件。规模越大，这些条件越要严格。如果养猪数量少，则视其情况而定。

在生态农业的发展中，一些地方已经探索出"一坡山、一片果、一塘水、一棚鸭、一栏猪、一塘鱼"立体养殖的成功经验。在池塘或水库坡上栽果树（或种蔬菜、庄稼、牧草等），岸边建猪栏、鸭棚，水中放鸭子和养鱼。猪粪、尿用作果树及庄稼的肥料，或用猪粪、鸭粪养鱼。也可以建沼气池，将猪粪、鸭粪引入沼气池发酵产生沼气做燃料供炊事或照明；猪粪、鸭粪发酵后再用做肥料，或流入鱼塘，提高鱼塘肥力，增加浮游生物，为鱼类增加饵料。这些立体养殖模式，既可以产生互补性，保持生态良好循环，又可取得较好经济效益。

5. 生态猪场需要建设哪些项目？

生态猪场通常分为3个功能区，即生产区、生产辅助区和生活区，在总体布局上应按"三点式生产"规划设计。在进行分区规划时，应首先从人畜健康的角度出发，以便于防疫和安全生产等为原则来合理安排各区的位置。

（1）生产区。是猪场最主要的区域，包括各种种猪舍（配种室）、其他猪舍、隔离舍、消毒室、兽医室、药房、沐浴室、病死猪处理室、值班室、维修与仓库、出猪台、粪污处理场。场区道路净道与污道要分开。每栋猪舍之间间距为20～25米，配种舍与妊娠舍与产仔舍之间间距50米、妊娠舍与保育舍与育肥舍之间的间距各为100米，使之成为3个生产小区。生产区的隔离舍和粪污处理场应处于猪场的下风方向，距离猪舍100米之外。猪群的移动应按配种间、妊娠间、产仔舍、保育舍、育肥舍、出猪台方向进行移动。

（2）生产辅助区。包括饲料加工调配车间、饲料仓库、供水系统、变电室、车库、机修房、更衣室、淋浴消毒间、消毒池等。该区与日常饲养管理工作关系密切，距离生产区不宜过远。饲料库应靠近进场道路处，以便场外运料车辆不进入生产区而方便卸料入库。消毒、更衣、淋浴间应设在大门的一侧。

（3）生活区。包括办公室、会议室、资料室、食堂、宿舍、活动室、会客室等。生活管理区可分管理区与生活区两部分建设，为保证良好的卫生条件，避免生产区臭气、尘埃和污水的污染，该区应处于猪场的上风处的一角和地势较高的地方，距离生产区与生产辅助区各100米之外。猪场养殖人员生活用房按劳动定员人数每人4米^{2}计。

6. 猪舍有哪些常见的建筑形式？

生态猪场建筑形式较多，大体上可分为3类：开放式猪舍、大棚式猪舍、封闭式猪舍。

（1）开放式猪舍。建筑简单，节省材料，通风采光好，舍内有害气体易排出。但由于猪舍不封闭，猪舍内的气温随着自然界变化而变化，不能人为控制，尤其北方冬季寒冷，这样影响了猪的繁殖与生长，正如常说的一年养猪半年长。另外相对的占用面积较大。

（2）大棚式猪舍。即用塑料扣成大棚式的猪舍。利用太阳辐射增高猪舍内温度。北方冬季养猪多采用这种形式。这是一种投资少、效果好的猪舍。根据建筑上塑料布层数，猪舍可分为单层塑料棚舍、双层塑料棚舍。根据猪舍排列，可分为单列塑料棚舍和双列塑料棚舍。另外还有半地下塑料棚舍和种养结合塑料棚舍。按屋顶形式，猪舍分为单坡式、不等坡式、等坡式等。

①单层塑料棚舍与双层塑料棚舍。扣单层塑料布的猪舍为单层塑料棚舍。扣双层塑料布猪舍为双层塑料棚舍。单层塑料棚舍比无棚舍的平均温度可提高13.5℃，说明塑料棚舍比无棚舍显著提高猪舍温度。根据沈阳地区试验，在冬季最冷天气舍温不管在白天黑夜始终保持在18℃以上。由于舍温的提高，使猪的增重也有很大提高。据试验，有棚舍比无棚舍日增重可增加238克，每增重1千克可节省饲料0.55千克。因此，塑料大棚养猪是北方寒冷地区投资少、效果好的一种方法。双层塑料棚舍比单层塑料棚舍温度高，保温性能好。如黑龙江省试验，在冬季11月至翌年3月，双层塑料棚舍比单层塑料棚舍温度提高3℃以上，肉猪的日增重可提高50克以上，每增重1千克节省饲料0.3千克。

②单列塑料棚舍和双列塑料棚舍。单列塑料棚舍指单列猪舍扣塑料布，双列塑料棚舍，由两列对面猪舍连在一起扣上塑料布。此类猪舍多为南北走向，上下午及午间都能充分利用阳光，以提高舍内温度。

③半地下塑料棚舍。半地下塑料棚舍宜建在地势高燥、地下水位低或半山坡地方。一般在地下部分为80～100厘米。这类猪舍内壁要砌成墙，防止猪拱或塌方。底面整平，修筑混凝土地面。这类猪舍冬季温度高于其他类型猪舍。

④种养结合塑料棚舍。这种猪舍既养猪又搞种植（种菜）。建筑方式同单列塑料棚舍。一般在一列舍内有一半养猪，一半种菜，中间设隔断墙。隔断墙留洞口不封闭，猪舍内污浊空气可流动到种菜室那边，种菜那边新鲜空气可流动到猪舍。在菜要打药时要将洞口封闭严密，以防猪中毒。最好在猪床位置下面修建沼气池，利用猪粪尿生产沼气，供照明、煮饭、取暖等用。

塑料棚舍注意事项如下。

①塑料大棚猪舍，冬季湿度较大，塑料膜滴水，猪密度较大时，相对湿度很高，空气氨气浓度也大，这样会影响猪的生长发育。因此，需适当设置排气孔，适当通风，以降低舍内湿度、排出污浊气体。

②为了保持棚舍内温度，冬季在夜晚于塑膜棚的上面要盖一层防寒草帘子，帘子内面最好用牛皮纸、外面用稻草做成。这样减少棚舍内温度的散失。夏季可除去塑料膜，但必须设有遮阴物。这样能达到冬暖夏凉。

③塑料棚的造型要合理，采光面积大，冬季阳光直射入舍内，达到北墙底。

④塑料棚舍应建在背风、高燥、向阳处，一般方位为坐北朝南，并偏西5º～10º。这样在11月到翌年2月期间，每天棚舍接受阳光照射的时间最长，获取的太阳能最多，对棚舍增温效果好。

（3）**封闭式猪舍**。通常有单列式、双列式和多列式。单列封闭式猪舍：猪栏排成一列，靠北墙可设或不设走道。构造简单，采光、通风、防潮好，冬季不是很冷的地区适用。双列式封闭猪舍：猪栏排成两列，中间设走道，管理方便，利用率高，保温较好，采光、防潮不如单列式。冬季寒冷地区适用，养肥猪适宜。

多列式封闭猪舍：猪栏排成 3 列或 4 列，中间设 2 或 3 条走道，保温好，利用率高，但构造复杂，造价高，通风降温较困难。

7. 如何进行猪舍的合理布局?

（1）**各类猪栏所需数量的计算**。生产管理工艺不同，所需各类猪栏数就不同。所以，在计划猪场猪舍面积时，可参考猪群存栏数与结构表（表 2-2）、猪群饲养密度及每栏养猪数量（表 2-3）。

表 2-3　猪群饲养密度及每栏养猪数量

生长阶段	密度（米²/头）	群体（头/栏）	备注
保育猪	0.25～0.3	不大于 20 头；不将两栏以	不包括食槽面积
25～53 千克	0.4	上的猪一次合并	
53～75 千克	0.7		
75～97 千克	1.0		
公猪	10.0	1	最好配有运动场，可
妊娠母猪	1.3		并栏以促进发情
空怀母猪	1.3		
哺乳母猪	3.5～4.0		

（2）**各类猪舍栋数**。求得各类猪栏的数量后，再根据各类猪栏的规格及排粪沟、过道、饲养员值班室的规格，即可计算出各类猪舍的建筑尺寸和需要的数量。

（3）**各类猪舍布局**。根据生产工艺流程，将各类猪舍在生产区内做出平面布局安排。为管理方便，缩短转群距离，可以按照以分娩舍为中心，保育舍靠近分娩舍，幼猪舍靠近保育舍，肥猪舍再挨着幼猪舍，妊娠（配种）舍也应靠近分娩舍。也可按照配种猪舍、妊娠猪舍、分娩哺乳猪舍、培育猪舍、育成猪舍和育肥猪舍的顺序依次排列。

（4）**猪舍方向**。一般为南北向方位，南北向偏东或偏西不超过 30º，保持猪舍纵向轴线与当地常年主导风向呈 30º～60º。

（5）**猪舍间距**。需考虑防火、行车、通风、防疫的需要，结合具体场地确定，通常间距 10～20 米。

（6）**猪舍猪栏面积利用系数**。用猪栏总面积与猪舍总面积之比表示，各类猪舍的猪栏面积利用系数应不低于下列参数：配种、妊娠猪舍 65%；分娩哺乳猪舍 50%；培育猪舍 70%；育成、育肥猪舍 75%。

（7）猪舍的饲养密度。 由每头猪占猪栏面积表示，各类猪群饲养密度均不应超过表 2-3 的规定。

8. 怎样确定生态猪场的建筑面积?

生态猪场占地面积依据猪场生产的任务、性质、规模和场地的总体情况而定。总的生产区面积一般可按每头繁殖母猪 40～50 米^2 或按年出栏 1 头育肥猪不超过 2.5～4 米^2 计划。

具体面积就是猪场需要建设的项目面积，即猪舍面积、辅助生产及生活管理建筑面积，以及生活用房、道路、舍与舍间距、绿化等面积之和。猪舍面积能够通过以上计算得出。辅助生产及生活管理建筑面积可参考表 2-4。在计算时还可以考虑猪群饲养密度及每栏猪数量（表 2-3）和猪舍的栏面积利用系数。

表 2-4　生态猪场辅助生产及生活管理建筑面积　　　　　　　　（米^2）

项目	面积参数	项目	面积参数
更衣、沐浴消毒室	30～50	锅炉房	60～80
兽医、化验室	50～80	仓库	60～90
饲料加工车间	200～300	维修间	15～30
配电室	30～45	办公室	30～60
水泵房	15～30	门卫值班室	15～30

9. 猪场环境为什么要进行绿化?

猪场要建 3 米高的围墙，周围设防疫沟。场区周围与场区内要栽种树木进行绿化，以改善猪场的环境与气候；净化空气，阻止有害气体、尘埃和细菌；减少噪声、防水、美化环境等。猪场绿化不仅改善猪场环境卫生，而且对猪场内部生活品质有所提高。

（1）绿化可减少灰尘。 在养猪生产过程中，舍内经常产生大量灰尘，而对猪有害的病原微生物即附着在灰尘上，猪舍内尘土飞扬对动物健康构成直接威胁，因此，空气中的灰尘是引起猪呼吸系统疾病和经呼吸道传播的传染病根源之一。

灰尘降落在猪体上，可引起皮肤发痒发炎，使皮肤的散热能力降低；灰尘落在眼结膜上能引起结膜炎；灰尘吸入动物呼吸道，引起飞沫传染，常见的猪几种呼吸系统传染病，例如：猪气喘病、猪萎缩性鼻炎、猪传染性胸膜肺炎等都是通过空气中带菌的灰尘经呼吸道感染。由于猪舍中灰尘多，病原微生物数量亦多，因此，猪舍内空气中的微生物数量比大气中的要多得多。据报道，母猪产圈内每升空气中有细菌 800～1 000 个，肥猪舍有 300～500 个。

树木是一种天然除尘器，因为它们对灰尘具有独特的拦截、过滤、吸附和粘着滞留作用。一片树叶可吸附数倍于本身重量的灰尘。松树、杨树、槐树、椿树、泡桐等均有较强的吸尘能力。吸尘的树木经雨水冲刷后，又可以继续发挥除尘作用。

（2）绿化可调节气温。 树木通过遮阳，减少辐射，降低风速，截留降水、蒸腾等作用调节气温，可形成舒适宜人的小气候。

树木和草地叶面面积分别为种植面积的 75 倍和 25 ～ 35 倍。叶面水分蒸发可吸收大量热量，减少辐射热 50% ～ 90%，因而使绿化环境中的气温比未绿化地带可平均降低 2 ～ 5℃。

（3）绿化可净化空气。 树木具有吸收大气中有害、有毒物质，过滤空气、净化空气的作用。树木利用叶绿素进行光合作用可大量吸收二氧化碳，释放新鲜氧气，同时，可使场区有害气体减少 25%，恶臭气体减少 50%，使空气中细菌数减少 21.7% ～ 79.3%。

据报道，每公顷阔叶林每日可吸收二氧化碳 2 吨，释放氧气 0.73 吨；泡桐、杨树、槐树、枫树、垂柳、黄杨等，每日可从 1 米^3 空气中吸收二氧化碳 20 毫克；一公顷柳杉，一年可吸收二氧化碳 20 千克；泡桐、刺槐、桧柏、大叶黄杨、女贞、银杏、合欢、冬青等对多种有毒气体都有较强的吸附性。许多树木的芽、叶、花能分泌挥发性植物杀菌素，具有较强的杀菌力，对一些人畜有害的病原微生物有杀灭作用。

可见，大量植树，搞好猪场绿化是改善环境，创造有利生猪生产、生活的根本有效措施。

第三章　规模化生态猪场的环境控制

1. 猪舍内适宜的温度是多少?

　　猪只对猪舍内环境温度的高低非常敏感,"大猪怕热,小猪怕冷"。温度偏低(如12℃以下),猪只增重可减少4.3%,饲料报酬降低5%,同时可诱发呼吸道病和腹泻性疾病的发生。温度偏高(如30℃以上)猪只采食量下降,饲料报酬降低,育肥猪不长,母猪可能流产,或中暑、猪支原体肺炎等。猪舍内的适宜温度一般哺乳仔猪为25～30℃,生长猪为20～24℃,成年猪为18～22℃。冬季天气寒冷,猪舍内要做到保温通风,控制好门窗的开启,充分利用阳光热,增添加温设备(如保温箱、地热、暖气、火炉、火墙等)。夏季炎热要注意防暑降温,可根据实际需要采取空调降温、滴水降温、沐浴降温、蒸发降温及地板降温等。

2. 冬季猪舍低温有什么危害? 如何做好冬季猪舍保温?

　　(1)低温危害。猪舍低温对仔猪的成活率造成极大的影响,如仔猪挤压、哺乳力降低、容易拉稀等;造成肥育猪生长缓慢,饲料报酬降低;导致猪只抗病能力降低,易发生传染病,低温高湿还易引起母猪生产性能下降,如容易发生肢蹄疾病,造成母猪的非正常淘汰;影响猪场正常生产能力,如消毒效果降低、员工工作情绪受影响,工作不积极等一系列问题。

　　(2)冬季猪舍保温措施。

　　①冬季到来前,备好足够的供热能源,如电、煤、气、柴。彻底检查供电线路,及时检查和维修供热设备,保证其能正常运行。

　　②检查猪舍的门、窗、玻璃,发现损坏要及时更换和维修;对墙壁、屋顶透风处进行封堵,但要留有通风换气孔。

　　③提前预防解决猪舍冬季昼夜温差大的问题,因为温差大对猪只的影响不亚于低温对猪只的影响。猪舍内安装自动温控装置,设定一适宜温度范围,供热设备可根据温度范围启动或关闭;白天气温高时,间隔开一些窗户或打开屋顶无动力排风扇;夜晚寒冷时,提高供热量,关闭门窗和排气孔以保证昼夜温差相对缩

小；敞开式吊帘养猪场，白天打开气孔，夜晚吊帘上覆盖草帘并在舍内供热；仔猪保温箱上方挂 2 个不同瓦数的烤灯，根据气温的高低开关不同的灯泡，或者通过调节灯泡的高度来控制温度。判断标准是仔猪均匀躺卧为温度适宜，分散躺卧为温度过高，扎堆躺卧为温度太低。

④在保证温度的前提下，尽可能降低猪舍内湿度、有害气体浓度及尘埃。训练猪只定点排粪尿，并及时清理猪舍粪尿；猪只躺卧区铺撒草木灰、石灰、炉灰等用来吸湿除臭；消毒应选择在气温较高时进行，消毒枪头拧成雾状喷洒；屋顶安装动力排风扇定期排出有害有毒气体及尘埃，但排风时间不宜太长，以免过度降低舍内温度；密闭的产仔房和保育舍使用专用药物或设施除去有害有毒气体，或安装使用静电除尘器进行舍内除尘；采用瞬间透气法，即在短时间（猪舍长度大可开 3～5 分、长度短开 1～2 分）内打开纵向排风扇排出有害有毒气体，此法要在一天内温度最高时进行。

⑤不主张采用增加猪只饲养密度来保证猪舍内的温度，因为这样会增加舍内有害有毒气体浓度，增加猪只患呼吸道病等疾病的风险。

⑥冬季舍外消毒池要添加粗盐来保证消毒液的有效性，防止结冰。

⑦及时维修猪舍内的水管及饮水器，防止跑冒滴漏现象发生。

3. 夏季猪舍高温有什么危害？如何做好夏季猪舍降温？

（1）**高温危害。**夏季气温高，猪舍内温度高、湿度大，会给猪群健康带来很大的影响，不仅会让猪群抵抗力下降，还会引起疾病的发生，增加猪场的养殖成本。

猪的脂肪厚、散热慢，很不耐热，对高温比较敏感，容易造成热应激。夏季持续的高温天气，会影响公猪的繁殖性能，造成仔猪品质和体质的下降。高温天气下，会造成母猪的生产性能下降，影响仔猪的成活率，造成母猪不孕或推迟发情，还会造成仔猪成活率低、断奶后体重小等情况，影响猪场的正常生产过程。因此，猪场在进行配种准备时，通常会避开夏季，避免影响母猪的繁殖能力。夏季天气炎热，猪舍内空气不流通，猪感到不适，造成食欲不振，影响采食量。饲料的质量也会对采食量造成影响，因此，要使用料塔来储存饲料，保证饲料的质量。采食量的大小会影响猪的生长发育速度、体质等方面。因此，一般要给猪充足清洁的饮用水，采取进行通风、喷洒水雾等方法，降低猪舍温度，营造适宜猪生存的环境。

（2）**夏季猪舍降温措施。**

①**猪舍隔热。**隔热是阻止舍外热量传到舍内，其隔热效果取决于所用建筑材料的隔热性能。夏季强烈的太阳辐射屋顶，容易将辐射热传到舍内。为了提高屋顶的隔热性能，可采用通风屋顶，从而减少传至屋顶底层的热量。浅色和光亮表

面的反射能力比较强，所以，猪舍屋顶和阳面墙采用浅色光平外表面。每年夏初将猪舍外墙用石灰水涂成白色，以提高猪舍外表面的反射能力和热散失率，从而减少太阳热能对猪舍和猪体的传递。

②建游泳池。圈内建水池，在坡度较大的猪圈，每天在中午时将水放到圈内低洼处，堵严出水口，让猪自由进出水池，达到降温消暑的目的，天黑时再将水放出。

③猪舍遮阳。利用树或其他物体将直射太阳光遮住，使地面或屋顶温度降低，相应降低了舍内的温度。但在遮阳降温时，必须配合加大窗户面积，或是使用风扇降温，否则，出现闷热天气时，猪群会受到更大的伤害。为了降低猪舍周围环境的温度，可利用一定的设施遮断太阳辐射，窗户上可加一水平板以遮挡由窗口上方来的阳光。

④滴水降温。常用于母猪舍，原理很简单，水滴到母猪头部蒸发，吸走母猪头部热量，从而减轻母猪热应激。但这一方式并不理想，如果滴下的水少，降温效果不理想；滴下的水多，则会引起产房潮湿，对仔猪不利；而且如果遇到阴雨闷热天气，滴水降温则根本没有效果。

⑤降低饲养密度降温。饲养密度直接影响着猪舍内的温度，在夏季高温下，我们应降低猪舍内猪的饲养密度，严格控制舍内猪的密度，防止由于饲养密度过大导致猪群温度较高的情况。密度过大影响猪的采食量，降低生长速度。

⑥风扇。风扇仍然是许多猪场为单个母猪采取的降温方式。其实风扇是不会将猪周围的温度降低的，空气温度低于猪体温时，风可以将猪体温度带走，散热多了，猪自然凉快了。但如果气温接近猪体温，风扇的作用就减弱了。风扇降温是风吹到猪身上才有降温效果，而风吹不到或风很弱的区域则没有效果或效果不理想；使用风扇时必须注意风是否能吹到猪身上。

⑦添加防暑药物。可在饲料里添加一定量的维生素C或者添加2%～5%的小苏打，也有一定的防暑降温效果。

⑧湿帘。湿帘在产房使用较少，因为水帘降温的同时也会增加舍内湿度，对仔猪不利。湿帘降温是在猪舍一方安装湿帘，另一方安装风机，风机向外排风时，从湿帘一方进风，空气在通过有水的湿帘时，将空气温度降低，这些冷空气进入舍内使舍内空气温度降低。

这是猪场使用效果最好的一种，一方面降低了温度，另一方面空气流通加强，也相应降低了猪的有效温度。湿帘降温是进风通过水帘时吸收热量，但如果不从水帘处进，那就没有降温效果了；所以要求湿帘降温时必须将其他所有的进风口关严，以防风短路。

⑨养殖场专用空调。这里说的养殖场专用空调，利用的也是水降温，但是正压吹风；冷风在猪舍各部位更均匀，效果好于水帘；但这种空调在第一年效果较

好，以后随年份增加，可能是猪舍粉尘的影响，降温效果就不理想。

⑩铺冷水管。在供水充足和排水方便的猪场，可在母猪床下方设置循环水管，冷水在母猪身下流动，可形成局部低温区。该法在母猪产前使用，可有效防止母猪临产前后的热应激。

⑪增加饮水。可以在饲料中增加食盐的比例，以促进猪多饮水（深层井水冬暖夏凉，效果更好），可明显减少热应激。

4.高湿度对猪群健康有何影响?

养猪有一句俗话"养猪无巧，栏干食饱"。意思是指养猪没有什么技巧，要保证猪舍内部干燥，猪能吃饱。可见古人即认识到栏舍环境干燥对于猪群健康十分重要。

猪舍的湿度：猪舍内的适宜湿度为 65% ～ 75%。高温高湿，猪体散热困难，导致食欲下降，采食量减少，生长缓慢，甚至发生中暑而死亡。低温高湿，猪体散热增加，感觉寒冷，猪只的增重与生长发育减慢。还由于空气湿度过高，有利于病原微生物繁殖，使猪只抗病力降低，诱发呼吸道、消化道及关节等部位疾病的发生，还可诱发皮肤干燥或干裂等。为防止猪舍内湿度过高，可采取控制猪舍内积水，少用水冲洗栏圈与地面，保持干燥，设置通风设备，加强通风，以降低猪舍内的湿度。

猪舍湿气的主要来源是：猪群呼吸产生的水汽、栏舍水槽、粪沟及潮湿的地板产生的水汽。猪舍内部的空气湿度需要控制在一个适度的范围，过高过低的湿度均对猪群产生不利的影响。由于猪舍内部粪尿较多，用水频繁，产生大量水汽，同时，猪群呼吸产生大量湿气，通风不良的情况下，很容易造成猪舍湿度过高。猪舍湿度过高时对猪群的危害主要表现如下。

（1）有害细菌、霉菌及寄生虫等大量生长繁殖。细菌在干燥的环境下很难繁殖，而潮湿的环境则会造成大量有害细菌及霉菌的生长，使猪舍内部有害菌数量显著增加，猪群的仔猪副伤寒、仔猪球虫病、呼吸道疾病等发生率将会显著增加。进而严重危害猪群的健康水平。

（2）体感温度下降。在冬季气温较低时，由于潮湿空气的导热性为干燥空气的数倍，如果舍内湿度过高，就会使猪体散发的热量增加，体感温度下降，使猪感觉更加寒冷，并引发湿疹等疾病。猪群容易出现呼吸道和消化道方面的疾病。当相对湿度由 45% 升高到 95% 时，猪的日增重下降 6% ～ 8%。在夏季高温季节，虽然猪的汗腺不发达，但是，过高的相对湿度会显著抑制呼吸散热的功能。因此，相对湿度过高会使猪感到更为闷热。高温高湿的环境极易造成猪群的热应激甚至热休克疾病的发生。

5. 如何保证猪舍内合适的湿度？

在我国北方部分干旱地区，冬季空气干燥，也需要注意空气湿度不能太低。这是因为猪舍内部湿度过低，会造成猪舍内部粉尘多。鼻子内部、呼吸道、肺部连同网状肺泡是由支撑发状纤毛的黏膜覆盖，当空气相对湿度小于40%时，纤毛的运动就会变得十分缓慢，于是灰尘易粘在黏膜上，刺激咳嗽，不利于排出病菌，从而导致呼吸道疾病的发生。猪呼吸系统黏膜功能受损，容易感染呼吸道疾病。

猪舍潮湿产生的原因主要是水蒸气产生过多以及通风不畅造成的，其中水蒸气的主要来源是猪舍地板、粪沟内的水分蒸发以及猪群呼吸所产生的水汽，为了保持猪舍内的适宜湿度，需要在减少水蒸气的同时加强通风换气。

（1）**猪舍位置。**猪舍要建在地势高燥、坐北朝南的地方，并适度抬高猪舍地面。这样有利于通风和排水，土壤干燥，不返潮，猪舍地面要高出舍外地表，推荐抬高 800～1 000 毫米。

（2）**增加通风量。**猪舍除潮防湿的有效方法是做好通风换气措施，通过通风换气，一方面带走舍内潮湿气体，吹干地面，另一方面排出污浊的空气，换进新鲜空气。

（3）**优化通风方式。**保证良好通风量的情况下，还需要对通风方式进行优化，主要是要加强粪沟风机的合理使用，在采用全漏粪、半漏粪地板类型的猪舍，采用粪沟风机通风能极大地提高通风换气率。

（4）**保持地面平整，无积尿积水。**许多猪场地板施工质量差，混凝土不达标，出现地板坑洼不平、坡度太小、混凝土起拱脱落等现象，猪舍内积水积尿严重，不仅影响空气质量，而且导致空气湿度大，影响猪群健康。

（5）**采用节水设计，优化地板结构和清粪方式。**节水设计思路主要体现在降低猪群饮水时的浪费，减少冲栏用水，降低猪舍内湿度。

猪排泄的粪尿是造成猪舍高湿和空气不良的主要原因，良好的漏粪地板设计能够保证猪群粪尿及时掉入粪坑，推荐采取半漏粪地板类型，不仅降低造价，而且能够降低空气湿度，提高空气质量。

（6）**保持合理饲养密度。**猪群密度过大，不仅栏舍粪尿产生量大，而且猪群难以形成定点排尿的习惯，造成舍内粪尿污染严重，同时猪群通过呼吸产生大量水汽，将进一步加大空气相对湿度。

（7）**采用温湿度自动控制器。**采用温湿度控制器与风扇连接，当温度或湿度达到设定值时，风扇自动打开加大通风量，使湿度降低。

6.为什么要强调猪舍的通风换气?

猪舍一年四季都要注意通风换气,它关系到猪舍内的温度、湿度与空气中的有害气体及尘埃的污染。除了利用通风换气清除猪舍内的有害气体之外,还应加强猪舍内的日常卫生管理,及时利用猪舍设计的除粪装置和排污水系统,清除粪污与污水;防止潮湿,保持舍内干燥,可使氨气与硫化氢溶于水中排出,有利于减少舍内的有害气体含量与浓度。猪舍的通风换气可采用通风窗自然排气和机械排风等方法实施。

猪舍通风换气的目的有 2 个:一是在气温高时加大气流量使猪体感到舒适,从而缓解高温对猪的不良影响;二是在猪舍封闭的情况下,通风可排出舍内的污浊空气,引进舍外的新鲜空气,从而改善舍内的空气质量。

通风是猪舍环境调控的重要方式之一,恰当的通风设计应该是在夏季能够提供足量的最大通风率,而在冬季能够提供适量的最小通风率。高温季节,舍内通风可以使舍内温度不高于舍外温度,配合蒸发冷却,可有良好的降温效果,即在不同环境温度、湿度和风速的情况下,动物的体感温度(风冷效果)不同(表 3-1)。

表 3-1 不同风速和环境温度下动物的体感温度 (℃)

环境温度	体感温度										
	风速(米/秒)(相对湿度50%)						风速(米/秒)(相对湿度70%)				
	0	0.5	1	1.5	2	2.5	0	0.5	1	1.5	2	2.5
35	35+	32.2	26.6	24.4	23.3	22.2	38.3	35.5	30.5	28.8	26.2	24.4
32.2	32.2+	29.4	25.5	23.8	22.7	21.1	35.5	32.7	28.8	27.2	25.5	23.3
29.4	29.4+	26.6	24.4	22.8	21.1	20	31.6	30	27.2	25.5	24.4	23.3
26.6	26.6	24.4	22.2	21.1	18.9	18.3	28.3	26.1	24.4	23.3	20.5	19.4
23.9	23.9	22.8	21.1	20	17.7	16.6	25.5	21.4	23.3	22.2	20	18.8
21.1	21.1	18.9	18.3	17.7	16.6	16.1	23.3	20.5	19.4	18.8	18.3	17.2

注:+ 表示在此条件下,体感温度高于此温度。

另外,通风可以降低舍内湿度,避免病原微生物滋生,排出舍内有害气体,保持舍内空气新鲜,有利于猪只健康,从而提高生产成绩。据报道,猪舍内有害气体浓度高时,猪只增重减慢,饲料利用率降低,小母猪持续不发情。研究表明,日增重随着猪舍内氨气浓度的升高而下降,料肉比则随着猪舍内氨气浓度的升高而升高,同时高浓度的氨气还可诱发其他疾病。

但通风换气又是一柄双刃剑，处理得好对猪群有利，处理得不好则对猪群有害。俗话说："不怕狂风一片，只怕贼风一线"，通风换气把握不好，往往会形成局部贼风。通风换气，就是要让通风换气按人的意图，消除各种不利影响，使猪舍环境达到理想状态。

7. 猪舍通风管理的控制标准是什么？

猪舍的通风通常把通风换气量作为标准，猪舍的通风换气量是指单位时间内进入猪舍的新鲜空气量或排出的污浊空气量，其单位通常是米³/小时，实际生产中常以每头或每千克体重所需通风量来表示，即米³/（小时·千克）或米³/（小时·头），并根据通风换气参数来确定猪舍的通风换气量（表3-2）。

此外，在生产中也可根据换气次数来确定猪舍的通风换气量。换气次数是指在1小时内换入新鲜空气的体积为猪舍体积的倍数。一般来说，冬季换气应保持在3～4次，一般不会超过5次。当然，这种表示方法比较粗略，因为它未考虑猪的种类、年龄、饲养密度以及饲养管理方式等因素。

表3-2　猪舍通风量控制参数

猪只类型		最大风速（米/秒）		最小换气量［米³/（小时·千克）］		
		冬季	夏季	冬季	春秋季	夏季
母猪	空怀期	0.3	1	0.35	0.45	0.65
	妊娠期	0.2	1	0.3	0.45	0.6
	哺乳期	0.15	0.4	0.3	0.45	0.6
仔猪	哺乳期	0.15	0.4	0.3	0.45	0.6
	保育期	0.2	0.6	0.3	0.45	0.6
育肥猪	生长期	0.3	1	0.35	0.5	0.65
	育肥期	0.3	1	0.35	0.5	0.65
种公猪		0.3	1	0.35	0.55	0.7

注：猪舍通风量控制参数参照GB/T 17824.3—2008；通风量是指每千克活猪每小时需要的空气量；风速是指猪只所在位置的夏季适宜值和冬季最大值。

8. 猪舍的空气卫生质量有什么要求？

猪舍空气中的有害成分主要有氨气、硫化氢、二氧化碳和粉尘；其中氨气和硫化氢对猪只生产性能和健康的影响最大，为保证动物正常的生长性能就要通过合理的通风来控制这些有害气体的浓度，使猪舍的空气卫生质量达到要求（表3-3）。

表3-3 猪舍空气卫生质量要求 （毫克／米³）

猪只类型	氨气	硫化氢	二氧化碳	一氧化碳	气溶胶
妊娠母猪	25	10	1 500	5	1.5
哺乳母猪	20	8	1 300	5	1.2
哺乳仔猪	20	8	1 300	5	1.2
保育猪	20	8	1 300	5	1.2
育肥猪	25	10	1 500	20	1.5
种公猪	25	10	1 500	15	1.5

注：表格中各气体或尘埃浓度值均为最大值；数据参照 GB/T 17824.3—2008。

9. 猪舍通风管理中常见的问题有哪些？如何解决？

（1）猪舍朝向偏差，或猪舍间距大，或开窗小，或周边阻碍物多，造成猪舍自然通风效果差。

解决途径：通过边墙或周边环境调整，改善通风。

（2）通风条件差，舍内风速远低于舍外，差值在50%以上。

解决途径：采用屋顶通风或纵向机械通风。

（3）通风条件差，舍内湿度大，超过75%。

解决途径：使用风机进行通风，降低湿度或在高温时先通风再进行喷雾降温。

（4）通风条件差，舍内空气混浊，猪只出现呼吸道疾病增多，红眼，咬尾。

解决途径：根据猪舍大小，选择不同规格的风机组合安装使用。

（5）猪舍密闭性差，负压通风效果差。

解决途径：推荐卷帘以从上向下打开的方式安装，可以使冷风从上缓慢下行，避免冷风过大直接吹向猪只。

（6）猪只离风机距离近，风速过大，引起猪只感冒。

解决途径：调节百叶窗角度，避免风力直接吹向猪只。

（7）冬季贼风带来温度降低，引发猪只感冒。

解决途径：及时检修屋顶及墙壁的缝隙，防止圈内有鼠洞、裂缝、缺口等风口。

10. 猪舍光照时间长短对猪群成长有什么影响？

光照对猪的性成熟有明显的影响，较长的光照可促进生殖系统发育，性成熟较早。

（1）母猪。自然光照下的母猪比持续黑暗的母猪性成熟提前 30～45 天。

不仅如此，母猪的繁殖性能也与光照密切相关。配种前及妊娠期延长光照时间和强度，甚至可以提高受胎率，促进母猪提高产仔数，增加泌乳量，提高出生窝重和断乳窝重。

在非常明亮的、400～500 勒克斯（光照强度单位）、每天 16 小时光照（8小时黑暗）的环境下，仔猪断奶体重要高于照度较低的环境，这是因为高光照使得仔猪的哺乳频率和母猪的泌乳量均有提高。此外，在干奶母猪和泌乳母猪当中与长光照（250 勒克斯，每天 16 小时光照，8 小时黑暗）的情况相比，短光照（250 勒克斯，每天 8 小时光照，16 小时黑暗）情况下母猪体内皮质醇的水平更高，皮质醇可衡量应激水平。

此外，饲养人员需要的照度水平取决于具体的工作、所需观察的细节，以及具体猪舍的危害和风险情况。一般来说，要求照度最低要达到 200 勒克斯，平均在 250～450 勒克斯。需要观察的细节越多，照度要求就越高。

（2）仔猪。光照显著影响猪（特别是仔猪）的免疫功能和机体物质代谢。延长光照时间或提高光照强度，可增强肾上腺皮质的功能，提高猪群免疫力，促进食欲，增强仔猪消化机能，提高仔猪增重速度与成活率。

据测定，每天 18 小时光照与 12 小时光照比较，仔猪患肠胃病者减少6.3%～8.7%，死亡率下降 2.7%～4.9%，日增重提高 7.5%～9.6%；光照强度从 10 勒克斯增至 60 勒克斯再到 100 勒克斯（光照时间保持 14 小时），仔猪发病率下降 24.8%～28.6%，存活率提高 10.7%～12.0%；光强增至 350 勒克斯其效果较 60 勒克斯的差。所以有人建议，仔猪从出生到 4 月龄采用 18 小时光照，光照强度为 50～100 勒克斯。

（3）生长肥育猪。光照对生长肥育猪有一定影响，适当提高光照强度，可增进猪的健康，提高猪的抵抗力；但提高光照强度也增加猪的活动时间，减少休息睡眠时间。据测定，育肥猪的光照强度从 5 勒克斯提高到 40～50 勒克斯，日增重提高 5% 左右。建议生长肥育猪的光照强度一般在 40～50 勒克斯。光照时间对生长肥育猪影响不大，一般不超过 10 小时。

（4）对猪性成熟的影响。光照对猪的性成熟有明显影响，较长的光照时间可促进性腺系统发育，性成熟较早；短光照，特别是持续黑暗，抑制生殖系统发育，性成熟延迟。据报道，持续黑暗下的小母猪性成熟较自然光照组延迟 16.3天，比 12 小时光照组延迟 39 天。

有研究发现，每天 15 小时（300 勒克斯）光照较秋冬自然光照下培育的小母猪性成熟提早 20 天。小公猪从 20 周龄开始延长光照，26 周龄时有 73% 的公猪能采出精液，而自然光照的小公猪只有 26%。

光照强度的变化对猪性成熟的影响也十分显著，并且要达到一定的阈值。研究证明，在封闭猪舍采用 8 小时和 16 小时的光照，对小母猪性成熟无显著影响，而在开放猪舍饲养的猪性成熟显著早于封闭舍内饲养的猪。

由此推测是因封闭舍光照强度不足的缘故。某专家的试验证明了这一点，他发现同样接受 18 小时光照，光照强度 45 ～ 60 勒克斯较 10 勒克斯光照下的小母猪生长发育迅速，性成熟提早 30 ～ 45 天。建议后备猪的光照时间不应少于 12 小时，也有人建议在 14 小时以上，光照强度 60 ～ 100 勒克斯。

（5）公猪。光照对公猪的繁殖性能也有影响。在一定范围内，延长光照时间可提高公猪的性欲，增加光照强度可提高公猪的精液品质。据测定，延长光照时间到 15 小时，种公猪的性欲活动显著增加；在 8 ～ 10 小时的光照条件下，光照强度从 8 ～ 10 勒克斯提高到 100 ～ 150 勒克斯，公猪射精量、精子浓度都显著增加。建议公猪的光照时间为 8 ～ 10 小时，光照强度为 100 ～ 150 勒克斯。

总之，光照能促进猪只的新陈代谢、加速骨骼生长、杀菌消毒、增强其机体的抗病力。因此，最好猪只每天应保持光照的时间为 8 ～ 10 小时为好。猪舍一般采用自然光照比较好，也可设计不同的采光面积，但建筑时要注意减少冬季和夜间的散热，并要避免夏季阳光直射而引发中暑。

11. 饮水对猪群健康重要吗?

猪需要水来满足它们的生理需求。猪体内的水分占其体重的 55% ～ 65%，其体内的消化、吸收、养分的输送、废物的排泄、体温的调节以及机体各器官间活动的润滑作用等都离不开水分。如果猪体内失去 10% 的水分，即可引发严重的病理变化，甚至造成死亡。猪体内的水平衡是恒定的，最重要的来源是通过饮水，尽管一些额外的水是通过饮食中碳水化合物、脂肪和蛋白质的分解在体内产生的。猪通过尿液、粪便、呼吸和皮肤失水。

这种摄入 - 产出的平衡直接受到许多因素的影响，包括年龄；它们吃什么以及饲料中的粗蛋白含量；天气状况 / 气候；健康状况；提供泥坑和饲养类型（室内 / 室外）。因此，所需数量不能以绝对升数表示。最近出版的《猪福利实施规程》（英国）提供了温和气候下的饮水最低消耗量指南（表 3-4），但其要求是持续供应饮用水。这里的关键词是可饮用——没有被粪便或尿液污染，包括依靠溪流作为饮用水源，因为这些水源可能会被更上游的水源污染。

表 3-4　不同阶段猪饮用水的消耗量

猪生长阶段	日常需水（升）
刚断奶仔猪	1.0 ～ 1.5
20 千克仔猪	1.5 ～ 2.0

续表

猪生长阶段	日常需水（升）
20～40千克仔猪	2.0～5.0
100千克育肥猪	5.0～6.0
后备母猪	5.0～8.0
哺乳母猪	15.0～30.0
公猪	5.0～8.0

　　猪可以在其他营养物质短缺但有水的条件下生存较长时间，而断水、缺水及饮水受限时，轻则影响猪的生长和生产，如对胎儿生长、母猪泌乳量、育肥猪生长速度和饲料转化率均有不良影响，重则造成猪只死亡。所以，在任何时期都要给猪提供充足、新鲜的饮水，同时，更要关注猪场饮水消毒。

12. 从哪些方面加强猪场的饮水管理？

　　猪场在给予优质饮用水的同时，也要做好饮水管理工作，如调节水温、饮水方式、饮水次数、饮水消毒等，尤其要做好哺乳仔猪、断奶仔猪和母猪的饮水管理工作。

　　（1）猪只饮水量及流速标准（表3–5）。饮水器水流速度影响猪只饮水量的多少，因此，水流速度一定要恰当才能确保猪只既喝到足够的水，又没有造成水的浪费。水流速度也可以使用250毫升的量杯和秒表测量。在日常巡栏时要关注是否存在漏水情况，另外，要注意检查水温。夏季，猪只饮水水温不可超过27℃，室外饮水管道需要包裹以防暴晒。

表3–5　猪只饮水量及流速标准

猪只	阶段	饮水量［升/（头·天）］	流速（毫升/分钟）
哺乳猪	21日龄（6千克）	0.19～0.76	500
	42日龄（10千克）	1.45～4.16	500
肉猪	25千克	1.9～4.5	700
	50千克	3.0～6.8	1 000
母猪	怀孕期	15.0～25.0	2 000
	泌乳期	25.0～45.0	4 000

　　（2）饮水器的高度管理。饮水器的位置和高度（表3–6）很重要，要确保猪能够舒适地触及饮水器，另外，不同的饮水器安装高度略有差别，一般乳头式饮

水器比标准略偏高，马蹄式或水碗式的饮水器应安装略向上，现场安装时可以微调。通槽饮水不可取，容易造成传染病的流行。各种饮水器均需要关注水压，定期检查管道清洁情况，防止管道堵塞造成水压过大，或水流太小，管道水压过小，必要时拆下饮水器进行检查，饮水器卸下后，可检查出水管的水流量是否充足。如果水流不足，则需要对水管进行仔细的检查。被石灰和其他沉淀物（包括生物膜）部分堵塞的水管，内径会减小。要拆卸饮水器进行检查，应特别检查过滤器是否堵塞或太脏，饮水器设置及密封件是否损坏。将饮水器修好或更换后确保猪的饮水供应恢复正常。

表 3-6　饮水器高度　　　　　　　　　　　（厘米）

猪生长阶段	安装角度 90°	安装角度 45°
哺乳期	10 ～ 25	15 ～ 30
5 千克仔猪	25	30
7 千克仔猪	30	35
15 千克仔猪	35	42
20 千克仔猪	40	47
25 千克仔猪	45	52
50 千克猪	55	65
90 千克猪	65	75
母猪	75	90

（3）饮水的消毒管理。有资料显示非洲猪瘟病毒可以通过水质传播，水中传播最低剂量为 1 个病毒半数组织感染量（$TCID_{50}$）。猪场要预防水源污染，避免饮水传播疫病，要采取以下 3 项措施。

①避免水源污染。使用深水井，避免污染；周边 3 千米内避免深埋病死猪，如有提前做防渗；多雨季节，避免雨水倒灌进入猪场或猪舍很关键，尤其是周边发生疫情的区域。避免水源污染是最关键因素。

②做好水的消毒。针对地表水较浅或有水源污染风险地区，应做好场内水源消毒（尤其是采取通槽饮水的猪场更应引起注意）。常用的消毒剂有：无机酸、有机酸、过硫酸氢钾、次氯酸盐、次氯酸（0.4 mg/kg）；非洲猪瘟病毒存活环境为 pH 值 3.9 ～ 11.5，在强酸环境下很难存活，使用有机酸类消毒剂也是一种很重要的消毒方式，猪场可用 pH 试纸进行测定。具体做法：可在总水源处加装加药器，便于精确控制消毒液浓度，定期进行消毒。

③定期检测水质、水源以及是否受到污染。取样步骤：使用清洁、消毒过的

瓶子取样，水样取好后立即密封；采取地表水样时，应该在水面以下直接将瓶子灌满水；采地下水样时，取样瓶装满水之前应一直保持水流动，从水龙头或饮水器取样时同理。

猪场的用水每季度检测 1 次，及时了解水的质量与水质的变化，并定期对供水设备、饮水器、水管与水箱等进行消毒。可用含有效氯20%以上的漂白粉稀释成3%水溶液浸泡或冲洗进行消毒；也可于10升水中加百毒杀1毫升、每吨水中加消毒威15克，或者加碘酸0.8克，进行消毒后饮用。

（4）饮水的质量标准管理。猪场饮水要达到饮水标准（表3-7），猪场的用水量很大，要自建机井与水塔，使用管道通向各栋猪舍及用水场地。猪场禁止使用场外的江河水、池塘水以及污染水用作饮水，南方某些猪场平时使用地表水或河水的，一定要检测水质。检查水质时，需要关注水的颜色和气味。铁含量高的水是红色的，如果硫含量高则有难闻的臭味。

表 3-7　猪的饮用水质量标准　　　　　　　　　　　　（毫克 / 升）

物质	安全上限	物质	安全上限
砷	0.2	镍	1.0
镉	0.05	硝酸盐 –N	100
铬	1.0	亚硝酸盐	10
钴	1.0	钒	0.1
铜	0.5	锌	25.0
氟化物	2.0	盐浓度（肥育猪）	7 000
铅	0.1	盐浓度（泌乳母猪）	5 000
汞	0.001	大肠杆菌	0 ～ 50 个 / 毫升
总硬度	60 ～ 1 000	总菌数	0 ～ 100 个 / 毫升

（5）各阶段猪只饮水的关注点管理。

哺乳仔猪：在出生后 3 天，应通过料槽或者浅盘供饮水，可在分娩栏中使用一种既可投放开口料，又可供应饮水的高效率料（水）盘。

断奶仔猪：断奶时日粮从液体变为固体饲料，可采用安佑干湿二槽法，饮水中可添加维康质，增加猪只抗应激能力，并提高饮水量。此时，要确保乳头式饮水器的水流速度在正常范围，在断奶后4 ～ 7天，建议每天通过小型敞开式饮水器或碗状饮水器提供饮水。

母猪：通常饮水量低的母猪哺育的仔猪体况也较差。因此，从母猪进入分娩舍时就鼓励其饮水非常重要。最好的方法是每天 2 次向料槽中加饮水，直到分娩后 2 ～ 3 天。饮水中可添加小苏打、维生素 C 等，增加猪只抗应激能力，并提高饮水量。

（6）水温对猪只饮水的影响。 猪只饮用水的温度应保持在 10 ～ 15℃。温度过低时，猪只体内的消化酶不能发挥作用，饲料得不到消化易引起猪腹泻；水温过高时，胃壁不易分泌胃液影响猪的消化吸收。

在饮水量、水温与外界温度的关系中，针对生长育肥猪的研究发现：在炎热的猪舍，当水温为 11℃ 时，猪只日饮水量为 10.5 升；当水温为 30℃ 时，猪只日饮水量为 0.6 升。而在凉爽的猪舍，当水温为 11℃ 时，猪只日饮水量为 3.3 升；当水温为 30℃ 时，猪只日饮水量为 4 升。

（7）高温季节应增加哺乳母猪饮水量。 水与饲料比例为 5∶1；温暖（26.7℃）时母猪消耗水量是凉爽时（10℃）的 2 倍；水压低（无论冬夏）会降低饲料采食量 150 ～ 350 克 / 天，体重损耗增加 150 ～ 200 克 / 天。

（8）按照以采食量计算饮水量的方法。 刚断奶时仔猪的饮水量为采食量的 4 ～ 5 倍。

3 周龄断奶仔猪饮水量（千克 / 天）=0.149+3.053× 饲料采食量（千克 / 天）。

3 ～ 6 周龄断奶仔猪饮水量为：断奶后第 1 周 0.49 千克 / 天、第 2 周 0.89 千克 / 天、第 3 周 1.46 千克 / 天。

育肥猪不管处于哪个生长阶段，每采食 1 千克饲料均需要 3 升的饮水。

哺乳母猪的饮水量和采食量间存在线性关系，饮水量（升 / 天）=4.2+2.52× 采食量（千克 / 天），每头哺乳母猪至少需水 45 升 / 天。

每头猪每天的耗水量可以通过以下公式计算：耗水量（升 / 天）=0.788+2.23× 日采食量（千克 / 天）+0.367×0.06× 体重（千克 / 头）。

使用乳头式饮水器的耗水量［（2.08±0.2）升 / 天］大于碗式饮水器的耗水量［（0.67±0.07）升 / 天］。

13. 为什么猪的饲养密度要合理适中？

饲养密度要合理适中。猪圈饲养密度过大，猪只散发的热量增多，舍内气温高、湿度大，灰尘、微生物与有害气体增多，噪声加大；密度大，猪只过于拥挤，相互咬斗，严重影响其休息与增重。饲养密度过低，猪舍利用率降低，影响养猪的经济效益。但为了防寒，冬季可适当地提高饲养密度，但一定要适中；夏季应降低密度，以防止过热。一般饲养密度每头保育仔猪占地为 0.8 米²、育肥猪每头占地为 0.9 ～ 1 米²、后备种猪每头占地为 1.3 米²、生产母猪每头占地为 1.6 米²、种公猪单栏饲养。

14. 什么叫无害化处理？病害动物进行无害化处理的方法有哪些？

无害化处理是指用物理、化学等方法处理病死动物尸体及相关动物产品，消灭其所携带的病原体，消除动物尸体危害的过程。病害动物的无害化处理工作，事关食品安全、公共卫生、生态环境、经济秩序和畜牧业可持续发展。因而要利用高温灭菌、生物降解或者炭化无害化处理设备对病死动物进行无害化处理。

无害化处理方法主要有4种：掩埋、焚烧、发酵、化制，这几种方法各有利弊，分别适合在不同的环境和条件下使用。其中，作为常态化操作的方法是发酵和化制，这2种方法相对更科学，且适应当今社会发展需要。

（1）**掩埋法**。将病死动物及病变内脏进行掩埋，利用土壤的自净作用使其无害化，掩埋法是处理畜禽病害肉尸的一种常用、可靠、简单易行的方法。优点是操作方便，快速处置，能提高土壤肥力；缺点是无害化处理过程缓慢，某些病原微生物能长期生存，故炭疽等芽孢类疾病不适用此法，在没有做好防渗的情况下可能污染地下水。在暴发疫情时，为迅速扑灭疫情，采用掩埋法较多。

（2）**焚烧法**。是指将病害畜禽及内脏放在足够的燃料物上或者焚烧炉中，将其完全燃烧炭化，以达到消灭病原微生物的方法。优点是能够彻底消灭病原微生物，随时随地都可以进行；缺点是产生大量烟气，未燃烧充分的有机物造成环境污染，量大时消耗大量能源并且进程缓慢。

（3）**发酵法**。是指将动物尸体及相关动物产品与稻糠、木屑等辅料按要求混合摆放，利用动物尸体及相关动物产品的生物热或加入特定的生物制剂发酵或分解动物尸体及相关动物产品的方法。优点是废物利用，对环境污染小；缺点是前期有一定的投入，发酵温度要进行监测，不然效果达不到，但重大动物疫病和人畜共患病不适用此法。

（4）**化制法**。是指动物及产品在搅碎后进入高温高压的化制罐，灭菌后进行负压干燥，根据需要可进行脱脂后利用，是无害化处理的主要方式。优点是原料利用率高，灭菌彻底，机械化操作方便；缺点是前期投入较大，需要一整套完整的配套设施，废气要做好除味处理，避免影响周边环境。

15. 病害动物进行无害化处理的优势在哪里？国家对病死畜禽和病害畜禽产品无害化处理有没有相关规定？

无害化处理有很多优势，其主要还是控制疾病，保护环境，保障食品安全，废物再利用。在高度发达的社会体系中，无害化作为一个操作点，充分反映人与自然和谐相处，并尊重和敬畏自然。

（1）**控制传染源**。疾病传播途径主要是传染源、传播途径和易感动物，病死畜禽是主要的传染源，如果能按规定做好无害化处置，避免出现新的传染源，对于疾病控制非常有利。

（2）减少环境污染。 将病死动物随处乱丢，会造成尸体腐败发酵变质，污染河流、土地和空气，夏天蚊虫繁殖增加，臭气熏天，增加环境压力。现在国家正提出乡村振兴战略，要把我国乡村建设成农村美、农业强、农民富的新乡村，病死动物无害化处置必不可少。

（3）保证食品安全。 食品安全关系到老百姓的生活健康，是大事，加强无害化监督管理，对病死动物无害化处理，杜绝流入市场，进而提高食品安全水平，让老百姓吃上放心肉，喝上放心水。

（4）体现社会文明。 社会的文明，时代的进步，都离不开每个行业的努力，其中遵守行业规则是必须的。作为畜牧工作人员，都应知道病死动物的处置方法，同时，也要加大宣传力度，让农村老百姓也了解和熟悉病死动物处置方式，只有每个人都知道正确的处理方法，并准确操作，这件事情才能做好，社会才会进步，环境才会变美，生活才会更好。

国家对病死畜禽和病害畜禽产品无害化处理的管理有相关规定，中华人民共和国农业农村部令 2022 年第 3 号公布的《病死畜禽和病害畜禽产品无害化处理管理办法》，自 2022 年 7 月 1 日起已开始施行。

16. 猪粪对环境有多大的污染？

一般情况下，1 头育肥猪从出生到出栏，排粪量 850～1 050 千克，排尿量 1 200～1 300 千克；1 个万头猪场每年排放纯粪尿 3 万吨，再加上集约化生产的冲洗水，每年可排放粪尿及污水 6 万～7 万吨。目前，全国约有 5 000 头以上的养猪场 1 500 多家，根据这些规模化养殖场的年出栏量计算，其全年粪尿及污水总量超过 1 亿吨。猪粪污中含有大量的氮、磷、微生物和药物以及饲料添加剂的残留物，它们是污染土壤、水源的主要有害成分，1 头育肥猪平均每天产生的废物为 5.46 升，1 年排泄的总氮量达 9.534 千克，磷达 6.5 千克；1 个万头猪场年可排放 100～161 吨的氮和 20～33 吨的磷，并且每克猪粪污中还含有 83 万个大肠杆菌、69 万个肠球菌以及一定量的寄生虫卵等。猪场所产生的有害气体主要有氨气、硫化氢、二氧化碳、酚、吲哚、粪臭素、甲烷、硫酸类等，也是对猪场自身环境和周围空气造成污染的主要成分。因此，为了保证无公害生猪生产，必须做好粪尿处理及环境控制工作，做到对环境的零污染或者是最低污染。

17. 粪尿如何分离处理？

养猪场每天要排出大量的粪便，未经无害化处理的粪便不能直接施入农田。一般应采用粪尿分离处理，固态粪便至隔离区的贮粪场堆肥发酵，液体部分流入蓄粪池，沉淀发酵后排入农田或鱼塘。规模化猪场建沼气池，进行高效厌氧发酵，实现沼气、沼液、沼渣综合利用，确保环境不被污染。

18. 粪污清理有哪些工艺?

目前，一般工厂化猪场粪尿的清理有水冲粪、水泡粪和干清粪3种工艺，其粪尿处理系统也不尽相同。

（1）水冲粪工艺。水冲粪工艺是20世纪80年代我国从国外引进的规模化养猪技术和管理方法时采用的主要清粪模式。该工艺的主要目的是及时、有效地清除畜舍内的粪便、尿液，保持畜舍环境卫生，减少粪污清理过程中的劳动力投入，提高养殖场自动化管理水平。水冲粪的方法是粪尿污水混合进入缝隙地板下的粪沟，每天数次从沟端的水喷头放水冲洗，粪水顺粪沟流入粪便主干沟，进入地下贮粪池或用泵抽吸到地面贮粪池进行处理。

优点：可保持猪舍内的环境清洁，有利于动物健康，劳动强度小，劳动效率高，有利于养殖场工人健康，在劳动力缺乏的地区较为适用。

缺点：耗水量大，一个万头养猪场每天需消耗大量的水（200～250米^3）来冲洗猪舍的粪便。污染物浓度高，化学需氧量（COD）为11 000～13 000毫克/升，生化耗氧量（BOD）为5 000～6 000毫克/升，悬浮固体（SS）为17 000～20 000毫克/升。固液分离后，大部分可溶性有机质及微量元素等留在污水中，污水中的污染物浓度仍然很高，而分离出的固体物养分含量低，肥料价值低。该工艺技术上不复杂，不受气候变化影响，但污水处理部分基建投资及动力消耗很高。

（2）水泡粪工艺。新型水泡粪工艺可从源头控制养猪废水，由于采用了全漏缝地板，在整个饲养期不用冲洗猪圈，猪粪水的来源只有猪饮用的水和最终冲洗消毒圈舍的水。同时严格控制养猪的耗水量，让猪使用碗式饮水器，减少了猪饮水时的滴漏。猪舍装有水表计量，考核每一个饲养员的用水量。而且该工艺猪粪水产量少，日排粪水量少，减轻了粪水还田的压力。同时，新型水泡粪工艺生产效率高，便于机械化自动化作业，人均年可饲养育肥猪1万头。在整个饲养过程中人员一般不接触生猪，减少疾病传播。能够有利于环境控制，猪粪浸泡在水中，溶解了一部分氨气等混合臭气。

一些大型养猪场负责人介绍，该工艺是从根本上解决养猪废水多的好工艺，却没有纳入国家政策允许的猪场排放体系，环保部门因不了解新型水泡粪排放工艺，仅从概念上将该工艺排除在现代化养猪业的门外，因此，呼吁应将新型水泡粪排放工艺经过有关部门评估后纳入国家政策排放体系，解决目前规模化猪场排放难的问题。

该工艺的主要目的是定时、有效地清除畜舍内的粪便、尿液，减少粪污清理过程中的劳动力投入，减少冲洗用水，提高养殖场自动化管理水平。水泡粪清粪工艺是在水冲粪工艺的基础上改造而来的，工艺流程是在猪舍内的排粪沟中注入一定量的水，粪尿、冲洗和饲养管理用水一并排入缝隙地板下的粪沟中，储存一定时间后（一般为 1 ～ 2 个月），待粪沟装满后，打开出口的闸门，将沟中粪水排出。粪水顺粪沟流入粪便主干沟，进入地下贮粪池或用泵抽吸到地面贮粪池处理。

优点：比水冲粪工艺节省用水。

缺点：由于粪便长时间在猪舍中停留，形成厌氧发酵，产生大量的有害气体，如硫化氢、甲烷等，恶化舍内空气环境，危及动物和饲养人员的健康。粪水混合物的污染物浓度更高，后续处理也更加困难。该工艺技术上不复杂，不受气候变化影响，污水处理部分基建投资及动力消耗较高。

（3）**干清粪工艺**。该工艺的主要目的是及时、有效地清除畜舍内的粪便、尿液，保持畜舍环境卫生，充分利用劳动力资源丰富的优势，减少粪污清理过程中的用水、用电，保持固体粪便的营养物，提高有机肥肥效，降低后续粪尿处理的成本。干清粪工艺的猪舍地面结构为架空式的半漏或全漏缝水泥板条地面，猪只所排出的粪便由漏缝地板落入地下斜坡上，每 3 ～ 5 天对落入的猪粪用刮粪机或人工收集，运送到集粪池内集中堆放，待处理。粪便一经产生便分流，干粪由机械或人工收集、清扫、运走，尿及冲洗水则从下水道流出，分别进行处理。

干清粪工艺分为人工清粪和机械清粪 2 种。人工清粪只需用一些清扫工具、人工清粪车等，设备简单，不用电力，一次性投资少，还可以做到粪尿分离，便于后面的粪尿处理；其缺点是劳动量大，生产率低。机械清粪包括铲式清粪和刮板清粪，机械清粪的优点是可以减轻劳动强度，节约劳动力，提高工效。缺点是一次性投资较大，还要花费一定的运行维护费用，而且中国目前生产的清粪机在使用可靠性方面还存在欠缺，故障发生率较高，由于工作部件上粘满粪便，维修困难。此外，清粪机工作时噪声较大，不利于畜禽生长，因此，中国养猪场很少使用机械清粪。

水冲式和水泡式清粪工艺，耗水量大，排出的污水和粪尿混合在一起，给后面的处理带来很大困难，而且固液分离后的干物质肥料价值大大降低，粪便中的大部分可溶性有机物进入液体，使液体部分的浓度很高，增加了处理难度。与水冲式和水泡式清粪工艺相比，干清粪工艺固态粪污含水量低，粪中营养成分损失小，肥料价值高，便于高温堆肥或其他方式的处理利用，产生的污水量少，且其中的污染物含量低，易于净化处理，在中国劳动力资源比较丰富的条件下，是较为理想的干清粪工艺。

19. 什么是猪粪无害化堆肥处理方式?

猪的粪尿处理方法很多,堆肥是比较常用的粪便处理方法之一,适用于各种规模的养猪场。堆肥处理是将人工收集或机械收集的粪便与其他有机物如秸秆、杂草等混合堆积,在好氧、嗜热性微生物的作用下使有机物发生生物降解,形成一种类似腐殖质土壤的物质的过程。在堆肥发酵过程中,大量无机氮被转化为有机氮的形式固定下来,蛋白质被分解,形成了比较稳定、一致且基本无臭味的产物,即以腐殖质为主的堆肥,而且是一种肥效持久,能改良土壤结构,增加土壤有机质,增强土壤肥力的优质有机肥。堆肥发酵过程中产生的高温(50~70℃)足以杀死粪便中的病原微生物、寄生虫、虫卵和草籽,并有效地控制苍蝇滋生,符合《粪便无害化卫生标准》(GB 7959—2012)的要求。经堆肥发酵处理后的粪便呈棕黑色、松软、无特殊臭味、不招苍蝇、卫生上无害,在养猪场中常用的堆肥处理设备有自然堆肥、堆肥发酵塔等。

(1)自然堆肥。将物料堆成宽高分别为2.0~4.0米和1.5~2.0米的垛条,让物料自然发酵、分解、腐熟,在干燥地区垛条断面呈梯形;在多雨地区和雨季,垛条顶部为半圆形或在垛条上方建棚以防雨水进入,堆肥棚主要是防雨水,侧面全遮,前、后面敞开,其大小据饲养量决定,但空间要大,利于通气,两侧为二道水泥墙,地面为水泥结构,墙距约3米,墙高1.7米,长度据需要而定。在垛条底部铺设通风管道给粪堆充气,以加快发酵速度,在堆肥的前20天内应经常充气,堆内温度可升至60℃,此后自然堆放2~4个月可完成腐熟。其优点是设备简单,运行费用低;缺点是堆肥时间长,此方法适合于小型养猪场。我们传统的堆肥就是自然堆肥,它在无害化处理方面也有一定的效果,但是,它无害化处理不彻底,另外无害化处理不稳定。

(2)堆肥发酵塔。堆肥发酵塔为立式发酵设备,收集到的物料由带式输送机送至发酵塔顶部,再经旋转布料机均匀地将物料送入发酵塔中,通过通风装置向塔内的物料层中充气使物料加速发酵。经过3天左右物料即可完全腐熟,腐熟的物料由螺旋搅拌输送机输送到输料皮带上,然后由其排出发酵塔,经干燥、粉碎过筛后,即可装袋出售。堆肥发酵塔的工作过程可以是间歇的,也可以是连续的,其特点是发酵时间短,生产率高,适合于大中型养猪企业使用。

堆肥发酵塔包括:进料皮带、旋转布料机、通风装置、空气、螺旋输送机、输料皮带。

20. 如何对猪粪进行烘干处理?

较大规模的养殖场对猪粪的无害化处理采用烘干法较理想。此方法主要适用于水泡粪养殖工艺,首先对粪便进行固液分离,分离后的固体粪便可采取快速烘干、转动烘炒、微波等方法处理，再添加其他成分制成有机复合肥，液体可掺入部分其他化肥制成液体肥料出售，或直接用泵送到菜地、果园用作肥料。烘干法的工作流程参照图3-1。

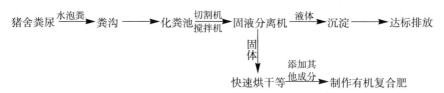

图 3-1　猪粪烘干处理法的工作流程

21. 请简要介绍猪粪沼气发酵技术。

沼气是猪粪、垫料等有机物质在厌氧环境中，并附有适宜的温度、湿度、酸碱度、碳氮比等条件下，通过厌氧微生物发酵作用而产生的一种可燃气体，其主要成分为甲烷，占60%～70%，其余为二氧化碳、一氧化碳、二氧化硫和氢气等，生产沼气不仅可以利用大量的猪粪便，杀灭病原微生物和寄生虫卵，防止环境污染，而且开辟了对二次能源的利用，节省燃料。

沼气池在工作时，粪便经粪泵和管道送入发酵罐中进行厌氧发酵，产生的沼气由导出管输入贮气罐中，循环粪泵可使粪液通过热交换器被加热，提高粪液温度，达到高温发酵，提高发酵效率，加大产气量。贮气罐有一个可以上下浮动的顶盖，根据进气量的多少上下浮动，以保持沼气输出管路中有一定的压力。经厌氧高温发酵处理后的粪便，其中的虫卵和致病细菌都被消灭，成为无菌无害、腐熟良好的优质肥料。用沼气发生设备处理养猪场粪便污水，不仅可以得到优质肥料，而且还可以获得作为能源的沼气。

（1）沼气池建设。

①沼气池建设的基本技术。沼气池的建设一定要按沼气的各项利用技术要求进行建设和利用，此外，还要因地制宜，北部寒冷地区沼气的可利用时间短一些，搞一些相对简易的池子，黄河以南地区沼气利用较多，沼气池投资不是太大，可因地制宜，就地取材。制池的材料种类也较多，一般农家用或小规模池的建设投资农民都能负担，但大型池投资较大，需要有一定的资金，建沼气池的投资一般2～3年就可收回成本。建设沼气池是一项专门技术，一方面必须安全，另一方面沼气池的密封要求高。沼气池的建设一定要请当地的沼气部门帮助，不要自己随意建池，以免发生危险和漏气；产出的沼气要用掉，否则排入空气会造成二次污染。我国大部分县市都有沼气推广部门，建沼气池要取得他们的支持和指导，不要自己盲目地建设。

②沼气池的基本结构和类型。沼气池实际上是一个立方的或圆立方的池体，

在这个池体内进行厌氧发酵，发酵池有一个入料口，一个出渣口和出水口，在池顶有一个出沼气口。池内根据厌氧方式的不同而有不同的设施，如为了提高发酵效率，加一些填料，以附生更多的沼气菌；为了加强沼液的流动，有的池设计专门配置的水管，以水流搅动料液；还有为了操作方便而加一个搅拌器的。

沼气口的类型有：水压式、浮罩式、半塑式沼气池、塔型沼气池、帽式沼气池、方型浮罩式沼气池，等等。

③制作沼气池的建筑材料。沼气池制作材料很多，可用砖、水泥、玻璃钢、铸铁、不锈钢板等，体积小的沼气池用砖即可，体积大的沼气池可根据经济条件和建筑要求选材，一般用水泥钢筋混凝土比较普通，国外用不锈钢的比较多。沼气池最主要要坚固、密封，不能漏气。因此，建池的选料很重要。

（2）沼气发生的几个重要条件。

①严格的厌氧环境。沼气微生物的核心菌群——产甲烷菌是一种厌氧性细菌，对氧特别敏感，它们在生长、发育、繁殖、代谢等生命活动中都不需要空气，空气中的氧气会使其生命活动受到抑制，甚至死亡，产甲烷菌只能在严格厌氧的环境中才能生长。修建沼气池，要严格密闭，不漏水，不漏气，这不仅是收集沼气和贮存沼气发酵原料的需要，也是保证沼气微生物在厌氧的生态条件下生活得好，使沼气池能正常产气的需要，这也是人们把漏水、漏气的沼气池称为"病态池"的原因。

②发酵液温度。通常把不同的发酵温度区分为 3 个范围，即把 46 ～ 60℃称为高温发酵，28 ～ 38℃称为中温发酵，10 ～ 26℃称为常温发酵。在 10 ～ 60℃的范围内，沼气均能正常发酵产气。低于 10℃或高于 60℃都严重抑制微生物生存、繁殖，影响产气。在 10 ～ 60℃这一温度范围内，一般温度愈高，微生物活动越旺盛，产气量越高，这就是沼气池在夏季，特别是气温最高的 7 月产气量大，而在冬季最冷的 1 月产气很少，甚至不产气的原因，也是沼气池在管理上强调冬季必须采取越冬措施，以保证正常产气的原因。微生物对温度变化十分敏感，温度突升或突降，都会影响微生物的生命活动，使产气状况恶化。

③发酵菌种。沼气发酵微生物是人工制取沼气的内因条件，一切外因条件都是通过这个基本的内因条件才能起作用。因此，沼气发酵的前提条件就是要接入含有大量这种微生物的接种物，或者说含量丰富的菌种。

沼气发酵微生物都是从自然界来的，而沼气发酵的核心微生物菌落是产甲烷菌群，一切具备厌氧条件和含有有机物的地方都可以找到它们的踪迹。它们的生存场所，或者说人们采集接种物的来源主要有如下几处：沼气池、湖泊、沼泽、池塘底部；阴沟污泥之中；积水粪坑之中；动物粪便及其肠道之中；屠宰场、酿造厂、豆制品厂、副食品加工厂等阴沟之中以及人工厌氧消化装置之中。

给新建的沼气池加入丰富的沼气微生物群落，目的是为了很快地启动发酵，而后又使其在新的条件下繁殖增生，不断富集，以保证大量产气。沼气一般加入接种物的量为总投料量的 10% ～ 30%。在其他条件相同的情况下，加大接种量，产气快，气质好，启动不易出现偏差。

④发酵液酸碱度。厌氧微生物要求中性的环境，或者微偏碱性，过酸、过碱都会影响产气。酸碱度 pH 值在 6 ～ 8 均可产气，以 pH 值在 6.5 ～ 7.5 产气量最高，pH 值低于 6 或高于 9 时均不产气。

沼气池发酵初期由于产酸菌的活动，池内产生大量的有机酸，导致 pH 值下降。随着发酵持续进行，氨化作用产生的氨中和一部分有机酸，同时，甲烷菌的活动，使大量的挥发酸转化为甲烷和二氧化碳，使 pH 值逐渐回升到正常值。所以，在正常的发酵过程中，沼气池内的酸碱度变化可以自然进行调解，先由高到低，然后又升高，最后达到恒定的自然平衡（即适宜的 pH 值），一般不需要进行人为调节。只有在配料和管理不当，使正常发酵过程受到破坏的情况下，才可能出现有机酸大量积累，发酵料液过于偏酸的现象。此时，可取出部分料液，加入等量的接种物，将积累的有机酸转化为甲烷，或者添加适量的草木灰或石灰澄清液，中和有机酸，使酸碱度恢复正常。

⑤发酵碳氮比（C/N）：碳氮比在（25 ～ 30）:1 时，产气效果最好。

⑥发酵料液的浓度。发酵料液的浓度过稀则难以产气，即使产气也是极少；过浓则易引起酸化，使发酵受阻而影响产气。通常在高温季节发酵料液浓度控制在 6% ～ 8%；在低温季节发酵料液浓度控制在 9% ～ 11%。沼气池的负荷通常用发酵原料浓度来体现，适宜的干物质浓度为 4% ～ 10%，即发酵原料含水量为90% ～ 96%。发酵浓度随着温度的变化而变化，夏季一般为 6% 左右，冬季一般为 8% ～ 10%。浓度过高或过低，都不利于沼气发酵。浓度过高，则含有水量过少，发酵原料不易分解，并容易积累大量酸性物质，不利于沼气菌的生长繁殖，影响正常产气；浓度过低，则含有水量过多，单位容积里的有机物含量相对减少，则难以产气，即使产气也是极少。

⑦搅拌。对发酵液进行搅拌有利于厌氧微生物与有机物充分接触，并可打碎发酵过程中产生的浮渣层，使产生的沼气更容易逸出，采用搅拌后，平均产气量可提高 30% 以上。沼气池的搅拌通常分为机械搅拌、气体搅拌和液体搅拌 3 种方式。机械搅拌是通过机械装置运转达到搅拌目的；气体搅拌是将沼气从池底部冲进去，产生较强的气体回流，达到搅拌的目的；液体搅拌是从沼气池的出料间将发酵液抽出，然后从进料管冲入沼气池内，产生较强的液体回流，达到搅拌的目的。

农村用的沼气池通常采用强制回流的方法进行人工液体搅拌，即用人工回流搅拌装置或污泥泵将沼气池底部料液抽出，再泵入进料部位，促使池内料液强制循环流动，提高产气量。

特别要注意：人不能进入沼气池，以免出现危险。

⑧发酵罐的容积。厌氧微生物分解有机物的速度很慢，猪粪便要在发酵罐中停留很长时间才能充分腐熟分解，因此，发酵罐应该有足够的容积。大体上每头猪需要 0.15 米³ 的容积。在设计时还应留出 0.5 ~ 1.0 倍的贮备余量，以保障设备的正常运行。

（3）沼气发酵产物的综合利用。沼气发酵产物包括沼液、沼渣和沼气 3 部分。

①沼液的利用。沼液中含有多种微量元素和丰富的氨基酸。因此，沼液在种植业和养殖业得到了较为广泛的应用。众所周知，氮、磷、钾 3 种元素对农作物的生长、发育以及产量等有着特别重要的作用，但土壤中这种元素含量较少，因此，需要进行人为的补充。化肥的利用率不高，以氮肥（如尿素、碳酸氢铵等）为例，只含有单一的肥料成分铵态氮，不能满足作物对各种养分的需要，也不易被作物吸收，而且这些氮肥容易挥发，若施用不当，利用率就会更低。如果用沼液和这些氮素肥料配合使用，则可以促进化肥在土壤中溶解，使作物更容易吸收养分，减少氮素损失，提高化肥利用率。

②沼渣的综合利用。沼渣主要由未分解的原料固形物、新产生的微生物菌体组成，将沼气发酵料液风干就可得到沼渣。沼渣营养成分丰富，尤其是腐殖酸含量很高，它对改良土壤、增加土壤有机质都具有重要作用，沼渣也可以用来养猪、养鱼或者作为叶面施肥的材料来替代农药。

③沼气的综合利用。沼气是沼气发酵的主要产物，它的应用广泛。

在塑料大棚蔬菜生产中的应用。一是利用沼气为大棚增温和保温。燃烧 1 米³ 的沼气可放出 2.3×10^4 千焦热量，以此来确定不同容积的大棚增温和保温所需沼气量。二是利用沼气为蔬菜大棚提供二氧化碳气肥。

沼气养蚕。沼气灯用于蚕种感光和燃烧沼气，给蚕室加温，可以达到孵化快、出蚕齐、缩短饲养期、提高蚕茧产量和质量的目的。

沼气保鲜和贮存农产品。沼气中二氧化碳含量高，含氧少，造成一种高二氧化碳低氧的状态，以控制果疏、粮食的呼吸强度，减少储存过程中基质的消耗，防控虫、霉、病、菌，达到延长贮存时间并保持良好品质的目的。

做饭、照明用。利用沼气发电是一项比较成熟的技术，过去用沼气发电需要配用一部分柴油，现在已不用柴油了，这样成本可以降低很多。沼气的利用价值更高了，但必须解决沼气的产量和质量，要有足够量的沼气量，按实际发电计算，发 1 度电需 0.4 ~ 0.6 米³ 沼气，视沼气质量而定。华南地区每立方米优质沼气池平均每天能产 0.8 米³ 沼气，但简易的沼气池产量要低不少，可按设计产气量计算需要建筑的沼气池的体积。此外，能源、环境和资源需求对传统沼气提出了更高的要求，其用途将包括大规模集中供气、燃气发电、燃气汽车、火车和转化化工产品等。从这个意义上来讲，将来的沼气将成为以各种生物质为原料、通过大型自动化的现代工业发酵过程生产的、可以用于部分取代石油和天然气的一种能源产品——生物燃气。

22.怎样控制与优化猪场环境？

规模化养猪场环境保护基本原则是：养猪场内所产生的一切废弃物（主要包括粪便、尿、污水、病死猪等）都不可任其污染环境，使恶臭远溢、蚊蝇漫舞，也不可弃之于猪场四周、农田、山地或河道而污染四周环境，造成环境污染，酿成公害，危害人类及猪的健康，必须应用生物发酵技术和生态工程技术，对其进行无害化处理，科学地利用，化害为利，并尽可能地在场内或就近处理解决。

对于规模化养猪场来说，最主要的废弃物是粪尿、污水和病死猪。假如能够将其进行无害化处理，也就解决了规模化养猪场环境保护中的主要问题。由于我国养猪业发展速度快，资金投进不足，设备、技术落后和一部分猪场业主环保意识淡薄等原因，近90%的规模化养猪场没有废弃物无害化处理设施，粪便不经处理直接农用或露天堆放，给四周环境和人民健康带来了不同程度的危害，也同时对环境、资源、生态造成了日益明显的压力和影响。规模化养猪场的环境污染问题不但严重制约了行业的发展，而且直接影响生态效益和社会效益，影响人们的生存环境和生活质量的进步，成为急需解决的重要题目。

除了要科学规划、及时清除猪舍内粪尿和污水、搞好病死猪的无害化处理等以外，还要注意以下问题。

（1）开发使用环保型日粮。研究与实践证实，采取有效措施降低氮和磷的排出量是减少氮、磷污染的有效措施。通过进一步提高对饲料蛋白质的利用率，而降低猪日粮中蛋白质含量，可以间接减少氮的排出量。研究结果表明，日粮中粗蛋白质的含量每降低1%，氮的排出量就减少8.4%左右。如将日粮中的粗蛋白质从18%降低到15%，就可将氮的排出量减少25%。按可利用氨基酸等新技术，配制理想蛋白质日粮，即降低饲料粗蛋白质含量而添加合成氨基酸，使日粮氨基酸达到平衡，可使氮的排出量减少20%～50%，这对猪的生产性能影响非常有限。除了氮、磷这些潜在的污染源外，一些微量元素如铜、砷制剂等超量添加也易在猪产品中富集，给人类的健康带来直接或间接的危害，应按规定使用。此外，科学调整日粮中粗纤维的水平，可有效控制吲哚和粪臭素的产生。

（2）添加使用绿色添加剂。在猪的日粮中添加使用酶制剂，提高猪对饲料养分的利用率，可减少氮的排出量。在猪的日粮中添加微生态制剂（又称活菌制剂），可改善饲料的利用率，提高猪对饲料营养物质的消化吸收率，同时抑制肠道内某些细菌的生长，可减少猪只体内恶臭气体的产生和排放，从而减轻猪粪尿的气味，减少舍内有害气体的浓度，控制环境污染。有试验表明，在摄食大麦型日粮的猪群中，使用一种含 β - 葡聚糖酶的混合酶可使能量利用率提高 13%，日粮蛋白质的吸收率提高 21%。

（3）**降低有害气体的浓度。**猪舍内产生最多、危害最大的有害气体主要有：氨、硫化氢、二氧化碳和恶臭物质等。可用除臭剂沸石来降低有害气体的浓度，沸石的表面积大，具有很强的吸附性，可用于猪场除臭，对氨、硫化氢、二氧化碳以及水分有很强的吸附力，因而可降低猪舍内有害气体的浓度。同时，由于沸石的吸水作用，降低了猪舍内空气湿度和猪粪的水分，减少了氨气等有害气体的产生，从而达到除臭和抑制恶臭扩散的目的。

（4）**防止昆虫滋生。**养猪场易滋生蚊蝇，骚扰人畜，传播疾病。所以，要定时清除粪便和污水，保持猪场环境的清洁、干燥和排污沟畅通；要经常清洗饲养用具，加强四周环境灭虫、消毒、铲除杂草，排出积水，填平沟渠洼地，消灭蚊幼虫滋生地。使用化学杀虫剂杀灭蚊蝇，可用 1% 敌百虫、1% 敌敌畏或 0.5% 蝇毒磷溶液交替喷洒猪舍走道、四周环境，有害昆虫接触后能迅速死亡，为养猪生产创造良好的环境卫生条件。

（5）**植树绿化改善猪场环境。**在猪场四周和主要道路两侧种植速生林，猪舍四周前后种植花草树木，猪场的绿化优化猪场本身的生态环境。搞好猪场的绿化，不仅可以调节小气候、减弱噪声、美化环境、改善自然面貌，而且可以减少污染，净化空气，在一定程度上能够起到保护环境的作用。

（6）**留意水源保护。**避免水源被污染，一定要重视排水的控制，并加强水源的治理与搞好卫生监测，严禁从事可能污染水源的任何活动；取水点上游 1 千米至下游 200 米的水域内，不得排进工业废水和生活污水，取水点四周两岸 30 米以内，不得有化工厂、屠宰场、畜产品加工厂、厕所、粪坑、污水坑、垃圾堆等污染源。

（7）**搞好猪场的环境卫生监测。**

①环境监测的主要任务。环境监测主要是对大气、水质、土壤、污水等进行监测，有计划地调查环境污染对猪群的危害情况，如发现污染，必须进一步追查其污染源及污染原因，以把握污染的变化与趋势。通过对长期连续监测资料的综合分析，并在对污染范围、程度、影响等规律了解的基础上，为科学布局，制订全面规划，控制污染，保护猪场环境，保证猪产品质量提供科学依据。

②环境监测。定期采集猪场水源及四周自然环境中大气、水质等样品，测定其中有害物质的浓度，以观察了解四周环境污染的情况，对于正确评价环境状况，制定环境保护措施都是不可缺少的。

③污染监测。对接受猪粪尿和污水的土壤环境进行定期监测，对环境质量现状进行定期评价，及时了解猪场环境质量及卫生状况，以便采取相应的措施控制猪场环境污染事件的发生。

④污水监测。对猪场排放污水进行监测，把握污水中各种污染物的浓度、排放量等，为选取适当工艺、技术、设备对其进行处理提供数据依据。

⑤处理后的出水监测。对已有污水处理设施的猪场，要对处理后的出水进行定期监测，以对设备的运行情况进行调节，确保出水达到《畜禽养殖业污染物排放标准》（GB 18596—2001）的要求。

⑥环境监测的基本内容。就规模化养猪场来说，空气环境监测的内容，仍以氨、二氧化碳和硫化氢为主，如为无窗猪舍或饲料间，尚需监测灰尘、噪声等。水质监测项目包括水的各项理化指标，尚有一些有毒物质的浓度指标。

⑦环境监测的一般方法。空气和水质的监测方法，我国目前一般采用定期、定时、中断性的人工操纵方法进行。如猪场水源为地下深层水，水量和水质都比较稳定，一般每年测 1～2 次即可。对水及大气污染源的监测则可根据饲养治理情况、不同季节、不同天气条件等进行定时测定。为了说明污染的连续变化情况，也有必要进行连续的测定。

第四章　规模化生态猪场的消毒与防疫

1. 什么叫消毒?

微生物是广泛分布于自然界中的一群个体难以用肉眼观察的微小生物的统称，包括细菌、真菌、霉形体、螺旋体、支原体、衣原体、立克次氏体和病毒等。其中有些微生物对畜禽是有益的微生物，主要含有以乳酸菌、酵母菌、光合菌等为主的有益微生物，是畜禽正常生长发育所必需；另一些则是对动物有害的病原微生物或致病微生物，如果病原微生物侵入畜禽机体，不仅会引起各种传染病的发生和流行，也会引起皮肤、黏膜（如鼻、眼等）等部位感染。可引起人和畜禽各种各样的疾病，即传染病，有传染性和流行性，不仅可造成大批畜禽的死亡和畜禽产品的损失，某些人畜共患疾病还能给人的健康带来严重威胁。病原微生物的存在，是畜禽生产的大敌。

随着集约化畜牧业的发展，预防畜禽群体发病特别是传染病，已成为现阶段兽医工作的重点。要消灭和消除病原微生物，必不可少的办法就是消毒。

消毒是指用物理、化学和生物学的方法杀灭物体中及环境中的病原微生物。而对非病原微生物及其芽孢（真菌）孢子并不严格要求全部杀死。其目的是预防和防止疾病的传播和蔓延。

消毒是预防疾病的重要手段，它可以杀灭和消除传染媒介上的病原微生物，使之达到无害化处理，切断疾病传播途径，达到预防和扑灭疾病的目的。

若将传播媒介上所有微生物（包括病原微生物和非病原微生物及其芽孢、霉菌孢子等）全部杀灭或消除，达到无菌程度，则称灭菌，灭菌是最彻底的消毒。对活组织表面的消毒，又称抗菌。阻止或抑制微生物的生长繁殖叫作防腐或抑菌，有的也将之作为一种消毒措施。杀灭人、畜体组织内的微生物则属于治疗措施，不属于消毒范畴。

2. 重视规模化生态猪场的消毒有何实际意义?

当前养殖场饲养成本不断上升，养殖利润空间不断缩水，这些问题不断困感着养殖者。出现这种情况，除了饲料原料、饲料、人力成本增加等因素外，养殖成活率不高、生产性能不达标也是最主要的因素之一。因此，增强消毒管理意识，加强消毒管理，提高猪的成活率及生产性能，是养殖者亟须注意的问题。

（1）**消毒是性价比最高的保健**。猪规模化生态饲养成功的关键是要保证猪的健康生长，特别是要预防疫病的发生。规模化养猪属密集型饲养，一旦发生疫病，极易全群感染，所以，必须采取预防疫病发生的措施。养猪场消毒工作是其中最重要的一环，猪病治疗则是不得已而采取的办法，对此不应特别强调，因为猪的疫病多数是由病毒引起的，是无药可治的，细菌引起的疾病虽有药可以治疗，但增加了养猪成本。因此，预防传染病的发生是关键，消毒工作又是预防传染病发生的重要措施之一。猪发病的可能性随饲养数量的增加而增加。

病原体存在于畜禽舍内外环境中，达到一定数量，具备了一定的毒力即可诱发疾病；过高的饲养密度可加快病原体的聚集速度，增加疾病感染机会；疾病多为混合感染（合并感染），一种抗生素不能治疗多种疾病；许多疾病尚无良好的药物和疫苗；疫苗接种后，抗体产生前是疾病高发的危险期，初期抗体效力低于外界污染程度时，降低外界病原体的数量可减少感染的机会。

通过环境消毒，可广谱杀菌、杀毒，杀灭体外及其环境存在的病原微生物。只有通过消毒才可以减少药物使用成本，并且消毒无体内残留，是性价比最高的保健。

（2）**预防传染病及其他疾病**。传染病是由各种病原体引起的能在人与人、动物与动物或人与动物之间相互传播的一类疾病。病原体中大部分是微生物，小部分为寄生虫，寄生虫引起者又称寄生虫病。传染病的特点是有病原体、传染性和流行性，感染后常有免疫性。其传播和流行必须具备 3 个环节，即传染源（能排出病原体的畜禽）、传播途径（病原体传染其他畜禽的途径）及易感畜禽群（对该种传染病无免疫力者）。若能完全切断传播和流行过程中的任何一个环节，即可防止该种传染病的发生和流行。其中，切断传播途径最有效的方法是消毒、杀虫和灭鼠。因此，消毒是消灭和根除病原体必不可少的手段，也是兽医卫生防疫工作中的一项重要工作，是预防和扑灭传染病最重要的措施之一。

（3）**防止群体和个体交叉感染**。在集约化养殖业迅速发展的今天，消毒工作更加显现出其重要性，并已经成为养猪生产过程中必不可少的重要环节之一。一般来说，病原微生物感染具有种的特异性。因此，同种间的交叉感染是传染病发生、流行的主要途径。如新城疫只能在禽类中传播流行，一般不会引起其他动物或人的感染发病。但也有些传染病可以在不同种群间流行，如结核病、禽流感等，不仅可以引起鸟类、禽类共患，甚至可以感染人。

猪疫病的传播方式可分为垂直传播和水平传播。

①垂直传播。是母猪传给仔猪的传播方式，是纵向传播。

经胎盘传播是指产前被感染的怀孕猪，通过胎盘将其体内的病原体传给胎儿的传播方式。比如猪瘟、猪细小病毒病、猪流行性乙型脑炎、猪伪狂犬病等，都可以经胎盘传播。经产道传播是指存在于怀孕动物阴道和子宫颈口的病原体，在分娩的过程中，造成新生胎儿感染的现象。比如大肠杆菌病、链球菌病、葡萄球菌病等。

②水平传播。是指动物群体之间或动物个体之间的横向传播，包括直接接触传播和间接接触传播。

直接接触传播是指在没有外界因素参与下，通过传染源和易感动物直接接触传播的方式，这种传播方式较少，当猪发病或携带病原体时，可通过交配、舔咬的方式传染给对方。如公猪患细小病毒时，它可通过交配把细小病毒传染给母猪。猪患口蹄疫时，病猪的水泡液中含有大量的口蹄疫病毒，如果别的猪舔或拱到病猪的水泡时，该猪就会被染上口蹄疫。

间接接触传播指病原体必须在外界因素的参与下，通过传播媒介侵入易感动物的方式。

经空气传播。首先，主要是病猪在咳嗽或打喷嚏时，把病原体和分泌物从呼吸道中喷射出来，形成飞沫，在空气中飘移，当易感动物直接接触到带有病原体的飞沫而发病，这种传播方式是空气传播。其次，当飞沫的水分蒸发后，就形成了由细菌、病毒以及飞沫中的干物质组成的飞沫核，易感动物接触到飞沫核而被感染，这种传播方式也叫空气传播。最后，患病动物的分泌物、排泄物和动物尸体的分解物在空气中形成气溶胶，这些气溶胶悬浮在空气中，或随空气飘移，当易感动物接触到这些气溶胶而被感染，这种传播方式也叫空气传播。所有的呼吸道疾病均可通过飞沫传播，而只有少数病能通过气溶胶传播，如结核病、炭疽病、猪丹毒可通过气溶胶传播。

经土壤传播。随患病动物的分泌物、排泄物或动物尸体中的病原体进入土壤，从而土壤被污染，而易感动物如果接触被污染的土壤，就可能会被感染。如炭疽、破伤风、猪丹毒都可通过土壤传播，但由于现在绝大多数都采用水泥地面进行圈养，所以现在这种传播方式非常少见。

经饲料和饮水传播。易感动物接触了被污染的饲料和饮水，而被感染的传播方式。如猪瘟、口蹄疫、传染性胃肠炎等多种传染病均可通过这种方式传播。

经活的媒介传播。活的媒介包括人类、蚊、蝇、野生动物、鼠等。日本脑炎的传播，主要就是经活的媒介传播，如蚊、蝇叮咬患病的动物后，再去叮咬易感动物，就会使易感动物发病。老鼠可将伪狂犬病毒传播给易感动物，人虽不能得猪瘟，但人可将猪瘟病毒机械性地传播给易感动物。

经物品传播。如果医疗器械或其他物品被污染，而易感动物接触到了这些被污染的物品，也能被感染。比如注射针头，先给患病猪注射，没经消毒，再给易感猪注射，易感猪就极易被感染。

从上述情况可以看出，传染病的传播途径较多，也比较复杂，每种传染病都有自己的传播途径。有的传染病有一种传播途径，比如皮肤真菌病，只能通过破损的皮肤伤口感染。但大多数传染病有多种传播途径，比如猪瘟，既可垂直传播，又可水平传播，在水平传播中，即可直接接触传播，又可经空气、饲料、饮水或媒介动物传播。所以，我们只有了解并掌握了传染病的传播途径，才能在传染病的防治工作中有目的地切断传染源与易感猪的联系，使传染病不再发生或流行。

因此，防止交叉感染的发生是保证养猪业健康发展和人类健康的重要措施，消毒是防止猪个体和群体之间交叉感染的主要手段。

（4）消除非常时期传染病的发生和流行。猪的疫病水平传播主要有两条途径，即消化道和呼吸道。消化道途径通常是指带有病原体的粪便污染饮水、用具、物品，主要指病原体对饲料、饮水、笼舍及用具的污染；呼吸道途径主要指通过空气和飞沫传播，被感染动物通过咳嗽、打喷嚏和呼吸等将病原体排入空气中，并可污染环境中的物体。非常时期传染病的流行主要就是通过这2种方式。因此，对空气和环境中的物体消毒具有重要的防病作用。消毒可切断传染病的流行过程，从而防止人类和动物传染病的发生。另外，动物门诊、兽医院等地方也是病原微生物比较集中的地方，做好这些地方的消毒工作，对防止动物群体之间传染病的流行也具有重要意义。

（5）预防和控制新发传染病的发生和流行。近年来，我国养猪业的蓬勃发展，为人们提供了大量的猪肉，极大地改善了人们的生恬，提高了人民的健康水平。猪肉已成为人们餐桌上的重要食品，同时，也进一步促进了养猪业的发展。但由于新品种猪的引进，市场流动量加大，村镇交易市场和小型猪场防疫条件差等原因，一些疫病也随之流行，如非洲猪瘟、蓝耳病、猪圆环病毒Ⅱ型、猪伪狂犬、猪增生性肠炎等新疫病不断传入，并在一些防疫条件差的猪场发生。而且一些老的疫病也有了新的发生趋势，例如猪支原体肺炎和猪萎缩性鼻炎，过去，即使有发生，发病率也极低。近年来，随着非洲猪瘟、猪呼吸道综合征的发生，猪支原体肺炎在呼吸道综合征中处于混合感染状态。猪萎缩性鼻炎近年来在一些猪场发生，严重威胁种猪的安全，患病严重的种猪会出现鼻甲骨萎缩，呼吸困难，丧失种用价值。

有些疫病，在尚未确定具体传染源的情况下，对有可能被病原微生物污染的物品、场所和动物体等进行的消毒（预防性消毒），可以预防和控制新传染病的发生和流行。同时，一旦发现新的传染病，要立即对病猪的分泌物、排泄物、污染物、胴体、血污、居留场所、生产车间以及与病猪及其产品接触过的工具、饲槽以及工作人员的刀具、工作服、手套、胶鞋、病猪过道等进行消毒（疫源地消毒），以阻止病原体的扩散，切断其传播途径。

（6）维护公共安全和人类健康。养殖业给人类提供了大量优质的高蛋白食品，但养殖环境不卫生，病原微生物种类多、含量高，不仅能引起猪群发生传染病，而且直接影响到猪肉产品的质量，从而危害消费者的健康。从社会预防医学和公共卫生学的角度来看，兽医消毒工作在防止和减少人猪共患传染病的发生和蔓延中发挥着重要的作用，是人类环境卫生、身体健康的重要保障。通过全面彻底的消毒，可以阻止人猪共患病的流行，减少对人类健康的危害。

3.猪场消毒的方法有哪些?

（1）物理消毒法。

①机械性消毒。利用机械性清扫、冲洗和通风换气等手段清除病原体是最常用的消毒方法，也是日常的卫生工作之一。采用清扫、洗刷等方法可以除去猪圈舍地面、墙壁以及动物体表被毛上污染的粪便、垫草、饲料、粗渣等污物。冬季要注意通风与保温之间的协调，防止冷热失衡引发感冒。

②日光、紫外线消毒。日光暴晒是一种最经济、有效的消毒方法，通过暴光照射可以对物品、用具等进行消毒。在实际应用中常用紫外灯发出的紫外线进行空气消毒，消毒时间通常为 0.5 ～ 2 小时，消毒时灯管与污染物体表面的距离不得超过 1.5 米，同时应注意空气的湿度，一般是洒水后将空间清扫干净，开启紫外线灯。

③高温灭菌。当病原体抵抗力较强时，可通过火焰喷射器（汽油或柴油灯）对粪便、场地、墙壁、笼具、其他废弃物品进行烧灼灭菌。对被传染源污染的饲料、垫草、垃圾等进行焚烧处理。

（2）化学消毒法。

①氢氧化钠（又称火碱、烧碱、苛性钠）消毒法。对细菌和病毒有强大的杀灭力。可用其 1% ～ 2% 热溶液对圈舍、地面、用具等消毒。该制剂具有腐蚀性，消毒后应用清水冲洗。

②碳酸钠（纯碱）消毒法。常用 4% 热溶液洗刷或浸泡衣物、用具，可用于场地消毒。

③生石灰（氧化钙）消毒法。生石灰加 1 份水即制成熟石灰（氢氧化钙），然后用水配成 10% ～ 20% 混悬液用于墙壁、围栏、地面等的消毒。生石灰粉可用于阴湿地面、粪池周围等处消毒。

根据生产实际需要制定定期的消毒方法，针对病毒、细菌、寄生虫等有害病菌进行彻底清除杀灭，保证养猪生产顺利进行，减少或杜绝疾病的发生。

猪场常用消毒方法见表 4-1。

表 4-1　猪场常用消毒方法

消毒方式	具体操作方法	适用范围
喷洒	将配制好的消毒液直接用喷枪喷洒	怀孕舍、生长舍、隔离舍等单栏消毒、单头猪场地，猪舍周边、走道消毒
喷雾	用消毒机、背带式手动喷雾器、小型喷雾器喷雾	车辆表面、器物、动物表面消毒，动物伤口消毒；猪舍周边
高压喷雾	专门机动高压喷雾器向天喷雾（雾滴直径小于100微米），雾滴能在空中悬浮较长时间	任何空间消毒，带猪或空栏消毒
甲醛熏蒸	①甲醛＋高锰酸钾，②甲醛器皿内加热	空栏熏蒸，器物熏蒸
普通熏蒸	冰醋酸、过氧乙酸等自然挥发或加热挥发	任何空间消毒，带猪消毒
涂刷	专用于10%石灰乳消毒，用消毒机喷，或用大刷子涂刷于物体表面形成薄层	舍内墙壁、产床、保育高床、地板表面、保温箱内
火焰	液化石油气或煤气加喷火头直接在物体表面缓慢扫过	耐高温材料、设备的消毒（铸铁高床、水泥地板等）
拖地	用拖把加消毒水拖	产床、保育舍高床地板，更衣室、办公场所、饭堂、娱乐场所地面
紫外线	紫外线灯管直接照射（对能照射到的地方起作用）	更衣室空气消毒
饮水消毒	向饮水桶或水塔中直接加入消毒药	空栏时饮水管道浸泡消毒，带猪饮水消毒，水塔水源消毒

4. 猪场常用消毒药物有哪些?

（1）醛类。包括戊二醛、甲醛等，属高效消毒剂，可消毒排泄物、金属器械等，也可用于畜禽场舍的熏蒸和防腐等。

（2）含碘化合物。常用的有游离碘、复合碘、碘仿等，大多数为中效消毒剂，少数为低效，常用于皮肤黏膜的消毒，也用于畜禽舍的消毒。

（3）含氯化合物。主要包括漂白粉、次氯酸钙、二氧化氯、液氯、二氯异氰尿酸钠等，属中效消毒剂，常用于水体、容器、食具、排泄物或疫源地的消毒。

（4）过氧化物类。常用的有过氧乙酸、过氧化氢和臭氧3种，属高效消毒剂，可用于有关器具、畜禽场舍及室内空气等的消毒。

（5）酚类。包括苯酚（石炭酸）、甲酚、氯甲酚、甲酚皂溶液（来苏尔）、臭药水、六氯双酚、酚地克等，属中效消毒剂，常用于器械及畜禽场舍的消毒与污物处理等。

（6）醇类。常用的有乙醇、甲醇、异丙醇、氯丁醇、苯乙醇、苯氧乙醇、苯甲醇等，属中效消毒剂，作用比较快，常用于皮肤消毒或物品表面消毒。

（7）**季铵盐类化合物**。这类化合物是阳离子表面活性剂，用于消毒的有新洁尔灭、度米芬、消毒净、氯苄烷铵、氯化十六烷基吡啶、溴化十六烷基吡啶等，属低效消毒剂。但其对细菌繁殖体有广谱杀灭作用，且作用快而强。常用于皮肤黏膜和外环境表面的消毒等。

（8）**烷基化气体消毒剂**。主要包括环氧乙烷、环氧丙烷、乙型丙内酯和溴化甲烷等，属高效消毒剂，可用于畜禽场舍、孵化室及饲料、金属器械等的消毒。

（9）**酸类和酯类**。常用的有乳酸、醋酸、水杨酸、苯甲酸、水梨酸、二氧化硫、亚硫酸盐、对位羟基苯甲酸等，属低效消毒剂。

（10）**其他消毒剂**。常用的有高锰酸钾、碱类（氢氧化钠、生石灰）等。一些染料如三苯甲烷染料、吖啶染料和喹啉等也有杀菌作用。有时可用于皮肤黏膜的消毒和防腐。

5. 猪场不同消毒对象应该怎样消毒？

消毒是杀灭或清除停留在体外传播因素上的存活病原体，目的是切断传播途径，借以预防、控制或消灭传染病。严格执行消毒制度，杜绝一切传染病来源，是确保猪群健康的一项十分重要的措施。工厂化养猪场应根据不同的消毒对象采用不同的方法，通常以采用机械清扫和冲洗与使用各种化学消毒剂相配合。

（1）**大门**。大门入口处设置消毒池，消毒池使用 2% 氢氧化钠溶液。同时也要设喷雾消毒装置，要求喷雾粒子 60～100 微米，雾面 1.5～2 米，射程 2～3 米，动力 10～15 千克空气压缩机。消毒液采用 2% 氢氧化钠溶液等，消毒对象是车身和车底盘。

（2）**人员**。工作人员进入各生产车间前，必须在更衣室内脱衣，淋浴，换上经过消毒的工作衣裤、工作帽和胶鞋，洗手消毒后经消毒池方可进入车间，必须参观的人员，其消毒方法与工作人员相同，并须按指定路线进行参观。

（3）**猪舍**。在采用"全进全出"饲养方式的猪场，在引进猪群前，空猪舍应以下列次序彻底消毒：清除猪舍内的粪尿和垫料等；用高压水彻底冲洗顶棚、墙壁、门窗、地面及一切设施，直至洗涤液清彻透明为止；水洗干燥后，关闭门窗，用福尔马林熏蒸消毒 12～24 小时；再用 2% 氢氧化钠溶液消毒一次，24 小时后用净水冲去残药，以免毒害猪群。

（4）**饲养管理用具**。饲槽及其他用具需要每天洗刷，定期用 1:300 消毒灵或 0.1% 新洁尔灭消毒。

（5）**走廊过道及运动场**。定期用 2% 氢氧化钠溶液消毒。

（6）**猪体**。用 0.1% 新洁尔灭、2%～3% 来苏尔或 0.5% 过氧乙酸等进行喷雾消毒。

（7）产房。地面和设施用水冲洗干净，干燥后用福尔马林熏蒸24小时，再用烧碱或消毒灵等消毒一次，事毕用净水冲去残药，最后用10%石灰乳粉刷地面和墙壁。母猪进入产房前全身洗刷干净，再用0.1%新洁尔灭消毒全身后进入产房。母猪分娩前，用0.1%高锰酸钾溶液消毒乳房和阴部。分娩完毕，再用消毒药水抹拭乳房、阴部和后躯，清理胎衣和产房。产出的仔猪，断牙、断尾、剪耳编号，注射铁剂，并按强弱安排好乳头。同时，应严格控制产房的温度，使其合乎规定。

6. 如何进行车辆的消毒?

（1）原则上，外来车辆不得进入猪场场区内（含生活区）。如果要进入，必须严格冲洗、全面消毒后才可进入；车内人员（含司机）必须下车在门口消毒方允许入内。运输泔水、残次猪的车辆严禁进入猪场区内，外来车辆严禁进入生产区。

（2）运输饲料的车辆要在门口彻底消毒，经过消毒池消毒后才能靠近饲料仓库。

（3）场内运猪、猪粪车辆出入生产区、隔离舍、出猪台要彻底消毒。

（4）上述车辆司机不许离开驾驶室与场内人员接触，随车装卸工要同生产区人员一样更衣换鞋消毒；生产线工作人员严禁进入驾驶室。

7. 怎样对生活区进行消毒?

（1）生活区大门口消毒门岗，设外来三轮以上车辆消毒设施、摩托车消毒带、人员消毒带，洗手、脚踏消毒设施及淋浴设施。消毒池每周更换2次消毒液，摩托车、人员消毒带，洗手、脚踏设施每天更换一次消毒液。全场员工及外来人员入场时，必须在大门口脚踏消毒池、手浸消毒盆，在指定的地点由专人监督其洗澡更衣。外来人员只允许在指定的区域内活动。

（2）更衣室、工作服。更衣室每周末消毒一次，工作服清洗时消毒。

（3）生活区办公室、食堂、宿舍、公共娱乐场及其周围环境每月彻底消毒一次，同时做好灭鼠灭蚊蝇工作。

（4）任何人不得从场外购买猪、牛、羊肉及其加工制品入场，场内职工及其家属不得在场内饲养其他家畜家禽（如猫、狗、鸡等）或其他宠物。

（5）饲养员要在场内宿舍居住，不得随便外出；猪场人员不得去屠宰场或屠宰户、生猪交易市场、其他猪场、养猪户（家）逗留，尽量减少与猪业相关人员（畜牧局、兽医站、地方兽医等）的接触。

（6）员工休假回场或新招员工要在生活区隔离一天两夜（封场期间为2天）后方可进入生产区工作。

（7）厨房人员外出购物归来须在大门口更衣、换鞋、消毒后方可入内。除厨房工作人员外，猪场人员不得进入厨房。

（8）猪场应严把胎衣与潲水输出环节，相关外来人员不得进入大门内。泔水桶应多备几个，轮换消毒备用。

8. 生产线怎样进行消毒？

（1）猪场各级干部、员工应该强化消毒液配制量化观念（比如1盆水加几瓶盖消毒液，1桶水加一次性杯几杯消毒液）及具体操作过程，严禁随意发挥。场长制定消毒药轮换使用计划。

（2）生产区道路两侧5米内范围、猪舍间空地每月至少消毒2次。

（3）猪场员工必须经更衣室更衣、换鞋，脚踏消毒池、洗澡更衣、手浸消毒盆后方可进入生产线。更衣室紫外线灯保持全天候开启状态，至少每周用消毒水拖地、喷雾消毒1次，冬春季节除了定期喷洒、拖地外，提倡全天候酸性熏蒸。

（4）生产线每栋猪舍门口设消毒池、盆，进入猪舍前须脚踏消毒池、洗手消毒。每周更换2次消毒液，保持有效浓度。

（5）全体员工不得由隔离舍、原种扩繁场售猪室、解剖台、出猪台（随车押猪人员除外，但须按照前述要求执行）直接返回生产线，如果有需要，要求回到更衣室淋浴、更衣、换鞋、消毒。

（6）猪场非兽医技术人员严禁解剖猪，解剖猪时只能在解剖台进行，严禁在生产线内解剖。

（7）生产线内工作人员，不准留长指甲，男性员工不准留长发，女性员工也尽量不要留长发以方便冲洗，不得带私人物品入内。

（8）做好猪舍、猪体的常规消毒。加强空栏消毒，先清洁干净，待干燥后实施2次消毒，冬季强调1次熏蒸消毒。采取加班冲栏等方式确保空栏时间足够。

（9）猪舍、猪群带猪消毒。配种妊娠舍每周至少消毒1次；分娩、保育舍每周至少消毒2次，冬季消毒要控制好温度与湿度，提倡细化喷雾消毒与熏蒸消毒。

（10）1个季度至少进行1次药物灭鼠，动员员工人工灭鼠，定期灭蚊灭蝇。

（11）接猪台、周转猪舍、出猪台、磅秤及周围环境每售出一批猪后，要彻底消毒1次。

9. 冬季猪场怎样消毒？

冬季气温较低，大家往往只注意猪舍的保温而减少了室内的通风换气，从而造成空气中的污染物质大量积聚。所以在冬季，消毒工作不能忽视。

冬季因为保暖而处于一个相对封闭的环境中，会使室内的一氧化碳、二氧化碳及可吸入颗粒物含量都大大增加。这些有害物质会导致猪体呼吸系统的刺激性伤害和免疫力的下降，增加了呼吸道疾病的机会，也会使已有的疾病症状加重而难以治愈。此外，冬季舍内空气过于干燥，飘浮在空气中的细菌和病毒，吸附于机体的概率也大大增加了，容易造成微生物、病菌的大量繁殖，所以适时消毒显得很重要。

（1）在中午温度相对较高时，将窗户开一个小缝隙通风1小时。据调查，在空气不流通的室内，空气中的病毒细菌飞沫可飘浮30多个小时。如果常开门窗换气，则污浊空气可随时飘走，而且室内也得到充足的光线，多种病毒、病菌也难以滋生与繁殖。

（2）定期对舍内消毒，消毒药物要轮换使用，用量要根据说明而定，不要擅自加大剂量。消毒前一定要彻底地清扫，消毒时要使地面像下了一层毛毛雨一样，不能太湿（易引发猪腹泻）也不能太干（起不到消毒的作用），每个角落都要消毒到。消毒时要让喷头在猪的上方使药液慢慢落下，不要对着猪消毒。

（3）冬季舍外的消毒显的很困难，特别是在进入场区和猪舍的通道时设立的消毒池，冬季可能会出现结冰的现象。对于这种情况可以在消毒液中撒一些盐，这样就不会结冰了。一定要注意勤换消毒池内的消毒液。

10. 空舍如何消毒？

（1）做好冲洗前的准备工作。

①操作间清理清洁。清空饲料间和工具间，饲料存放间和工具间都要充分清理、冲洗、干燥、消毒。

②准备好用品用具。高压水枪、清洁剂、消毒剂、扫帚、铲子、带柄刷子、工作服、水管、维修工具、个人防护用品（雨衣、护目镜、口罩、手套、靴子）。

③设备和圈舍维护维修。检查房屋和设备是否受损，若有损坏则进行维修，如坏的墙面，屋顶的隔热材料，水线、风机、水帘等。

（2）冲洗。

①高压冲洗。屋顶、墙壁、门窗、水管、隔墙、栏杆、地面、料槽、饮水器、风机、水帘、铁锹、铲子、扫把、料车、粪车等都要充分冲洗，不能有死角。冲下的污物要冲到排污管道，冲洗干净后再进行消毒。

②圈舍通风干燥。地面泼洒氢氧化钠溶液（1%～5%），然后通风、干燥。干燥后关闭门窗，原则上空栏时间不少于7天。

③机械性清扫，清除所有污染物。粪便、残余饲料、灰尘、蜘蛛网、绳子、空饲料袋、墙上的记录纸，一切废弃物都要清除。将可移动的料槽（盘）拆下置于栏舍（床）中央。料槽清洗完毕应倒立放置，使其干燥。

④电器设备的保护。所有的插座和电源控制箱关严，不防水的设备用防水布

包裹好，防止被水浸。

⑤注意人身安全。所有电器设备都要进行防护。消毒剂有很强的腐蚀性，操作人员要始终佩戴手套和口罩。

⑥冲洗前的浸泡。按照屋顶、墙壁、门窗、地面的顺序，用高压水枪喷淋浸泡2小时以上，提前一天喷淋，浸泡一晚上。在浸泡用水中加入清洁去污剂。

⑦涂刷。用10%～20%石灰乳进行涂刷，墙面1米以下、地面全部涂刷。

⑧再次消毒。进猪前1～2天圈舍内整个空间喷洒氯异氰尿酸钠或过氧乙酸，再次进行消毒。再次检修设备设施。

（3）室外排污沟和运动场的清洁。

①掀起排污沟盖板，按顺序排列好，将沟底的全部污泥和粪便彻底清除，用该栋的粪车运到出粪台，整条沟清理完毕，按顺序盖好盖板。

②室外运动场彻底清扫，污泥和粪便清运干净，泼洒20%石灰水或1%～5%氢氧化钠溶液。

（4）圈舍和供水系统消毒。

①给水系统的消毒。所有的给水系统都要加入消毒剂，浸泡24～48小时后，打开水线末尾的放水开关，放掉消毒液，打开进水管，使水管装满清水，使清水流经所有的饮水器，用清水冲洗干净。清洗完毕将损坏的饮水器更换掉。

②消毒剂使用和喷洒要求。按消毒剂说明标注的稀释比例使用，使用汽油消毒机从房屋最远端倒退着向入口处喷洒，所有地方，尤其是屋脊、屋檐角落都要喷到，喷到圈舍的每个角落，喷到物体表面微湿为宜。

（5）空栏时间。

①清洗合格的圈舍充分干燥，不少于48小时。为了加快干燥，开启风机。

②圈舍内80厘米以下墙面、隔墙、室内排污沟用20%～30%的石灰乳涂刷。

③清洗消毒完毕，收好清洗机和其他设备。技术员或主管对清洗消毒工作进行检查，如达不到要求，应重新清洗消毒。

11. 水灾过后猪场如何消毒？

每到夏季，频发的水灾都会给畜牧业带来相当大的负面影响，很多的养殖场被淹没甚至有被冲垮，除了这些直接损失外，同时也加快了病原的扩散和传播速度，极易造成一些自然疫源性疫病的流行。此时，更要重视水灾过后的猪病发生动向，做好猪病的综合防控工作，得从猪场的消毒与防疫工作开始。

（1）对病死、溺死动物进行无害化处理。受灾过程中，不少畜禽被水冲散、发病，发生大量死亡。死亡畜禽体内带有大量致病微生物，如不及时进行无害化处理，任其腐烂发臭，病菌会随水流、空气到处扩散，不仅污染环境，还容易引起人畜疫病大流行。对畜禽尸体最简单有效的处理方法是深埋。深埋应选择高岗地带，坑深在 2 米以上，尸体入坑后，撒上石灰或消毒药水，覆盖厚土。有条件的地方可以焚烧。

（2）选好消毒药。除了清扫、冲刷、洗擦、日晒、焚烧、堆积发酵等物理消毒和生物学消毒方法以外，化学消毒应用最广泛。水灾过后，常用消毒药品及其使用方法如下。

石灰水：用新鲜石灰配成的 10% ～ 20% 的石灰水，可用来消毒场地，粉刷棚圈墙壁、桩柱等。石灰水的配制方法：1 千克生石灰加 4 ～ 9 千克水。先将生石灰放在桶内，加少量水使其溶解，然后加足水量。石灰水现配现用，放置时间过长会失效。

草木灰水：适用于对棚圈、用具和器械等消毒。草木灰水配制方法：在 10 千克水中加 2 ～ 3 千克新鲜草木灰，加热煮沸（或用热水浸泡 3 昼夜），待草木灰水澄清后使用。将草木灰水加热后使用才有显著的消毒效果。

氢氧化钠：2% 氢氧化钠溶液溶液可用来消毒棚圈、场地、用具和车辆等。3% ～ 5% 的氢氧化钠溶液溶液，可消毒被炭疽芽孢污染的地面。消毒棚圈时，将家畜赶（牵）出栏圈，经半天时间，将消毒过的饲槽、水槽、水泥地或木板地用水冲洗后，再让家畜进圈。

过氧乙酸:2% ～ 5% 的过氧乙酸溶液，可喷雾消毒棚圈、场地、墙壁、用具、车船、粪便等。

复合酚：复合酚 100 ～ 300 倍液适用于消毒畜舍、场地、污物等。

百毒杀：用百毒杀 3 000 倍稀释液喷洒、冲洗、浸渍，可用来消毒畜舍、环境、机械、器具、种蛋等。百毒杀 2 000 倍液可用于紧急预防畜禽舍的消毒。百毒杀 10 000 ～ 20 000 倍稀释液可预防储水塔、饮水器被污物堵塞，可以杀死微生物、除藻、除臭、改善水质。

（3）突击抓好畜禽免疫。特大洪水灾害极易造成疫病流行。一些多年不发生或很少发生的疫病，如猪丹毒、猪肺疫、猪瘟等，可能会因此发生。一些在正常年份不会发生的疾病，如炭疽病，也有可能发生。灾后补栏增养也需要及时防疫。因此，水灾后必须突击抓好畜禽防疫工作。要根据本地畜禽疫病流行情况，突出防疫工作的重点。

（4）洪灾后要加强检疫监督。洪水灾害使病原大量扩散，疫病极易流行。另外，水灾使很多地区的种畜禽受到极大损失，灾后农民急需补栏，苗猪苗禽普遍不足，需要到外地调运，稍有不慎，就会带进疫病。因此，检疫检验工作显得尤为重要。这项工作是切断疫源传播、防止疫病传入和流行的关键所在。

12.什么是免疫接种? 为什么要对猪进行免疫接种?

免疫接种是通过不同的途径将疫苗接种于动物体内，激发动物机体产生特异性抵抗力，使易感动物转化为非易感动物的一种方法。

由于健康猪体内不存在能够激发机体产生特异抵抗力的有效成分，尤其是高致病性病原体的有效抗原成分，要使易感猪群变为非易感猪群，产生特异性抗病能力，必须使有效的抗原成分进入猪的体内，才能诱发机体产生细胞免疫和体液免疫。因此，养猪场一定要根据本场猪病监测情况，抗体水平的高低，疫病流行的规律，结合当地的动物疫情和疫苗的性质与作用，制定科学合理的、符合本场生产实际的免疫程序，有计划地实施免疫接种。

但是，免疫接种不可盲目使用疫苗，不要把疫苗接种看成是万能的。疫苗接种的种类过多，接种的次数频繁、长期超剂量的使用疫苗等，都有可能造成猪体产生免疫麻痹与免疫耐受，使疫苗相互之间产生干扰，从而导致免疫接种失败。

建议：种猪免疫接种口蹄疫、猪瘟、伪狂犬病、蓝耳病、细小病毒病、流行性腹泻、日本脑炎等病的疫苗。仔猪免疫接种口蹄疫、猪瘟、伪狂犬病、蓝耳病、圆环病毒病、腹泻三联活疫苗、喘气病、链球菌病等疫苗。

13. 给猪进行免疫接种要遵循哪些原则?

猪注射了某种疫苗后就对该疫病的病原微生物产生了特异性的抵抗力，从而使猪不得该种传染病，但疫苗防病是特异性的，是与该疫苗的种类相对应的，一种疫苗只能预防一种疾病。因此，给猪进行免疫接种要遵循以下几个原则。

（1）目标原则。在免疫疫苗之前，要明确接种该疫苗要达到什么目标。

①保护胎儿。后备猪配种前 4～8 周免疫两次，经产母猪配种前 4 周免疫，让疫苗抗体保护怀孕全程，如细小病毒病、日本脑炎等。

②保护哺乳仔猪。产前 4 周跟胎免疫，高水平母源抗体保护哺乳仔猪，如大肠杆菌疫苗和链球菌灭活疫苗。产前 40 天免疫病毒性腹泻活苗，产前 20 天免疫病毒性腹泻灭活苗，能有效控制病毒性腹泻的发生。

③同时保护母猪、胎儿、仔猪。如伪狂犬病、猪瘟及口蹄疫疫苗可普免 3～4 次／年，使母猪怀孕前期、中期、后期及哺乳各阶段都有较高抗体，达到同时能保护母猪、胎儿、仔猪的目标。

普免疫苗要求安全性要高（毒力小、应激小），对胎儿安全。

④保护仔猪直到出栏。在母源抗体合格率降到 65%～70% 时进行首免，首免 4 周后加强免疫，达到保护育肥猪到出栏的目标，如仔猪免疫猪瘟、伪狂犬病、蓝耳病、圆环病毒病、口蹄疫等疫苗免疫。

⑤保护未发病的同群猪。如猪瘟、伪狂犬病发病时全群紧急免疫。

实行紧急免疫的疫苗一般要满足 3 个条件：①迅速产生免疫保护，一般选用弱毒苗，并且加大剂量；②安全性高，应激小、毒力弱；③同源毒株或交叉保护毒株。

蓝耳病疫苗毒力较高，产生抗体较慢，不适宜用于紧急免疫，实施紧急免疫可能会造成发病率与死亡率急剧增加。

（2）**地域性与个性结合原则**。不同地区、不同猪场的疾病情况不同，免疫疫苗种类和免疫程序都有很大差异，所以不同猪场免疫程序具有个性化，因地制宜，制定适合自己猪场的免疫程序。

（3）**强制性原则**。《动物防疫法》第十六条规定，国家对严重危害养殖业生产和人体健康的动物疫病实施强制免疫。国务院农业农村主管部门确定强制免疫的动物疫病病种和区域。省、自治区、直辖市人民政府农业农村主管部门制定本行政区域的强制免疫计划；根据本行政区域动物疫病流行情况增加实施强制免疫的动物疫病病种和区域，报本级人民政府批准后执行，并报国务院农业农村主管部门备案。

以 2022 年为例，四川省对全省有关畜种在科学评估的基础上选择适宜疫苗，进行 O 型和（或）A 型口蹄疫免疫；对全省所有猪进行 O 型口蹄疫免疫和（或）A 型口蹄疫免疫；各地根据辖区内动物疫病流行情况，对猪瘟、高致病性猪蓝耳病等疫病实施计划免疫。江西省要求，强制免疫动物疫病的群体免疫密度应常年保持在 90% 以上，应免畜禽免疫密度达到 100%，口蹄疫免疫抗体合格率常年保持在 70% 以上，对全省所有猪进行 O 型和 A 型口蹄疫免疫。猪瘟、高致病性猪蓝耳病等不纳入省级财政支持强制免疫病种，由各地按照国家有关消灭计划和防治指导意见，督促指导规模养殖场自主实施有关疫病防控工作。山东省强制免疫病种中的口蹄疫，要求对全省所有猪进行 O 型口蹄疫免疫，各地根据评估结果确定是否对猪实施 A 型口蹄疫免疫，确定实施 A 型口蹄疫免疫的，逐级上报省畜牧局；同时要求各地根据辖区内动物疫病流行状况，对猪瘟、猪繁殖与呼吸综合征等疫病实施全面免疫，口蹄疫等强制免疫动物疫病的群体免疫密度应常年保持在 90% 以上，应免畜禽免疫密度应达到 100%，口蹄疫抗体免疫合格率常年保持在 80% 以上。

（4）**病毒优先原则**。

①基础免疫。猪瘟、猪伪狂犬病、口蹄疫的免疫必须放在最优先考虑，因为这些传染病发生关系到猪场生死存亡。

②关键免疫。因蓝耳病和猪圆环病毒病引起免疫抑制会导致严重的混合感染，可能造成重大损失，做好该两病免疫非常关键。

③重点免疫。为了保护胎儿，母猪重点免疫好日本脑炎和细小病毒病疫苗；为了预防哺乳仔猪腹泻，产前母猪重点免疫好病毒性腹泻疫苗；为了预防育肥猪呼吸道综合征，仔猪重点免疫好肺炎支原体疫苗。

④选择免疫。链球菌病、猪丹毒、猪肺疫、大肠杆菌病、副猪嗜血杆菌病，可根据猪场具体发病情况进行选择性免疫。

（5）**经济性原则**。圆环病毒病、支原体肺炎、传染性萎缩性鼻炎等病，感染发病后会严重影响生长速度、耗料增加，造成较大经济损失，应根据猪场损失情况计算投入产出比，选择合适疫苗进行科学免疫，一般在首次感染前4周或野毒抗体转阳前4周免疫，必要时间隔4周后加强免疫。

（6）**季节性原则**。有些疾病发生具有季节性，一般在该病流行季节前4周免疫。

①蚊虫大量繁殖的夏季到来前，种猪4周（3月）龄免疫日本乙型脑炎疫苗。

②高温多湿的夏季（4—9月），要特别重视链球菌、猪肺疫、猪丹毒的疫苗免疫。

③寒冷冬春季节（10月至翌年4月）需要加强口蹄疫和病毒性腹泻免疫。采用普免的猪场在每年9月普免，可考虑在10月加强免疫1次，尤其强调在来年1月再次加强免疫，否则，冷湿天气到来的2—3月就特别容易发病。

（7）**阶段性原则**。一般在易感染阶段前4周免疫，或在野毒抗体转阳提前4周免疫，必要时1个月后要加强免疫。

（8）**避免干扰原则**。

①为了避免母源抗体干扰，母源抗体合格率下降到65%～70%首免，免疫过早疫苗抗原被母源抗体中和而造成免疫失败，免疫过迟造成免疫保护空白而发病。

稳定的猪场，母猪采用高抗原量的猪瘟苗普免3次/年，仔猪3周龄首免可能会过早，导致6～8周龄仔猪抗体合格率低而发病，建议进行母源抗体检测决定首免日龄。

母猪伪狂犬病普免4次/年，如果在8周龄前接种伪狂犬疫苗，可能造成14～18周龄的中猪抗体水平合格率低，中猪感染伪狂犬病病毒，导致咳嗽、喘气严重，需要根据检测结果决定首免日龄。

②避免疫苗之间干扰。接种2种疫苗一般间隔1周，接种蓝耳病弱毒疫苗后最好间隔2周以上。

③避免疾病对疫苗的干扰。发病或亚健康状态，容易干扰疫苗免疫效果。

④避免在长途运输后、断奶、转群、去势、换料、气候突变等应激状态时免疫。如有的猪场在断奶时为了减少捉猪次数而在此时接种猪瘟苗，往往影响免疫效果。

⑤避免药物干扰。接种活菌疫苗前后1周，禁用抗生素；接种弱毒疫苗前后1周，禁用抗病毒药物；接种疫苗前后1周，尽量避免使用免疫抑制类药物，如氟苯尼考、磺胺类、地塞米松等。

（9）**安全性原则**。建议首次应用新厂家、新品种疫苗，甚至不同批次的疫苗，最好先进行小群试验，确定安全后再大群使用。有的疫苗接种后会出现免疫副反应，如厌食、发热，甚至出现倒地痉挛、瘫痪、休克、流产、暴发疫病，大批死亡。

猪群在以下几种情况下易出现副反应：一是猪群在疾病潜伏期、发病状态或弱仔，怀孕母猪处于怀孕早期或重胎期，要尽可能避开这些阶段接种疫苗；二是疫苗毒株毒力强（如高致病性蓝耳苗免疫剂量过大），疫苗保存不当而破乳，疫苗过期变质，免疫时应避免类似情况发生。

（10）免疫监测原则。免疫监测既是科学制定免疫程序的重要依据，也是监测免疫是否成功的依据。

免疫后1个月监测疫苗免疫是否成功，免疫后3～4个月监测抗体保持维持时间，重点强调三大主要带毒潜伏群体（种公猪、后备猪和育肥猪）的监测。

14. 常用猪疫苗有哪些种类？各有什么特性？

（1）活疫苗。包括弱毒苗和异源疫苗。大多数弱毒疫苗是通过人工的方法，使强毒在异常的条件下生长、繁殖，使其毒力减弱或丧失，但仍然保持原有的抗原性，并能在体内繁殖，是目前生产中使用最多的疫苗种类。具有剂量小，免疫力坚实，免疫期长，较快产生免疫力，对细胞免疫也有良好作用的优点，但保存期较短，所以为延长保存期多制成冻干苗，有的需在液氮中保存，给储存、运输带来不便。活苗在体内作用时间短，易受母源抗体和抗生素的干扰。异源疫苗是用具有共同保护性抗原的不同病毒制备成的疫苗。

（2）灭活疫苗。病原微生物经过物理或化学方法灭活后，仍然保持免疫原性，接种后使动物产生特异性抵抗力，就叫灭活苗。由于含有防腐剂，不易杂菌生长，因此，具有安全、易于保存运输的特点。由于被灭活的微生物不能在体内繁殖，因此，接种所需的剂量较大，免疫期短，免疫效果次于活疫苗，灭活苗释放抗原缓慢，主要适用于体液免疫为主的传染病。需要加入佐剂来增强免疫效果，佐剂能促进细胞免疫。常见的有组织灭活苗、油佐剂灭活苗和氢氧化铝灭活苗。

病变组织灭活苗是用患病动物的典型病变组织，经研磨，过滤等处理后，加入灭活剂灭活后制备成的。多作为自家疫苗用于发病本场，对病原不明确的传染病或目前无疫苗的疫病有很好的作用。无论病变组织灭活苗还是鸡胚组织灭活苗，在使用前都应做无菌检查，合格的方可使用。

油佐剂灭活苗是以矿物油为佐剂与经灭活的抗原液混合乳化而成，有单相苗和双相苗之分。油佐剂灭活苗的免疫效果较好，免疫期也较长，生产中应用广泛。双相苗比单相苗抗体上升快。氢氧化铝灭活苗是将灭活后的抗原加入氢氧化铝胶制成的，具有价格低免疫效果好的特点，缺点是难以吸收，在体内形成结节。

（3）提纯的大分子疫苗。

多糖蛋白结合疫苗：是将多糖与蛋白载体（一些细菌类毒素）结合制成。

类毒素疫苗：将细菌外毒素经甲醛脱毒，使其失去致病性而保留免疫原性。例如，肉毒类毒素，致病性大肠杆菌肠毒素等都可用作疫苗生产。

亚单位疫苗：是从细菌或病毒抗原中，分离提取某一种或几种具有免疫原性的生物活性物质，除去不必要的杂质，从而使疫苗更为纯净。

（4）生物技术疫苗。

基因缺失疫苗：利用基因工程技术将强毒株毒力相关基因部分或全部切除，使其毒力降低或丧失，但不影响其生长特性的活疫苗。这类疫苗安全性好，免疫接种与强毒感染相似，机体可对病毒的多种抗原产生免疫应答；它的免疫期长，致弱所需的时间短，免疫力坚实，是较理想的疫苗。这方面最成功的是伪狂犬病毒 TK 基因缺失苗，是美国 FDA（食品和药物管理局）批准的第一个基因工程疫苗。无论是在环境中还是对动物，都比常规疫苗安全。

生物技术疫苗还包括基因工程重组亚单位疫苗、核酸疫苗、转基因疫苗等。其中，大肠杆菌基因工程苗在养猪生产中得到广泛的应用。

各类疫苗都有各自的特点。

（1）冷冻真空干燥疫苗。大多数的活疫苗都采用冷冻真空干燥的方式冻干保存，可延长疫苗的保存时间，保持疫苗的效价。病毒性冻干疫苗常在 −15℃以下保存，保存期一般为 2 年。细菌性冻干疫苗在 −15℃保存时，保存期一般为 2 年；2 ～ 8℃保存时，保存期 9 个月。

（2）油佐剂灭活疫苗。这类疫苗为灭活疫苗，以白油为佐剂乳化而成，大多数病毒性灭活疫苗采用这种方式。油佐剂疫苗注入肌肉后，疫苗中的抗原物质缓慢释放，从而延长疫苗的作用时间。这类疫苗 2 ～ 8℃保存，禁止冻结。

（3）铝胶佐剂疫苗。以铝胶按一定比例混合而成，大多数细菌性灭活疫苗采用这种方式，疫苗作用时间比油佐剂疫苗快。2 ～ 8℃保存，不宜冻结。

（4）蜂胶佐剂灭活疫苗。以提纯的蜂胶为佐剂制成的灭活疫苗，蜂胶具有增强免疫的作用，可增加免疫效果，减轻注苗反应。这类灭活疫苗作用时间比较快，但制苗工艺要求高，需高浓缩抗原配制。2 ～ 8℃保存，不宜冻结，用前充分摇匀。

15. 给猪注射疫苗应该注意哪些问题？

（1）**疫苗运输。**要用专用疫苗箱如泡沫箱，里面放置冰块。尽量减少疫苗在运输途中的时间。疫苗进场后必须按厂家规定要求进行保存，一般冻干疫苗需冰冻保存，液体油苗需 4 ～ 8℃保存。非本场运输的疫苗要注意详细了解疫（菌）苗的运输和保管情况，凡受到长时间日光照射，接触过高温的疫（菌）苗及长霉的液体苗和冻结后的氢氧化铝苗均不能使用。

（2）**制定科学的免疫程序，并严格按免疫程序执行。**免疫日龄可相差 ±2

天，作好免疫计划，计算好疫苗用量。有病猪只不能注射疫苗，但需留档备案，病愈后补注。

（3）**注射用具**。必须清洗干净，经煮沸消毒时间不少于10分钟，待针管冷却后方可使用。注射用具各部位必须吻合良好。抽取疫苗前需排空针管内的残水，或用生理盐水涮洗。针头在安装之前应将水甩干净。

（4）**疫苗使用**。疫苗在使用前要检查疫苗的质量，如颜色、包装、生产日期、批号。稀释疫苗必须用规定的稀释液，按规定稀释。一般细菌苗用铝胶水或铝胶生理盐水稀释，病毒苗用专用稀释液或生理盐水稀释。疫苗稀释后必须在规定时间内用完（夏季2小时，冬季4小时）。

（5）**冻干疫苗稀释**。冻干疫苗稀释前要检查是否真空，如果注射器扎刺瓶塞，稀释液能自动快速进入，说明真空度较高。反之，如推进稀释液阻力大，说明已失空。拔塞开瓶稀释时，拔出胶塞比较困难并发出清脆的爆破声，说明真空度较高，否则已失空，非真空疫苗不能使用。油苗不能冻结，要检查是否有大量沉淀、分层等，如有以上现象则不能使用。一般非油性苗稀释后呈黄色也不能使用。使用液体苗时，要充分振荡混匀，但不能用力过大，以防产生气泡。

（6）**回温**。疫苗使用前应有一定的回温时间，应在临用前升至常温，特别是冬季应注意。

（7）**注射器消毒**。注射疫苗时，注射器、针头、稀释用具和注射部位要进行严格消毒。小猪1针筒换1个针头，种猪每猪换针头。注射器内的疫苗不能回注疫苗瓶，可在疫苗瓶上固定1枚针头；已用过针头不能插进瓶，避免整瓶疫苗污染。

（8）**注射部位**。注射部位应准确（双耳后贴覆盖的区域），垂直于体表皮肤进针，严禁使用粗短针头和打飞针。如注射部位流血，一定要在猪只另一侧补一针疫苗。

（9）**分开注射**。2种疫苗不能混合使用。同时注射2种疫苗时，要分开在颈部两侧注射。

（10）**免疫接种后，要严密观察畜禽群的生理性反应**。一般在接种后的短期内，猪只会出现生产性能轻度降低，采食和饮水减少等轻微反应。如发生其他严重的反应，要及时查明原因，并采取相应的措施。出现过敏反应的猪只，可用地塞米松、肾上腺素等抗过敏药物抢救。

（11）**疫苗应激的处理**。注射细菌活苗前后1周禁止使用各种抗生素，注射病毒活苗后1周禁止使用中药保健剂、抗病毒性药物、干扰素及免疫抑制剂，如地塞米松等，以免影响免疫的效果。

一般在注射疫苗时，具有过敏体质的猪只容易出现过敏反应：如突然倒地、呼吸急促、皮肤发紫、肌肉震颤等。所以，在注射疫苗时，需要准备地塞米松、肾上腺素等抗过敏、抗休克、强心的产品。

为了减少疫苗应激，提高免疫效果，防止免疫疫苗的群体由于猪群免疫抑制、亚健康而导致的免疫失败、免疫抗体生成缓慢或产生抗体水平低，建议在免疫前4天到后3天这7天时间内饲料或饮水添加黄芪多糖等抗应激、提升免疫力的产品。

（12）加强饲养管理。为了提高疫苗免疫接种后的质量，对猪群应加强饲养管理、提高营养水平、严禁饲喂霉变的饲料，在免疫接种时常在饮水或饲料中加入黄芪多糖、左旋咪唑、共轭亚油酸、亚硒酸钠等免疫促进剂。

（13）规范操作。注射疫苗过程中注意规范操作，注意人身安全。用过的疫苗瓶及未用完的疫苗应作无害化处理，如用有效消毒水浸泡、高温蒸煮、焚烧、深埋等。由专人（一般为组长）负责疫苗注射，不得交给生手注射。严禁漏免，免疫后做好记录，记录需保存1年以上，以备查看。

（14）疫苗的免疫保护期。活疫苗（菌苗）一般免疫保护期是6个月到1年，所以，一般情况下，活疫苗免疫需要每6个月免疫1次；感染压力大的猪场可以做到每4个月免疫1次。

灭活疫苗（菌苗）一般免疫保护期为4～6个月，所以，一般情况下，灭活疫苗免疫需要每4个月免疫1次，并且首次免疫的猪场需要在14～20天后加强免疫。

终身免疫，如猪细小病毒通过2胎次以上的免疫后，即可获得终身免疫。

（15）疫苗免疫途径。体液免疫和细胞免疫的疫苗一般可以通过肌内或皮下注射的方式即可收到很好的免疫效果。例如，猪瘟活疫苗、伪狂犬活疫苗等；黏膜免疫的疫苗需要通过喷鼻、口服及胸腔注射等特殊途径才能实现，如支原体苗需要胸腔注射，胃肠炎、流行性腹泻、轮状病毒三联苗需要后海穴注射等；还可以通过饮水免疫、喷雾免疫等特殊免疫途径。

16. 能否推荐几个猪的实用免疫程序？

各类猪的免疫程序都不是固定不变的。要根据当地的实际情况，灵活把握。推荐几个猪的实用免疫程序供参考。

（1）后备公猪、母猪的免疫程序。

①配种前1个月肌内注射细小病毒病疫苗、日本脑炎疫苗；

②配种前20～30天肌内注射猪瘟疫苗；

③配种前1个月肌内注射伪狂犬病弱毒疫苗、口蹄疫疫苗、蓝耳病疫苗。

（2）生长肥育猪的免疫程序。

①1日龄：猪瘟常发猪场，猪瘟弱毒苗超前免疫，即仔猪生后在未采食初乳

前，先肌内注射 1 头份猪瘟弱毒苗，隔 1～2 小时后再让仔猪吃初乳；

②3 日龄：鼻内接种伪狂犬病弱毒疫苗；

③7～15 日龄：肌内注射气喘病灭活菌苗、蓝耳病弱毒苗；

④20 日龄：肌内注射猪瘟疫苗；

⑤25～30 日龄：肌内注射伪狂犬病弱毒疫苗；

⑥60 日龄：猪瘟疫苗 2 倍量肌注；

⑦生长育肥期肌注 2 次口蹄疫疫苗。

（3）经产母猪免疫程序。

①空怀期：肌内注射猪瘟弱毒疫苗；

②初产猪肌内注射 1 次细小病毒灭活苗，以后可不注射；

③每年肌内注射 3～4 次猪伪狂犬病弱毒疫苗；

④产前 45 天、15 天，分别注射 K88、K99、987P 大肠杆菌腹泻菌苗；

⑤产前 45 天，肌内注射传染性胃肠炎、流行性腹泻、轮状病毒三联疫苗。

（4）配种公猪免疫程序。

①每年春季、秋季各注射 1 次猪瘟弱毒疫苗；

②每年 3—4 月肌内注射 1 次流行性乙型脑炎疫苗；

③每年肌内注射 3～4 次猪伪狂犬病弱毒疫苗。

也可以参考以下预防猪传染病的免疫程序（表 4-2）。

表 4-2　预防猪传染病的免疫程序

病名	疫苗或菌苗	免疫程序
猪瘟	猪瘟兔化弱毒冻干苗	首免 21～30 日龄；二免 65～70 日龄
猪伪狂犬病	猪伪狂犬病油乳剂灭活疫苗	仔猪断奶时肌内注射 1.5 毫升至出栏。种猪 3.0 毫升，种猪首免后 4～6 周二免。产前 1 个月加强免疫 1 次
猪传染性萎缩性鼻炎	猪传染性萎缩性鼻炎灭活苗	妊娠母猪产前 1 个月皮下注射 2 毫升
猪口蹄疫	猪 O 型口蹄疫油乳剂灭活苗	体重 50 千克以上 3 毫升 / 头，25～50 千克 2 毫升 / 头，10～25 千克 1 毫升 / 头
猪细小病毒感染	猪细小病毒油乳剂灭活疫苗	初产母猪配种前 20～30 天肌内注射 3 毫升
猪繁殖与呼吸综合征（蓝耳病）	蓝耳病灭活疫苗	后备母猪配种前 2～3 个月肌内注射 2 毫升首免，20 天后 2 毫升二免。生产母猪配种前 60 天和产后 6 天各肌内注射 2 毫升
日本脑炎	日本脑炎弱毒疫苗	后备母猪配种前 1～2 月首免，15 天后二免各注 1.5 头份；生产母猪每年 2—3 月初 1.5 头份首免，15 天后二免 1.5 头份

续表

病名	疫苗或菌苗	免疫程序
猪传染性胃肠炎、猪流行性腹泻	猪传染性胃肠炎、猪流行性腹泻二联灭活疫苗	配种前 1 个月肌内注射 4 毫升；10 天后再免 1 次
猪丹毒	猪丹毒弱毒疫苗、猪丹毒氢氧化铝甲醛菌苗	仔猪断奶后进行，每隔 6 个月免疫 1 次，免疫期 6 个月。若在哺乳期免疫，应在断奶后补免疫
猪链球菌病	猪链球菌病弱毒苗（多价）、猪链球菌病灭活疫苗（多价）	在流行季节或配种前 50 天进行免疫，15 天后同样剂量再免
猪巴氏杆菌病（猪肺疫）	猪巴氏杆菌病弱毒苗	每年 4、10 月各免疫 1 次
猪沙门氏杆菌病（猪副伤寒）	仔猪副伤寒单价灭活苗	应用本地区本场分离菌株的单价灭活苗免疫 2 次
猪大肠杆菌病（仔猪白痢、黄痢）	大肠杆菌疫苗	母猪产前 25 ~ 30 天肌内注射 1 头份，第 1 胎母猪产前 20 天加强一次免疫
猪梭菌性肠炎（仔猪红痢）	魏氏梭菌 C 型氢氧化铝菌苗、仔猪红痢干粉菌苗	母猪临产前 1 个月肌内注射 5 毫升，14 天后再注射 10 毫升。可使母、仔猪免疫
猪支原体肺炎（气喘病）	猪气喘病兔化弱毒冻干苗	用灭菌生理盐水稀释后进行胸腔注射，1 月龄仔猪注 3 毫升，大猪注 5 毫升

17. 如何处置猪对疫苗过敏现象？

猪注射疫苗后出现过敏反应的直接原因是疫苗中存在异种动物异原蛋白。疫苗中的毒株是在特定细胞内繁殖后采集而得，由于条件限制未能将毒株和细胞培养物碎片、残片彻底分离，使得细胞培养物碎片、残片中的蛋白质、细胞体有可能成为异源性蛋白质，随疫苗注射入猪体后，发生抗原抗体的标志性反应，导致猪发生过敏反应。

疫苗佐剂是诱导猪发生过敏反应的又一因素之一。能够用做免疫佐剂的矿物油、铝胶、蜂胶，在疫苗中起的作用就是产生无菌性脓肿，以利于疫苗的缓慢吸收。作为肌体异物，矿物油和白油有可能导致组织水肿、损伤和组织肿胀，这种迟发型变态反应是导致猪群过敏的又一因素。

猪群因个体差异和饲养条件的不同，而使后备猪过敏反应程度不同。体重在70 千克以上的猪注射疫苗后很少发生过敏反应；混养、放养的猪因运动量大，相应抗逆性就强、抵抗力强，对疫苗的反应就小。相反，单栏限饲的后备猪极少运动或根本不运动，抗逆性就差，对疫苗的反应强而快。母猪怀孕期间接种活疫苗，疫苗中的菌（毒）种或其他成分通过胎盘进入胎儿体内成为过敏源，仔猪出生后免疫再次遇到该种成分就会引发免疫变态反应。

对发生过敏反应的猪立即注射盐酸肾上腺素注射液，每头 1～2 毫升。用 1% 硫酸阿托品肌内注射，大猪每头 3 毫升，小猪每头 1 毫升。对体温达 40.5℃左右的猪可用青霉素加复方氨基比林注射液治疗；对食欲不振的猪还可配合使用维生素 B_1、维生素 B_{12}、维生素 C 等免疫增强剂。减少人畜嘈杂声，创造安静的环境，预防和减少各种应激因素，有利于猪体质的恢复。

18. 猪群免疫失败的原因有哪些?

（1）猪体自身因素。

①营养状况。动物的营养状况是影响免疫应答的重要因素，当猪的体质虚弱、营养不良、缺乏维生素及氨基酸时，机体的免疫功能就会下降，影响抗体的产生，例如，维生素 A 的缺乏会导致动物淋巴器官萎缩，影响淋巴细胞的增殖与分化、受体表达与活化，导致体内的 T 淋巴细胞、NK 细胞（自然杀伤细胞）数量减少，吞噬细胞的吞噬能力和 B 淋巴细胞产生抗体的能力降低，因而营养状况是不可忽视的。

②母源抗体。母源抗体虽然能使仔猪具有抵抗某些疾病的能力，但严重干扰疫苗免疫后机体免疫应答的产生。如果免疫时母源抗体水平过高，就会中和疫苗抗原，使机体不能产生足量的主动免疫抗体，造成免疫失败。另外，由于来自不同母体的个体之间或同一母体不同个体之间的母源抗体水平存在差异，免疫后抗体水平参差不齐，影响免疫保护效果。

③野毒早期感染或强毒株感染。猪体接种疫苗后需要一定时间才能产生免疫力，而这段时间恰恰是一个潜在的危险期，一旦有野毒入侵或感染强毒，就导致发病，造成免疫失败。

（2）应激因素。动物机体的免疫功能在一定程度上受到神经、体液和内分泌的调节，在环境过冷过热、湿度过大、通风不良、拥挤、饲料突变、长途运输、转群、疾病等应激因素影响下，机体肾上腺皮质激素分泌增加，严重损伤 T 淋巴细胞，对巨噬细胞也有抑制作用，使机体免疫细胞大量减少，导致机体免疫功能降低，不能正常产生相应的免疫反应。因此，在猪应激敏感期接种疫苗，容易导致免疫失败。

（3）免疫抑制性因素。

①免疫抑制性疾病。猪的免疫抑制性疾病（如圆环病毒感染、蓝耳病等）可以破坏机体的免疫细胞，引起免疫细胞的大量减少，使疫苗免疫后机体不能产生足量的抗体和细胞因子。司兴奎等通过试验相继发现，圆环病毒感染可以在一定

程度上抑制机体对猪瘟、伪狂犬病、高致病性猪蓝耳病和口蹄疫等疫苗的体液免疫应答，造成这些疫苗的免疫失败。龚冬仙等研究发现，猪蓝耳病感染产生的免疫抑制，可以恶化慢性传染性疾病，并使猪对其他疾病如猪瘟等疫苗的免疫应答降低，造成免疫失败。

②免疫抑制性药物。某些药物，如庆大霉素、四环素、强力霉素抑制淋巴细胞的趋化性，磺胺甲基异噁唑、强力霉素、先锋霉素抑制淋巴细胞转化，利福平抑制抗体产生等，从而影响免疫效果。糖皮质激素类药物如地塞米松、泼尼松、可的松等具有抑制免疫的作用，性激素如睾丸激素、雄激素等对免疫应答有抑制作用，抗病毒药物如干扰素等能够干扰和抑制疫苗病毒的复制，如果在免疫期间使用这些药物会显著降低疫苗的免疫效果。

③霉菌毒素。目前，霉菌毒素在饲料中普遍存在，不仅导致畜禽生长受阻、繁殖机能下降、组织坏死、致癌以及基因突变，还引起动物机体严重的免疫抑制。在所有霉菌毒素中，黄曲霉毒素（AF）高强度抑制动物免疫系统，即使是低剂量的 AF 也可以抑制猪的生长、改变猪的体液和细胞免疫。通过玉米赤霉烯酮（ZEA）对外周血液单核细胞影响的研究发现，高浓度的 ZEA（30 微克 / 毫升）能够抑制 T、B 淋巴细胞的增殖。

（4）疫苗因素。

①抗原含量不足。抗原含量是影响疫苗免疫效果的首要因素，抗原含量越高，刺激机体产生的抗体数量越多，抗体产生越快，免疫效果越好，免疫保护时间越长，同时，受母源抗体的干扰越小。有的厂家为节省生产成本，或生产工艺落后，生产的疫苗抗原含量不足，接种后就不能刺激机体产生足够的抗体，使免疫保护不确实，造成免疫失败。

②外源病毒的污染。近年来猪瘟疫苗受牛病毒性腹泻病毒（BVDV）污染的现象日益严重。猪感染 BVDV 不表现牛病毒性腹泻的临床症状而呈亚临床感染，其症状和病理变化类似温和型猪瘟，并可产生猪瘟病毒的交叉中和抗体，这给常规的血清学诊断带来一定困难，同时，猪感染 BVDV 产生的抗 BVDV 抗体对猪瘟病毒有一定的抑制作用，因此，猪瘟疫苗污染 BVDV 后对猪瘟疫苗的免疫有干扰作用，会降低猪瘟疫苗的免疫效果。

③疫苗毒株与当地流行毒株血清型不完全相同。许多病原有多个血清型或亚型，如口蹄疫病毒、链球菌和副猪嗜血杆菌等，有的各型之间没有明显的交叉保护力，因此，免疫疫苗的血清型必须与当地流行的血清型一致，如 O 型口蹄疫疫苗必须免疫流行 O 型口蹄疫的猪群，如果免疫流行亚洲 I 型口蹄疫的猪群就不会起到明显的免疫保护作用。

④不同疫苗之间的相互干扰。将 2 种或 2 种以上有干扰作用的活疫苗同时接种，会降低机体对某种疫苗的免疫应答反应，如猪繁殖与呼吸综合征疫苗与猪瘟

疫苗同时接种,产生的抗体水平会低于两种疫苗单独注射。干扰的原因可能有两方面:一是 2 种病毒疫苗感染的受体相似或相同,产生竞争作用;二是一种病毒疫苗感染细胞后产生干扰素,影响另一种病毒疫苗的复制。

⑤疫苗的保存运输不当。疫苗的保存、运输等环节,也能造成疫苗变质、效价下降,导致免疫失败。

（5）免疫程序和操作因素。

①免疫程序不合理。免疫程序需要根据当地疫病流行情况和本场实际合理制定,不能一味照搬别的猪场的免疫程序。抗体的产生具有一定的规律性,免疫时间过早,容易受到母源抗体的干扰,过晚则出现免疫空白期。免疫次数过少,不能刺激机体产生足量和持久的抗体;免疫次数过多,间隔时间过短,会造成抗体被疫苗抗原中和,降低抗体水平,严重者会造成免疫麻痹,不能产生抗体。另外,免疫病种过多,会加重动物机体免疫系统的负担,降低疫苗的免疫效果。

②接种剂量不准确。在免疫接种时,有的操作人员担心疫苗抗原含量不足,随意加大接种剂量（常见于接种猪瘟疫苗）,造成免疫麻痹,导致机体免疫应答能力降低,抗体水平反而上不去;有的为节约成本（常见于接种进口疫苗）,减少疫苗的接种剂量,造成抗原接种量不足,抗体水平达不到免疫保护的要求。

③接种方法不当。每种疫苗都有其最佳的接种途径,以达到最好的免疫效果。滴鼻免疫时疫苗未进入鼻腔就被仔猪甩出;肌内注射免疫时,部位不正确,出现打"飞针"现象,疫苗没有注射到肌肉层而注射到皮下脂肪层;需要后海穴注射的疫苗,为省事进行肌内注射;注射器针头过粗,注入的疫苗从注射孔流出;不按说明书要求用规定的稀释液稀释疫苗或疫苗稀释后存放时间过长等,均会造成免疫失败,影响免疫效果。

19. 猪常见的免疫抑制性因素有哪些?

当前许多猪场都存在多种免疫抑制性因素,包括免疫抑制性病原的感染,饲料中的霉菌毒素等。

（1）免疫抑制性病原的感染。

①猪繁殖与呼吸综合征病毒的早期感染能增加抑制性 T 细胞的分化,从而抑制正常的免疫细胞的增殖,造成机体细胞免疫抑制。

②圆环病毒易造成对机体的多种淋巴组织的损伤,从而影响 T 细胞、B 细胞的分化和增殖,和蓝耳病病毒一样影响机体的细胞和体液免疫功能,造成机体对其他抗原的免疫抑制。

③伪狂犬病病毒在白细胞中的复制,同其他疱疹病毒一样,隐性感染率很高,病毒可长期存活于扁桃体与神经节中,疫苗接种后虽可防止母猪发生繁殖障碍,但尚不能证明其能遏止隐性感染。

④猪瘟病毒的感染可使胸腺萎缩，影响细胞免疫效应。猪瘟弱毒株可引发持续感染，造成特异免疫耐受，导致中和性抗体水平降低。

（2）饲料中霉菌毒素的污染。饲料往往受到各种霉菌毒素的污染而导致免疫抑制。有研究表明，黄曲霉毒素、单端孢霉素类的烯 T-2 呕吐毒素、赭曲霉毒素 A 都会导致免疫抑制，而这种作用往往在很小的剂量下就会发生。

20. 如何防控猪免疫抑制性疾病？

引起免疫抑制的因素是多方面的，所以应根据不同原因分别采取相应的措施，对症下药，尽可能消除、控制或减少引起免疫抑制的原因和疾病，确保畜禽健康，减少疾病，提高生产水平，增加经济效益。平时也要从多方面入手做好预防工作。

（1）做好防疫工作，完善免疫监测。防疫工作是当前预防免疫抑制性疾病最为切实可行的措施，建立健全防疫制度，全面贯彻综合防制措施，不断提高防疫人员专业技能，严格防疫操作规程。一方面，根据本地区或本场疫病流行情况和本场实际，制定科学合理的免疫程序，另一方面，正确选择和使用疫苗，疫苗接种操作方法正确与否直接关系到疫苗免疫效果的好坏，应当严格按照疫苗使用说明书使用。定期进行环境病原体监测和动物抗体水平监测，做到防患于未然。

（2）搞好环境卫生，创造动物健康生产的大环境。环境污染是引起疫病流行传播的重要因素之一，随着养殖业的发展，许多养殖场环境污染日益严重，成为许多免疫抑制性疾病滋生的条件，因此，应做好定期消毒工作和加强养殖场环境监控，严格遵守防疫制度，限制人员、动物和运输工具进出养殖场；定期杀虫、灭鼠，进行粪便无害化处理；对发病和病死畜禽，要严格处理，防止疫病扩散；同时做好养殖场周边环境的绿化和清洁。

（3）加强饲养管理，确保营养的全面和平衡。针对畜禽生长发育的不同阶段，提供全价平衡的日粮；做好畜舍的夏季通风降温和冬季保暖工作，实行全进全出的饲养制度，减少各种可能的环境应激；合理使用各种畜禽用药，对于各种疾病争取做到早发现早治疗，同时，避免各种物理性损伤，保证机体基础健康水平。最后，还可以采取综合措施保持和提高畜禽的免疫力，从而增加机体的抗病力。

（4）推广绿色环保的中草药免疫增强剂。由于大多数造成免疫抑制现象的因素都直接或间接损害了机体的免疫器官，所以，目前人们着眼于使用各种绿色环保的中草药作为免疫增强剂来防止免疫抑制的发生，这些中草药，往往含有多糖类（黄芪多糖、香菇多糖、灵芝多糖、柴胡多糖、当归多糖、茯苓多糖、红枣多糖、壳聚糖等）、有机酸类（甘草酸、亚油酸、亚麻酸、二十四碳六烯酸等）、生物碱类（小檗碱、苦参碱和豆草总碱等）、苷类（人参皂苷、黄芪苷、淫羊藿苷和柴胡皂苷等）和挥发油类（硫化物、萜类及芳香族化合物等）等具有免疫激活和促进作用的活性物质，这些植物源性免疫增强剂不仅可以提高机体自身特异性免疫和非特异性免疫反应，增强机体的抗病能力，而且绿色环保，健康安全。

（5）结合生产实际，推广发酵床养猪新技术。一些养猪新技术也可以有效防控猪免疫抑制性疾病的发生。发酵床养猪技术是近年来大力推广的一种环保型养猪新模式，在发酵床的垫料层中，有益生菌占绝对优势，在将粪便发酵分解为菌体蛋白和微量元素的同时，也释放着大量的热量，使中心发酵层温度基本维持在50℃左右，这种温度和菌群结构使一些病原根本无法生存，从而有效改善了猪舍内环境，有利于猪免疫水平保持在最佳状态。

（6）添加各种益生素。益生素，也叫益生菌或微生态制剂，如乳酸杆菌、双歧杆菌、芽孢杆菌和酵母菌等，因其功效独特、无污染、无药残以及无毒副作用等优点而得到了普遍的认可。益生素不仅具有抗应激和提高生长性能的作用，而且是抗生素最好的替代品和良好的免疫激活剂，通过刺激免疫系统，激活机体体液免疫和细胞免疫功能，提高机体抗病能力。一些化学益生素，比如寡糖、多聚糖及丁酸钠等也具有类似的作用，养猪生产中适当应用益生素将有助于整个猪群健康水平的提高。

21. 如何应对免疫失败?

（1）加强饲养管理，提高猪群健康水平。健康的猪群免疫后能产生坚强的免疫力，而体质虚弱、营养不良、患有慢性疾病或处于应激状态的猪群产生免疫应答的能力都较差。因此，应加强猪群的饲养管理，保持合理的饲养密度，做好防寒保暖，加强通风透光，控制圈舍湿度，加强消毒并保持圈舍清洁卫生，为猪群创造一个良好的舒适小气候环境。猪只体质虚弱、处于发病状态时暂时不接种疫苗，及时供给营养全面易于消化吸收的饲料，夏季可在饲料或饮水中添加电解多维。

（2）减少应激，合理选用免疫增强剂。天气闷热、阴雨、异常寒冷时不给猪接种疫苗，夏季免疫可安排在早上或傍晚天气凉爽时进行；猪群处于长途运输、更换饲料、转群期间暂不接种疫苗，待适应一段时间后再进行免疫接种；遇到不可避免的应激时，可于接种前后1周内在饮水中添加电解多维、维生素C等抗应激药物和黄芪多糖等免疫增强剂，以减少猪应激反应的发生，增强疫苗的免疫效果。

（3）消除免疫抑制性因素的影响。做好圆环病毒病等免疫抑制性疾病的免疫接种工作。免疫前后1周内严禁在饲料、饮水中添加磺胺类、氟苯尼考、卡那霉素及注射地塞米松和激素类等免疫抑制性药物，严禁使用干扰素、刀豆素等影响疫苗病毒复制的药物。加强饲料品质的监测工作，严禁饲喂发霉变质的饲料。

（4）**及时做好抗体监测，制定合理的免疫程序**。监测仔猪群的母源抗体水平可以科学确定首免日龄，监测免疫抗体水平可以把握其消长规律，合理确定加免时间。根据本场疾病流行情况，合理选择疫苗种类，对于非必需免疫的细菌性疫苗可通过加强饲养管理、定期投用保健药物进行预防，以减少机体的免疫负担。病毒性活疫苗尽量不同时注射，避免活疫苗之间的相互干扰影响免疫效果，一般可间隔 5 ～ 7 天免疫。

（5）**选择品质优良的疫苗**。抗原含量高低和是否有外源物质污染是影响疫苗品质的重要因素。抗原含量高，就能够刺激机体产生足够的抗体，缩短疫苗病毒在体内的复制时间，抗体产生快，免疫保护及时，同时还可以减少母源抗体的干扰和因保存运输过程中抗原损失造成的免疫失败。纯净、无外源物质污染的疫苗可以有效避免外源病毒对疫苗病毒的干扰作用，降低疫苗的免疫副反应。因此，在选择疫苗时一定要选择正规厂家生产的抗原含量高、无外源物质污染的高效价疫苗。

（6）**完善疫苗保存、运输条件**。目前，国内大多数厂家生产的冻干活疫苗要在 –20 ～ –15℃冷冻条件下保存，少数厂家生产的冻干活疫苗和进口冻干活疫苗可在 2 ～ 8℃冷藏条件下保存；灭活疫苗要在 2 ～ 8℃冷藏条件下保存，严禁贴壁，严禁冷冻保存，对于冻结、分层、破乳的灭活苗要禁止使用。疫苗长途运输要使用冷藏运输车运输，短途运输可使用专用疫苗保温箱或泡沫箱加冰块冷藏运输，运输时间不可过长，严防因运输过程中冰块融化降低疫苗的使用效果。疫苗稀释后尽快用完，避免在室温下长时间放置造成疫苗失效，夏季一般在 2 小时内用完，冬季一般在 6 小时内用完。

（7）**免疫操作规范**。严格按照免疫规范操作，免疫注射时认真细致，尽量减少"飞针"和"空漏"情况，疫苗注射到所要求的皮下或肌肉等相应部位，发现漏免猪只及时进行补免。疫苗接种工作结束后，应立即用含有消毒液的水洗手，剩余药液与疫苗瓶应进行消毒并做无害化处理，接触过活疫苗的器具进行煮沸消毒处理，不可随处扔放，以防散毒。

第五章 规模化生态猪场的驱虫与保健

1. 为什么猪场要定期驱虫？

传染病吃掉老本，寄生虫干掉利润。寄生虫成虫与猪争夺营养，幼虫造成猪营养吸收不良，移行幼虫破坏猪的肠壁、肝脏的组织结构和生理功能，诱发肺炎、肠炎、血样腹泻、痢疾、溃疡、贫血等，造成的损失达猪场产值的8%，使猪的生长速度降低10%～12%，饲料利用率降低12%。

寄生虫通常分为体内寄生虫和体外寄生虫2种。体内寄生虫通常包括蛔虫、线虫和丝虫等，体外寄生虫通常包括蜱、螨（猪疥螨）以及虱和蚤等。不同的寄生虫对于猪只造成的危害也不同。猪体内寄生虫常常与猪只争夺营养，使得饲料利用率降低，导致患寄生虫病的猪极度消瘦，逐渐形成僵猪。

成虫穿入肝实质的小胆管中，造成胆管阻塞，严重者阻塞肠道，撑破肠道使肠内容物外漏，最终导致猪死亡。寄生虫移行明显加剧流感、病毒性肺炎、血样腹泻、痢疾等病的危害。而猪体外寄生虫寄生或吸血刺激，产生痒感，会不停地啃咬痒部或躁动不安，摩擦物体造成皮肤出血与结痂、脱皮等皮肤损伤，引发渗出性皮炎。

寄生虫能传播各种疾病，如附红细胞体、支原体、衣原体、螺旋体和各种细菌、病毒病等。据有关资料显示，寄生虫病使猪延迟上市，降低断奶窝重约5千克，增加仔猪死亡率，感染母猪每年少产断奶仔猪1.5头。母猪由于产后体重下降，推迟发情。不管是猪体内寄生虫还是体外寄生虫，它们在致病过程中所产生的症状及危害都是渐进、缓慢的，一般不会像细菌性、病毒性疾病那样来得快速、突然。

但是寄生虫感染对养猪业的经济效益影响不容忽视，养猪生产者经常会把寄生虫当作是养猪业利润的"隐形杀手"。因此，猪场应定期进行驱虫保健，做好预防保健，防患于未然。

2. 猪寄生虫病有什么发病特点?

（1）**寄生虫病的发生不再具有明显的季节性**。如猪疥螨病多发生于春、夏季节，附红细胞体病多发生于夏季。但是规模猪场寄生虫病的发生和流行已没有了季节性明显的特征。

（2）**猪寄生虫的种群结构已发生明显改变**。猪常见的寄生虫可分为体内寄生虫和体外寄生虫，常见危害较大的猪体内寄生虫有蛔虫、球虫、鞭虫、肾线虫、肺丝虫等。

（3）**多种寄生虫共同感染、交叉感染、重复感染的可能性增大**。规模猪场由于温度、湿度等条件适宜，猪群饲养密度大，易造成全群多种寄生虫的共同感染、交叉感染、重复感染。

（4）**临床症状虽不明显，但经济损失严重**。规模猪场实行精细化的饲养管理制度，日粮营养全面、充足，而寄生虫病夺走部分饲料营养，猪场会造成巨大经济损失。

3. 猪寄生虫病的常规诊断方法有哪些?

寄生虫病的诊断应建立在流行病学调查基础上，通过实验室检验，查出虫卵、幼虫或成虫，必要时可进行病理剖检。

病原体检查是寄生虫病最可靠的诊断方法，无论是粪便中的虫卵，还是组织内不同阶段的虫体，只要能够发现其一，便可确诊。但也应注意在有些情况下动物体内发现寄生虫，并不一定就引起寄生虫病。当寄生虫感染数量较少时，多不引起明显的临床症状；有些条件性致病性寄生虫，在猪的免疫功能正常的情况下，也不致病，如弓形虫。因此，在判断某种疾病是否由寄生虫感染所引起时，除了检查病原体外，还应结合流行病学资料、临床症状、病理解剖变化等综合考虑。

（1）**临床症状观察**。仔细观察临床症状，分析病因，寻找线索。如仔猪感染蛔虫病时，初期往往症状明显，最为常见的表现就是咳嗽、体温升高等。一些特征性临床症状可以为某些寄生虫病的诊断提供重要依据。如，猪表现瘙痒、脱毛，皮肤增厚并形成结痂，可能与疥螨有关。

然而，在大多数情况下，寄生虫病的临床症状并不典型，临床症状不具有特异性，只有部分寄生虫病具有典型的临床症状，如疥螨病引起病猪发生剧痒、消瘦、患部皮肤脱毛、结痂，对于这些有典型的临床症状的寄生虫病，可根据临床症状做出初步诊断。

绝大多数蠕虫病多呈慢性经过，病程较长；而在原虫感染时，虽有部分在病初呈急性经过，但往往很快转为慢性或呈带虫现象而成为传染源。症状的严重程度取决于虫体寄生的数量、虫体的大小寄生部位、寄生虫在体内的移行过程等多种因素的作用。患寄生虫病的猪一般呈营养不良、贫血、衰弱、生长障碍及生产性能下降等非特异表现。因此，寄生虫病的诊断很难仅仅依靠临床症状表现而做出确切的诊断结果，必须根据流行病学调查、临床症状检查、病理剖检、病原体检查以及其他辅助检查结果的综合分析才能做出。

（2）**流行病学调查**。全面了解猪的饲养环境条件、管理方式、发病季节、流行状况、中间宿主或传播者及其他类型宿主的存在和活动规律等，统计感染率（即检查的阳性患猪与整个被检猪的数量之比）和感染强度（是表示宿主遭受某种寄生虫感染数量大小的一个标志，有平均感染强度、最大感染强度和最小感染强度之分）。

（3）**剖检找虫**。用于死后诊断及驱虫试验。根据具体情况，可以找出各种寄生虫并进行计数，也可以只找寄生于个别器官的寄生虫进行计数。剖检找虫时可按病理剖检的顺序进行各器官系统的检查。

（4）**粪便虫卵检查**。

①直接涂片检查法。是简便和常用的方法，但检查时所用的粪便数量少，故检出率较低。本法是先在载玻片上滴一滴甘油与水的混合液，再用牙签或火柴棍挑起少量粪便加入其中，混匀，夹去较大的粪渣，最后使玻片上留有一层均匀的粪液，其浓度的要求是将此玻片放于书上，能通过粪便液膜模糊地看出其下的字为合适。在粪便上覆以盖玻片，置显微镜下检查。检查时应顺序地查遍盖玻片下所有部分。

②水洗沉淀法。取粪便 5 克，加清水 100 毫升以上，搅匀成粪液，通过 40～60 目铜筛过滤，滤液收集于烧杯中，静置沉淀 20 分钟，倾去上清液，保留沉渣，再加清水混匀，再沉淀，如此反复操作直到上层液体透明后，吸取沉渣检查。

③漂浮法。先往青霉素空瓶中加入适量饱和盐水，再往瓶内加入粪便 1 克，混匀，筛滤，滤液注入另一瓶中，补加饱和盐水溶液使瓶口充满，上覆以盖玻片，并使液面与盖玻片接触，其间不留气泡，直立 20 分钟后，取下盖玻片检查。此法适用于检查比重比饱和盐水溶液轻的虫卵，如一般线虫卵和球虫卵囊等。

（5）**治疗性诊断**。在初步怀疑的基础上，采用针对一些寄生虫的特效药进行驱虫试验，然后观察疾病是否好转。当临床症状减轻或消失，或患猪体内有虫体排出时，就可以进行检查鉴定，达到确诊目的。

4. 常见的猪寄生虫虫卵有什么特征?

了解常见猪寄生虫虫卵特征，可以为实验室粪便虫卵检查提供诊断依据。

（1）**猪蛔虫卵**。虫卵短椭圆，棕黄色，大小为（56～87）微米 ×（46～57）

微米，壳厚，外表有凹凸不平的蛋白质膜，刚排出的虫卵含一未分裂的卵黄细胞，未受精卵呈现长椭圆形，壳较薄。

（2）结节线虫卵。椭圆形，淡灰色，卵壳薄而光滑，内含8～16个球形的胚细胞。大小为（45～55）微米×（26～36）微米。

（3）猪鞭虫卵。呈淡褐色，具有厚而光滑的外膜，两极呈栓塞状，形如腰鼓，内有一胚细胞。虫卵大小为（52～61）微米×（27～30）微米。

（4）兰氏类圆线虫卵。呈椭圆形，淡灰色，卵壳薄而光滑，卵内含有成形的幼虫，幼虫呈"U"字形。大小为（45～55）微米×（26～30）微米。

（5）布氏姜片虫卵。呈淡黄色，卵壳薄，其一端有不明显的卵盖，卵黄均匀地散布于卵壳内。大小为（130～140）微米×（80～85）微米。

（6）球虫卵囊。呈卵圆或椭圆形，淡灰色，壳薄而光滑，内有颗粒状的原生质团块。其大小因种类不同而不同，大的为（24.6～31.9）微米×（23.2～24.0）微米，小的为（11.2～16.0）微米×（9.6～12.8）微米。

5. 猪场为什么要强调春秋两季预防性驱虫？怎样驱虫？

（1）春秋两季驱虫。经过了一个漫长的冬季，猪体内蓄积大量毒素，需要肝脏净化。冬季气温低，猪的采食量会比其他季节有明显上升，饲料中的霉菌毒素、重金属等毒素也会被大量摄入，蓄积在肝脏中；冬季出于保温的需要，圈舍通风量下降，环境中的粉尘、氨气、硫化氢会直接造成肝脏负担加重，出现损伤；在寄生虫感染的情况下，寄生虫也会产生大量毒素，毒害肝脏。

而到了秋季，很多虫卵开始发育成为成虫，特别是蛔虫；秋季猪群采食量相比夏季会有很大的提升，这个时候做好驱虫工作，有利于猪群的生长发育以及营养的摄入。冬季呼吸道疾病多发，而部分体内寄生虫也会诱发呼吸道疾病的发生，比如肺丝虫，所以在秋季做好驱虫工作，减少因寄生虫导致的呼吸道疾病的发生。

（2）驱虫方法。

①驱虫前先禁食。为了便于猪体对驱虫药物的吸收，驱虫前应禁食12～18小时；群养时，先计算好用药量，将药研碎，均匀地拌入饲料中，驱虫期间（一般为6天）要在固定地点饲喂、圈养、清便等并对场地进行清理和消毒。

②"4+1"驱虫方案。寄生虫有寄生虫的生活史，对于猪场来说，寄生虫的生活史就是它们的生长、发育和繁殖的全过程，而驱虫方案就是猪场针对各个环节所采取的阻断清除措施，要力求准确有效。

多年来，认为"4+1"驱虫模式较为科学，即：经产母猪，种公猪每季度驱虫1次；后备猪引进后第2周驱虫1次；仔猪20千克与50千克左右各驱虫1次；外购仔猪进场后第2周驱虫1次；猪场首次驱虫或寄生虫感染严重时，间隔

15 天再驱虫 1 次。

③药物选择。驱虫药物要根据猪群情况、药物性质、用药对象等情况灵活选择。驱体内外寄生虫时一般用伊维菌素，每千克体重 0.3 毫克，皮下注射 1 次即可；或阿维菌素，每千克体重 0.3 毫克，1 次内服。也可于 1 吨饲料中加 2 克阿维菌素或伊维菌素粉，拌匀后连续饲喂 1 周，间隔 10 天后再喂 1 周即可。只驱体外寄生虫时一般用杀螨灵、虱螨净、敌百虫等体外喷雾的方法。

④用药时机。感染寄生严重的猪群生理机能差，食欲、消化吸收及代谢功能都较差，而驱虫药物多会影响适口性，驱虫过程中极易影响药物有效浓度，因此建议：喂驱虫药前，停饲一顿；晚上 7～8 点将药物与饲料拌匀，一次让猪吃完；若猪不吃，可在饲料中加适量食盐或葡萄糖，增强适口性。

⑤驱虫期间做好卫生工作。虫卵很难被驱虫药物杀死，成虫排出的虫卵或驱虫过程中排出的虫卵数量大，在驱虫的过程中，尤其是猪群密度大时，排出的虫卵很容易导致猪群二次感染。因此，驱虫后要及时清理粪便，堆积发酵，焚烧或深埋；驱虫期间，对地面、墙壁、饲槽用 5% 的石灰水消毒；为避免二次感染，第一次驱虫后 15 天再进行第二次驱虫，以确保体内寄生虫包括虫卵驱除干净。

6. 猪驱虫有哪些误区及应对措施？

（1）认为母猪健康不用驱虫，只给育肥猪驱虫。母猪是猪场寄生虫的最主要带虫者和传播源，往往仔猪和肥猪感染的寄生虫都是从母猪获得的。

（2）认为一次大剂量用驱虫药比多次小剂量添加要好。目前实际应用的广谱、高效、安全的驱虫药往往是多次小剂量添加比一次大剂量使用效果要好，某些厂家大剂量地使用造成母猪流产等情况，或者其他不适。

（3）认为猪群每年驱虫 2 次就足够了。猪寄生虫的繁殖周期绝大多数都在 3 个月内，如繁殖周期较长的蛔虫也只有 2.5～3 个月，每年驱虫 2 次，并未达到理想效果。

（4）认为当猪群排出蛔虫或由疥螨等引起皮肤病变时才进行驱虫。此时猪群已经感染非常严重，母猪繁殖性能和肥猪生长速度受到较为严重的影响。此类猪场忽略了轻中度寄生虫感染的危害，因为此时基本看不到猪群有什么表现，但却已经给猪场带来明显的经济损失。

（5）认为某一种驱虫药就是万能的，长期用单一驱虫药驱虫。不同种类的寄生虫对于药物敏感性不一样，建议根据实际情况选择药物驱虫。

7. 猪场怎样进行定期杀虫？

（1）昆虫的危害性。许多昆虫如蚊、蝇、蝉、虻、蠓、螨、虱、蚤等吸血昆虫都是动物疫病及人畜共患病的传播媒介，可携带细菌 100 多种、病毒 20 多种、寄生虫 30 多种，能传播 20 多种疫病。常见的有：伪狂犬病、猪瘟、蓝耳病、口蹄疫、猪痘、传染性胃肠炎、流行性腹泻、猪丹毒、猪肺疫、链球菌病、结核病、布鲁氏菌病、大肠杆菌病、沙门氏菌病、魏氏梭菌病、猪痢疾、钩端螺旋体病、附红细胞体病、猪蛔虫病、囊虫病、猪球虫病及疥螨等。这不仅会严重危害动物与人类的健康，而且影响猪只生长与增重，降低其非特异性免疫力与抗病力。因此，选用高效、安全、使用方便、经济和环境污染小的杀虫药杀灭吸血昆虫，对养猪生产及保障公共环境卫生的安全均具有重要的意义。

（2）养猪场的杀虫技术措施。

①加强对环境的消毒。养猪场要加强对猪场内外环境的消毒，以彻底地杀灭各种吸血昆虫。猪群实行分群隔离饲养，"全进全出"的制度；正常生产时每周消毒 1 次，发生疫情时每天消毒 1 次，直至解除封锁；猪舍外环境每月消毒 1 次，发生疫情时每周消毒 1 次，直至解除封锁；猪舍外环境每月清扫大消毒 1 次；人员、通道、进出门随时消毒。

消毒剂可选用 1% 安酚（复合酚）、8% 醛威（戊二醛溶液）、1：133 溴氯海因粉、1：300 护康（月苄三甲氯胺溶液）、杀毒灵（每升水加 0.2 克）等消毒剂实施喷洒消毒。上述消毒剂杀菌广谱、药效持久、安全、使用方便，价格适中。

②控制好昆虫滋生的场所。猪舍每天要彻底清扫干净，及时除去粪尿、垃圾、饲料残屑及污物等，保持猪舍清洁卫生，地面干燥、通风良好、冬暖夏凉。猪舍外坏境要彻底铲除杂草，填平积水坑洼，保持排水与排污系统的畅通。严格管理好粪污，无害化处理，使有害昆虫失去繁衍滋生的场所，以达到消灭吸血昆虫的目的。

③使用药物杀灭昆虫。加强蝇必净：250 克药物加水 2.5 升混匀后用于喷洒猪舍、地面、墙壁、门窗、栏圈及排粪污沟等，每周 1 次，对人体和猪只无毒副作用，可杀灭蚊、蝇、蜱、螨、虱子、蚤等吸血昆虫。

蚊蝇净：10 克（1 瓶）药物溶于 500 毫升水中喷洒猪舍、地面、墙壁、门窗、栏圈及排粪污沟等，对人体和猪只无毒副作用，可杀灭蚊、蝇、蜱、螨、虱、蚤等吸血昆虫。

蝇毒磷：白色晶状粉末，含量为 20%，常用浓度为 0.05%，用于喷洒，对蚊、蝇、蜱、螨、虱、蚤等有良好的杀灭作用。休药期为 28 天。毒性小，安全性高。

力高峰（拜耳）：用 0.15% 浓度溶液喷洒（猪体也可以），可杀灭吸血昆虫与体外寄生虫等。安全、广谱，效果好，使用方便。

拜虫杀（拜耳）：原药液兑水 50 倍用于喷洒，可杀灭吸血昆虫与体外寄生虫等。安全、广谱，效果好，使用方便。

④猪场也可使用电子灭蚊灯、捕捉拍打及粘附等方法杀灭吸血昆虫，既经济又实用。

8. 猪场如何定期灭鼠？

（1）鼠类的危害性。

①鼠类传播疫病，对人体和动物的健康造成严重的威胁。据有关研究报告，鼠类携带各种病原体，能传播伪狂犬病、口蹄疫、猪瘟、流行性腹泻、炭疽、猪肺疫、猪丹毒、结核病、布鲁氏菌病、李氏杆菌病、土拉杆菌病、沙门氏菌病、钩端螺旋体病及立克次氏体病等多种动物疫病及人畜共患病，对动物和人类的健康造成严重的威胁。

②鼠类常年吃掉大量的粮食。我国鼠的数量超过30亿只，每年吃掉的粮食为250万吨，超过我国每年进口粮食的总量，经济损失达100多亿元。猪舍和围墙的墙基、地面、门窗等方面都应力求坚固，发现有洞要及时堵塞。猪舍及周围地区要整洁，挖毁室外的巢穴、填埋、堵塞鼠洞，使老鼠失去栖身之处，破坏其生存环境，可达到驱杀之目的。

（2）灭鼠方法。

①利用各种工具以不同的方式扑杀鼠类。在老鼠经常出入的地方放粘鼠板、捕鼠笼、档鼠板、电猫等捕鼠器。

②药物灭鼠。选择高效敏感，对人和猪无毒副作用，对环境无污染的、廉价、使用方便的灭鼠药物，并定期轮换。使用药物之前要熟悉药物的性质和作用特点，以及对人和动物的毒性和中毒的解救措施，以便发生事故时急用。同时，要掌握好药物安全有效的使用剂量和浓度，以及最佳的使用方法，以便充分发挥灭鼠药物的作用，又能避免造成人和动物发生中毒。药物灭鼠后要及时收集鼠尸，集中统一处理，防止猪只误食后发生二次中毒。

③搞好环境控制。这种方法主要是控制、改造和破坏有利于鼠类生存的生活环境和条件，使老鼠不能在那些地方生存和繁衍。首先，要搞好猪舍环境卫生，清除猪舍周围的杂草（尽量做到杂草不超过15厘米）和随意堆放的物品，并把各种用具杂物收拾整齐，经常检查，防止老鼠筑巢；其次，猪舍周围设置石子隔离带。石子隔离带可以设置宽0.8～1米，深15厘米，并且石头要是尖石头、碎石子。此外，设置防鼠墙，防鼠墙包含两种，一种是猪舍周围的围墙，围墙高度最少1米，并清除围墙周围的树木；另一种是猪舍大门口的挡板，挡板大约高40厘米。

（3）灭鼠注意事项。

①有疫情的猪舍不要立即断绝老鼠的食物，留少量饲料拌上灭鼠药。这样做的目的是防止老鼠寻找食物，窜到另一栋猪舍，从而造成交叉污染。

②对于已经发生非洲猪瘟等疫病的猪场，不能再通过设置石子隔离带来防鼠。建议硬化地面，然后再用氢氧化钠溶液铺洒。这样做的目的是为了减少环境中病原的载量，防止使用石头起到弄巧成拙的效果。

③不要以"眼见为实"为准，来判断是否有老鼠。老鼠是无处不在的，不要忽视老鼠的存在。当可以见到老鼠时，这时说明老鼠已经普遍存在了。

9. 如何开展猪疫病的药物预防和保健？

药物使用，要贯彻"养重于防、防重于治、养防结合、饲管优先"的生产理念，科学开展药物预防与保健。

（1）根据季节进行药物保健。一年四季中，随着温度、湿度等外界环境的变化，猪场一些疫病的发生和流行具有较明显的季节性。夏季随着外界温度升高、湿度加大，饲料易发霉变质，猪的抵抗力减弱，猪群疫病发生的概率就会增高，则极易引起猪瘟、猪链球菌病、日本脑炎、猪附红细胞体病、猪弓形体病、母猪无乳综合征等病的发生。而在气候骤变的天气以及冬春寒冷季节，则极易引起猪肺疫、猪传染性胸膜肺炎、猪气喘病、猪流行性感冒、仔猪副伤寒、猪衣原体病、猪传染性胃肠炎等病的发生。因此，在夏季和冬春寒冷季节到来之前，养猪场疫病的防控重点应在使用疫苗预防的基础上，全群可采用脉冲式联合保健用药的方式，防控生猪疾病的发生。其中常用的保健药物有：支原净、泰乐菌素、土霉素、金霉素、阿莫西林、头孢唑啉、红霉素、林可霉素、喹诺酮类药物等，同时，各养猪场应根据本场的实际情况，有选择性地灵活、科学、合理使用保健药物。

（2）阶段性保健用药方案。在生猪生产上，根据其生猪的生长发育特点，可以将生猪划分为哺乳仔猪、断乳仔猪、生长育肥猪以及种公猪和种母猪等多个阶段，而种母猪又可分为后备（空怀）母猪、妊娠母猪、泌乳母猪3个阶段。在生猪不同的生理阶段（或年龄阶段），一些猪病的发生也有其不同的特点。如仔猪红痢主要发生在出生后3日龄以内的仔猪；仔猪黄痢常发生于出生后1周以内的仔猪；仔猪白痢常见于10～30日龄的仔猪。球虫病，一般7～21日龄的仔猪易感染。蓝耳病，仔猪1月龄易感染；而由圆环病毒2型引起的仔猪断奶后多系统衰竭综合征和仔猪水肿病，则常见于断奶后2～3周的仔猪。因此，在养猪生产中，可以根据生猪的不同生理阶段（或年龄阶段）的特点，可有针对性地选择保健药物来预防生猪的一些疾病。

（3）应激性保健用药方案。应激是指猪群在受到各种内、外环境因素同时刺激时（如仔猪断奶、免疫注射、去势、驱虫等），所出现的非特异性的全身性反应。猪群发生应激往往容易引起生猪的新陈代谢和生理机能的改变，导致猪群的生长发育迟缓，繁殖性能下降，产品产量及质量下降，饲料利用率降低，免疫力下降，发病率和死亡率升高等。在规模养猪场，猪群应激反应的大小常常与生猪的品种有着较为密切的关系，一般来说，外来品种生猪的应激反应强于培育品种，其中皮特兰、比利时长白、台系杜洛克高于其他品种，培育品种生猪的应激反应高于本地品种。而引起生猪应激反应的因素则较多，如天气过热或过冷、生猪饲养密度过大、猪舍潮湿、仔猪断奶、猪群混群或换圈、仔猪去势、猪群运输、防疫注射、疾病治疗、饲料及饲喂方式突变等，均有可能引起生猪发生应激反应。因此，规模养猪场在生猪的饲养管理上，除了应尽可能减少引起生猪发生应激反应的因素外，也可以在饲料中适当添加一些抗应激类的保健药物，如维生素 E、维生素 C、维生素 B_2、电解质、镇静剂或中药制剂。如在饲料中适当添加刺五加、党参、延胡索，并结合维生素 C、维生素 E 的使用，可使猪群适应气温骤变的能力加强。适当降低饲料中的抗原物质，在饲料中添加微生态制剂、低聚糖、酶制剂、酸制剂、防腐剂、糖萜素、中草药添加剂以及抗菌促生长剂等，同时加大微量元素和维生素的添加量，均可有效地降低断奶仔猪应激疾病的发生。

（4）**驱虫性保健用药方案。**规模养猪场常见的生猪寄生虫病主要有猪蛔虫病、猪鞭虫病、猪结节线虫病、猪疥螨病和猪弓形体病等。生猪寄生虫的感染状况可以通过外表观察、粪便定期检查和屠宰时剖检进行监测，通过检查监测，可以发现一个养猪场甚至同一头生猪，混合感染多种寄生虫病的现象是相当普遍的。因此，规模养猪场要有效地防控生猪寄生虫病的危害，对猪群的驱虫最好采取统一行动，其中，预防性驱虫是防控规模养猪场寄生虫病的主要措施之一。

规模养猪场给予猪群预防性保健用药驱虫，选用药物应以安全、高效、广谱、低毒以及减少猪群应激为原则，如选用伊维菌素、阿苯达唑复方驱虫剂，不仅能驱除生猪体内的线虫类和螨类早、晚期幼虫和成虫以及原虫，而且用药的安全性能好，养猪场可以放心地用于包括怀孕母猪，甚至重胎临产母猪在内的各阶段猪的驱虫。

（5）**紧急性保健用药方案。**如某一地区一旦突发生猪传染病，必须迅速控制传染源，切断传播途径，根据生猪疫病的种类和实际情况迅速划定疫区，进行封锁，保护易感动物，如属于生猪的急性烈性传染病，必须采取果断措施，立即扑灭、销毁、深埋，并对病死生猪尸体作无害化处理。对于一般的病猪及可疑猪应立即隔离观察和治疗；对于尚未发病的猪及其受威胁的养猪场，应在加强观察、注意疫情动态的基础上，根据疫病的种类和性质采取相应的血清或疫苗进行紧急预防注射，以提高猪群的免疫力，防止疫病的发生和传播。如发生猪瘟流行时，对无症状或症状不明显的所有猪（除哺乳仔猪外），一律用猪瘟弱毒疫苗每头 6 ～ 8 头份的剂量进行紧急预防注射，一周后猪群可得到有效的保护。对于无疫苗可使用或使用疫苗免疫尚未产生免疫力的受威胁猪群，可以在饲料或饮水中进行紧急性预防保健药投入。紧急性预防保健药物的选择应针对当时、当地疫病流行的类型，结合当地实际的药物使用效果或通过药敏试验，选择高敏的紧急性预防保健药物。当养猪场发生猪链球菌病流行时，可在全群的生猪饲料中按 200 ～ 400 克 / 吨加入磺胺 -5- 甲氧嘧啶，并配合等量的碳酸氢钠粉，连续应用

2～3周进行紧急性预防保健用药，可有效地防控猪链球菌病。

（6）猪场药物保健注意事项。要根据当地及本场猪病发生流行的规律、特点及季节性，有针对性地选择高效、安全性好，抗病毒与抗菌谱广的药物用于保健，才能收到良好的保健效果。并要定期更换用药，不要长期使用一个方案，以免细菌对药物产生耐药性，影响药物保健的效果。使用细胞因子产品和某些中药制剂不会产生耐药性和药物残留及毒副作用。

要按药物规定的有效剂量添加药物，严禁盲目随意地加大用药剂量。用药剂量过大，造成药物浪费，增加成本支出，而且会引起毒副作用，引发猪只意外死亡；用药剂量不够，而诱发细菌对药物产生耐药性，降低药物的保健作用。

要科学地联合用药，注意药物配伍。药物配伍既有药物之间的协同作用，又有拮抗作用。用药之前，要根据药品的理化性质及配伍禁忌，科学合理地搭配，这样不仅能增强药物的预防效果，扩大抗菌谱，又可减少药物的毒副作用。

要认真鉴别真假兽药。购买兽用药品时一定要认真查看批准文号、产品质量标准、生产许可证、生产日期、保存期及其药品包装物和说明书等。严禁购买无批准文号、无生产许可证、无产品质量标准的"三无"产品，以免贻误药物对疫病的预防。

要按国家规定的兽用药品休药期停止用药。目前国家对兽用药品都规定了休药期，比如猪的青霉素休药期为6～15天；氨基糖苷类抗生素为7～40天；四环素类为28天；大环丙酯类为7～14天；林可胺类为7天；多肽类为7天；喹诺酮类为14～28天；抗寄生虫药物为14～28天。一般猪场可于猪只出栏上市前一个月停止实施药物保健，以免影响公共卫生的安全。

实施药物保健时要避开给猪进行弱毒活疫苗的免疫接种，最好二者间隔4～5天的时间，否则，影响弱毒活疫苗的免疫效果。使用灭活疫苗免疫时不会受其影响。

10. 能否举例说明猪场的具体预防和保健用药程序？

下面是某猪场不同生长和生理阶段猪的预防和保健用药程序，供参考。

（1）初生仔猪（0～6日龄）。此阶段用药目的是预防母源性感染（如脐带、产道、哺乳等感染），主要针对大肠杆菌、链球菌等。

推荐药物：每吨母猪料各加强力霉素、阿莫西林200克，连喂7天；新强霉素饮水，每千克水添加2克，或母猪拌料7天；长效土霉素在母猪产前肌内注射5毫升；仔猪吃初乳前口服庆大霉素、氟哌酸1～2毫升或土霉素半片；仔猪微生态制剂（益生素），如促菌生、乳酶生等口服；2～3日龄补铁、补硒。

（2）开食前后仔猪（7～10日龄）。此阶段用药的目的是控制仔猪开食时发生感染和应激。

推荐药物有：恩诺沙星或环丙沙星，肌内注射，5 毫克 / 千克体重，连续注射 3 天，饮水，每千克水加 50 毫克，拌料，每千克饲料加 100 毫克；强力霉素、阿莫西林，每吨仔猪料各加 300 克，连喂 7 天。上述方案中都添加维生素 C 或多维素或盐类抗应激添加剂。

（3）断奶前后仔猪（21 ~ 30 日龄）。 此阶段用药的目的是预防气喘病和大肠杆菌病等。可选：普鲁卡因青霉素 + 金霉素 + 磺胺二甲嘧啶，拌料饲喂 7 天；新霉素 + 强力霉素，拌料饲喂 7 天；氟苯尼考拌料连喂 7 天；土霉素碱粉每千克饲料添加 400 ~ 600 毫克，拌喂 1 ~ 2 周。上述方案中都添加维生素 C，或多维素，或盐类抗应激添加剂，同时带猪消毒。

（4）断奶后小猪（35 日龄）。 主要目的是预防断奶应激和寄生虫病。可选用土霉素碱粉、氟哌酸，每千克饲料拌 100 毫克；选用伊维菌素等驱虫药物进行驱虫，可采用内服或肌注。断奶前 1 天及断奶后 5 天，饲料或饮水中添加电解多维。带猪消毒。

（5）小猪（70 日龄）。 目的是预防喘气病、大肠杆菌病和寄生虫病。氟苯尼考、支原净、泰乐菌素、土霉素钙盐预混剂任选其一，拌料 7 天；伊维菌素等驱虫药物进行驱虫，可采用内服或肌注。带猪消毒。

（6）育肥或后备猪。 目的是预防寄生虫和促进生长，氟苯尼考、支原净、泰乐菌素、土霉素钙盐预混剂，拌料 7 天；促生长可用速大肥和黄霉素等；伊维菌素、阿维菌素等驱虫药物拌料驱虫。

（7）成年猪（公、母猪）。 后备猪、空怀猪和种公猪，驱虫、预防气喘病及胸膜肺炎；妊娠、哺乳母猪，驱虫、预防气喘病及子宫炎。可用氟苯尼考、支原净、泰乐菌素任选其一，脉冲式给药；伊维菌素、阿维菌素等驱虫药物拌料驱虫 7 天，半年一次；可在分娩前 7 天到分娩后 7 天，用强力霉素或土霉素钙盐预混剂拌料 7 天。

预防气喘病等，可在分娩前 15 天到分娩后 40 天，土霉素拌饲 1 000 毫克 / 千克，或用支原净 150 毫克 / 千克进行阶段饲喂。预防子宫炎，可在分娩后 3 天肌注青霉素 2 万单位 / 千克体重，链霉素 1 毫克 / 千克体重，或肌注氨苄青霉素 20 毫克 / 千克体重，或肌注庆大霉素 2 ~ 4 毫克 / 千克体重，2 次 / 天。

规模化猪场预防保健可参考表 5–1。

表 5–1 规模化猪场预防保健

猪别	日龄（时间）	用药目的	使用药物	剂量	用法
公猪	每月或每季度一次	预防呼吸道疾病	支原净	150 克 / 吨	连续 7 天混饲给药
			土霉素钙盐预混剂	1 千克 / 吨	连续 7 天混饲给药
		驱虫	伊维菌素预混剂	1 千克 / 吨	连续 7 天混饲给药

猪别	日龄 （时间）	用药目的	使用药物	剂量	用法
后备 母猪	进场第 1 周	预防呼吸道疾病	氟苯尼考预混剂 2%	1 千克 / 吨	连续 7 天混饲给药
			泰乐菌素	200 毫克 / 千克	连续 7 天混饲给药
		抗应激	抗应激药物	按说明	连续 7 天混饲给药
	配种前 1 周	抗菌	长效土霉素	5 毫升	肌内注射 1 次
母猪	产前 7 ～ 14 天	驱虫	伊维菌素预混剂	2 千克 / 吨	连续 7 天混饲给药
	产前 7 天 ～ 产后 7 天	预防产后仔猪 呼吸道及消化 道疾病，母猪 产后感染	强力霉素	200 克 / 吨	连续 7 ～ 14 天混饲 给药
			阿莫西林	200 克 / 吨	连续 7 ～ 14 天混饲 给药
	断奶后	母猪炎症	长效土霉素	5 毫升	肌内注射 1 次
商品 猪	吃初乳前	预防新生仔猪 黄痢	庆大霉素	1 ～ 2 毫升	口服
	3 日龄内	预防缺铁性贫 血	补铁剂	1 毫升 / 头	肌内注射
		补硒、提高抗 病力	亚硒酸钠维生素 E	0.5 毫升 / 头	肌内注射
	补料第 1 周	预防新生仔猪 黄痢	强力霉素	200 克 / 吨	连续 7 天混饲给药
			阿莫西林	150 毫克 / 升	连续 7 天混饲给药
	断奶前后 1 周	预防呼吸道 及消化道疾病 促生长 抗应激	替米考星 抗应激药物	适量	连续 7 天混饲给药
			先锋霉素	适量	连续 7 天混饲给药
			支原净粉 或阿莫西林粉 + 抗应激药物	125 毫克 / 升 150 毫克 / 升 适量	饮水或混饲给药 7 天
		驱虫、促生长	伊维菌素预混剂	1 千克 / 吨	连续 7 天混饲给药
	转入生长育 肥期第 1 周 （8 ～ 10 周 龄）	驱虫、促生长	伊维菌素预混剂	1 千克 / 吨	连续 7 天混饲给药
		抗菌、促生长	氟苯尼考预混剂 2%	2 千克 / 吨	连续 7 天混饲给药
			土霉素钙盐预混剂	1 千克 / 吨	连续 7 天混饲给药

续表

猪别	日龄 （时间）	用药目的	使用药物	剂量	用法
所有猪群	每周1～2次	常规消毒	卫康（过硫酸氢钾+双链季铵盐+有机酸+缓释剂等）、农福（几种酚类+表面活性剂+有机酸）等消毒剂	适量	带猪体、猪舍内喷雾消毒

保健预防用药越来越受到大型猪场的重视，其在总药费中的比例逐步提高。保健预防用药是控制细菌病的最有效途径，同时又有促生长作用；对减少病毒病的继发或并发症效果显著。提倡策略性用药，因为疫病的发生发展都是有规律性的；提倡重点阶段性给药，既要降低药物成本，又要有效控制疫病；提倡脉冲式给药，净化有害菌，保持猪群体内有效抗菌浓度；提倡饲料与饮水给药；要考虑耐药性，同群猪尽量不重复用同一类抗生素；预防用药与治疗药物要分开（不交叉重复使用）。药物的选择与用法要特别重视剂量、疗程和用药途经。表5-2是某规模猪场预防用药和保健计划，供参考。

表5-2 某猪场预防用药及保健计划

病名	预防用药	用药对象	用药方法
仔猪贫血	牲血素（右旋糖酐铁）或富来血（铁剂）	初生仔猪	1毫升/头，肌内注射1次
仔猪白肌病	亚硒酸钠维生素E	初生仔猪	0.5毫升/头，肌内注射1次
仔猪黄痢	庆大霉素 呼肠舒（氟六喹酸钠）	初生仔猪 产前产后母猪	2毫升/头，口服1次 1千克/吨，拌料2周
开食应激	维生素C、多维素、电解质等	5～7日龄	适量，饮水3天
仔猪白痢	土霉素或金霉素粉	2周和4周龄	0.4～0.8克/天，分2次饮水3天
断奶应激	维生素C、多维素、电解质等	4周龄	适量，饮水3天
寄生虫病	蒂诺芬	断奶后1周	2千克/吨，拌料1周
母猪产后感染	青霉素、链霉素 土霉素注射液	产后母猪 产前母猪	子宫内用药 5毫升/头，肌内注射1次

续表

病名	预防用药	用药对象	用药方法
母猪产后便秘、消化不良	小苏打或芒硝	产后母猪	拌料，连用 1 周
其他猪病	土霉素钙盐预混剂	后备猪及生长育肥猪	每隔 2～3 周拌料，连用 1 周
	泰乐菌素	妊娠猪	妊娠前期、后期各用药 1 周
	土霉素钙盐预混剂	公猪	每月用药 1 周

第六章　规模化生态猪场猪病诊疗技术

1.猪病的诊断方法有哪些?

正确的诊断是猪病防控的重要环节，它关系到能否及时采取有效的控制措施。诊断的方法很多，常用的方法有临床诊断法、流行病学诊断法、病理学诊断法、实验室诊断法等。

（1）**临床诊断法**。临床诊断法是最基本的诊断方法，就是借助兽医的感官或借助常规的诊断器械，如体温计和听诊器等对病猪进行检查。临床诊断对于某些表现出典型症状的疾病，如破伤风、猪气喘病等，一般不难做出诊断。对于非典型病例、尚未出现有诊断意义典型症状的病例，临床诊断只能提出疑似疫病的大致范围，还需要结合其他诊断方法才能确诊。

临床检查的基本方法。

问诊：是指通过询问饲养员或畜主了解病猪发病情况。

视诊：就是通过肉眼观察病猪的表现状态。

触诊：是用手抚摸或压触来判断组织器官状态的检查方法。

叩诊：叩打病猪体躯的某一部位，根据产生音响的性质来推断器官病理变化。

听诊：直接或借助听诊器从病猪体表面听取内脏器官的音响，来判断其病理状态。

嗅诊：是靠嗅觉闻病猪呼出的气体、排泄物及其他病理性分泌物气味的一种诊断方法。

（2）**流行病学诊断法**。流行病学诊断是针对患病的猪群，经常与临诊诊断联系在一起的一种诊断方法。流行病学诊断是在流行病学调查的基础上进行的，流行病学调查不仅能够给流行病学诊断提供依据，也能够给制定防控措施提供依据。

流行病学调查一般需要了解流行的情况、疫情来源、传播途径和方式等。

①流行情况调查。了解最初的发病猪群、时间、地点，随后的蔓延情况，现

在疫情的分布情况即发病猪群的种类、数量和死亡率。

②疫情来源的调查。本场和本地过去是否发生过类似的疫病，何时何地，流行情况如何，是否经过确诊，采取过何种防治措施及效果如何；如果本地未发生过，附近地区是否发生过；这次发病前，是否从其他地方引进猪及其产品，输出地有无类似的疫病存在。

③传播途径和方式的调查。本场饲养管理制度，猪的流动、收购以及防疫卫生情况如何；交通检疫、市场检疫和屠宰检疫的情况如何；病死猪的处理情况如何；疫区的自然环境和野生动物、节肢动物的分布和活动情况与疫病的发生及蔓延有无关系。

（3）**病理学诊断法**。病理学诊断既可验证临床诊断结果正确与否，又可以为实验室诊断方法和内容的选择提供参考。患病死亡的猪尸体多会出现一些的病理变化，尤其是具有特征性的病理变化，具有很大的诊断价值。由于最急性死亡的病例、非典型病例，特征病变还未表现出来，此时，应尽可能解剖症状典型、病程长的、未经治疗的自然死亡的病例。每种传染病的所有病理变化不可能在每一个病例上都充分表现出来，应剖检尽可能多的病例。检查的顺序按照先外部后内部进行。

①外部检查。观察尸体的外观变化，包括有无尸僵、血液凝固等尸体的变化；体表、皮肤、可视黏膜及被毛的变化；天然孔有无分泌物、排泄物及其颜色和性状。

②内部检查。内部检查按照先头部再胸部后腹部的顺序进行。打开体腔后先观察浆膜有无变化再切开实质脏器等。为防止胃肠消化器官的内容物外溢影响观察造成污染，消化器官应最后检查。检查实质器官如心、肝、脾、肾、肺时，注意有无粘连、炎症、增生、坏死、萎缩、出血等病理变化。

（4）**实验室诊断法**。现在由于猪病不断出现新的变化，靠流行病学、临床诊断、病理学诊断只能缩小怀疑疫病的范围，最终的确诊必须依靠实验室检测。常用的实验室诊断方法有血清学试验和病原学诊断技术。

2. 诊断猪病为什么要有群体观念？

从流行病学的观点来看，每个猪病的发生是有其原因的，不是"空穴来风"。如要仔细分析是否有管理上的疏忽或过失，如冬季产仔房的保温措施没有符合要求，通常发生传染性胃肠炎等；也有免疫失败所导致的，如疫苗的保管与运输问题、免疫程序乃至疫苗菌株血清型与猪场流行菌株血清型一致的问题，如猪瘟、猪传染性胸膜肺炎、猪链球菌病以及副猪嗜血杆菌病等。也有由于引进新的猪群而带来疾病的暴发。尽管不同的猪病发生具有其独特的流行经过和特征的临床表现，但均需要通过现场资料的收集和访问，了解是否是饲养管理原因、传染病、营养缺乏、中毒病还是猪只个体差异所致的个别案例。首先，考虑到目前饲料营养成分的全面和平衡在猪饲养成本、生长性能和健康状态的重要性，因此，如果某一猪场的猪病流行时间长，采取针对特异性病原采取各种预防和治疗措施后效果不理想，建议检测饲料的营养和其中的毒素成分，或者对水质中的微生物种类、饮水中药物或其他添加剂等，明确是否超剂量或者是搅拌不均匀所致等。

一般地，饲料因素所致的疾病，其发生较为缓慢，猪只多无体温反应，食欲正常或稍有减少，生长不良，但多表现为消瘦，病程较长，没有明显的死亡高峰。通过收集在一定时间内的发病率和死亡率，且有证据表明具有传染性时，必须判定是否是急性传染病，还是慢性传染病，尤其要尽快确诊是否为一类疾病；猪群使用抗生素后，个别猪只由于个体差异或处于疾病晚期，其治疗效果较差，但可从整体发病率和死亡率是否减少或新病例的发生得到有效控制，从而判定原发疾病是否为细菌病，或者是病原菌参与了本次疾病的发生。需要注意的是，一些疾病的病原如肺炎支原体，由于无细胞壁，其对磺胺类药物和青霉素不敏感等，或在长期使用或不合理使用了抗生素后，一些菌株出现了耐药性等导致抗生素效果不佳。在多数情况下，抗生素治疗无效后，应考虑病毒性疾病。

3. 如何对群体猪病进行诊断？

猪病是猪在生长发育过程中，外界环境因子（包括物理、化学、机械和生物因子等）作用于群体或个体后，其应答反应超过了猪体所能够承载限度的表现。不管何种因子作用于猪体后，总是要留下作用痕迹。当然，痕迹有的在体表，有的在体内，还有的引起器官功能的改变，也有的只导致生产性能下降，等等。这些作用痕迹就是兽医在临床诊断时应极力捕捉的诊断信息。

对猪群疾病的诊断，实际上是从兽医人员到达猪群生活环境后的第一感受开始的。这种感受既包括对猪生存环境的一般感觉，如温度、湿度、空气流通及其清洁度、噪声、异常气味（氨气浓度、粪便气味、饲料霉变气味），也包括对环境条件引起潜在影响的电磁辐射、周围厂矿企业排放"三废"等物理因素的特殊感觉，以及麻雀、老鼠、苍蝇、蚊子等影响猪生存环境质量的生物因素的感觉，还包括对猪群健康状况的感觉。注意此处讲的是"到达猪群生活环境的感受"，而不是"猪场和猪舍的感受"，即把猪场和猪舍作为一个整体去感受。因而要求临床兽医头脑中建立猪群的正常生存环境和健康猪群的模型，从而在进入猪场、猪舍后很快发现异常情况，作为进一步的诊断参考依据。要做出准确的判断，对猪群及其生存环境的感知是第一步，接下来就是对猪群体的观察。对于猪群群体疫病诊断最基本、最常用的方法是"三看二听一询问"。

"三看"：一看猪群群体精神状况和体况体征。健康猪群应当反应敏捷，见到兽医人员及生人有躲避反应，起码在接近时有躲避反应；两眼光亮有神，眼眶周围洁净，目视接近人员；皮肤呈略带浅粉红的白色，被毛平整、顺畅、有光泽；高度和体重基本一致，膘情处于中上等，没有过于肥胖和瘦弱个体；姿势正常无损征，尾巴上翘、上卷或左右摇摆，吻突浅红色略显湿润。所以，当猪群中个体间高度和体重差异较大，被毛粗糙无光泽，皮肤颜色苍白、发暗，以及出现鲜红、玫瑰红、紫红、暗红，或有红点、暗点、红斑等色泽异常时，均为猪群处于非健康状态的标志。当然，那些见到兽医和饲养人员接近时反应迟钝，甚至无反应的个体，以及体表有异常颜色或姿势出现明显损征，畸瘦畸肥，尾巴不动或夹尾巴个体为群体中的患病个体。二看排粪姿势和粪便的颜色、形态、色泽，以及排尿姿势和尿的颜色、尿量。三看皮肤，重点看眼眶周围、吻突、耳朵、四肢、腹下、肛门和尾巴，母猪的乳头和会阴部，公猪的尿道口等，看其颜色是否有异常，其次看体表是否有溃疡、结节、掉皮屑和干死现象。

"二听"：一听猪群的活动声音，包括猪个体之间相互交流的声音，采食饮水声和走动声。猪群之间交流的正常声音为短暂低沉、连续二到五次的"哼哼"声，尖锐短暂的叫声常常是受到攻击时的叫声，尖锐并拖得较长声音往往是猪腿卡在笼具中的痛苦声；仔猪正常的叫声是短促低沉的"嗯嗯"一声和前高后低连续 2～3 秒的断续的"唧唧"声，发出持续 5 秒以上"唧唧"叫声，往往是对猪舍温度低和饥饿，或对周围生存环境不满的反应，响亮的尖叫声往往是打斗中受到攻击时的声音。二听猪群呼吸声和咳嗽声。正常猪群的呼吸声在猪舍内几乎听不到，当听到"呋呋"声、"吭吭"声，深长的"呋—"声，以及咳嗽声，均为非正常状态。

"一询问"：询问饲养人员该猪群近日采食和饮水情况、临床异常表现、免疫情况、既往病史以及饲料配方。

一般情况下，一个有经验的兽医通过感觉和"三看二听一询问"会对猪群疫病做出初步判断，甚至会对一些常见病做出判断。

群体检查注意事项：一是进入猪场检查人员必须经过消毒；二是检查应在场方领导或管理负责人、饲养员陪同下进行；三是全场巡视应按照种猪群、繁殖猪群、保育猪群、育肥猪群、发病猪群、隔离猪群顺序进行；四是在猪舍中走动观察时动作轻微，避免猪群骚动；五是在舍外或猪舍出口处询问，舍内尽量减少询问；必须标记的异常个体应有饲养人员帮助完成；六是检查人员消毒后，在安静、对猪群无影响场所讨论。

4. 什么叫视诊？猪病视诊的主要内容有哪些？

兽医用视觉直接或间接（借助光学器械）观察患病畜禽（群）的状况与病变。视诊方法简便、应用广泛，获得的材料又比较客观，是临床检查的主要方法，也是临床诊断的第一步骤。主要内容如下。

（1）观察患病畜禽的体格、发育、营养、精神状态，体位、姿势、运动及行为等。

（2）观察体表、被毛、黏膜、眼结膜等，有无创伤、溃疡、疮疹、肿物以及它们的部位、大小、特点等。

临床上，眼结膜检查具有重要的诊断意义。

①眼结膜苍白常见于猪各种贫血，内脏寄生虫，大出血等病；如仔猪的皮肤和仔猪的可视黏膜苍白，血管不明显为仔猪贫血症。

②若猪表现消瘦，毛焦背弓，眼膜苍白，呕吐，下痢或粪中出现虫体为猪蛔虫和其他寄生虫病。

③眼发红，充血或呈紫红色，是脑充血、中暑、肺炎、热性传染病、肠炎、腹胀等疾病。

④若猪可视黏膜先潮红后黄染，呕吐物带血液或胆汁，腹痛明显，肛门失禁，为猪胃肠炎。

⑤若猪眼结膜红，停食，喜欢饮水，咳喘气喘，常见于猪肺热病。

⑥眼结膜蓝紫发绀，见于伴有心肺机能障碍的重症过程中。

⑦若猪眼结膜呈黄色常见小肠发炎、钩端螺旋体病、肝炎病、胆道阻塞等。

⑧若猪眼睑肿胀，皮肤发青，指压下陷，多属水肿之症。

⑨若眼窝塌陷者，多属津液亏损；若瞳孔扩大，多属危症。

（3）观察与外界直通的体腔，如口腔、鼻、阴道、肛门等，注意分泌物、排泄物的量与性质。

（4）注意某些生理活动的改变，如采食、咀嚼、吞咽、排尿、排便动作变化等。

除了门诊对患病动物的视诊外，从目前集约化养殖的生产实践出发，从预防为主出发，兽医人员应定期深入到畜禽厩舍进行整体观察，对整批动物上述指标进行客观了解，以及时发现异常现象，及时做出判断，进而采取行之有效的措施，保证畜禽群体的健康，以减少损失。

5. 什么叫问诊？问诊的内容包括哪些方面？

问诊就是听取畜主或饲养人员对患病畜禽（群）的发病情况及经过的介绍。问诊的内容包括以下 3 个方面。

（1）现病历。即本次发病的基本情况。包括发病时间、地点、发病后的临床表现、疾病的变化过程、可能的致病因素等。如怀疑是传染病时，要了解动物来源、免疫接种效果等。

（2）既往史。即患病畜禽（群）过去的发病情况。是否过去患过病，如果患过，与本次的情况是否一致或相似，是否进行过有关传染病的检疫或监测。既往史的了解对传染性疾病、地方性疾病有重要意义。

（3）**饲养管理情况**。了解畜禽饲养管理、生产性能，对营养代谢性疾病、中毒性疾病以及一些季节性疾病的诊断有重要价值。如对于集约化养殖来说，饲料是否全价，营养是否平衡，直接影响其生产性能的发挥，易发生营养代谢病。饲料品质不良，贮存条件不好，又可导致饲料霉变，引起中毒。卫生环境条件不好，夏季通风不良，室内温度过高，易引起中暑，冬季保温条件差，轻则耗费饲料，生产能力不能充分发挥，重则易引起关节疾病、运动障碍。

6.什么叫触诊？主要用于哪些方面的检查？

用兽医或技术人员的手或工具（包括手指、手背、拳头及胃管）进行检查的一种方法，主要用于以下情况。

（1）**检查体表状态**。如皮肤的温度、湿度（不同部位的比较）、皮肤及皮下组织（脂肪、肌肉）的弹性以及浅在淋巴结的位置、大小、敏感性等。体表局部病变（如气肿、水肿、肿物、疝等）的大小、位置、性质等。

给猪测体温是兽医临床上最常用的基本操作方法之一。通常测量猪的肛门直肠内温度，具体操作通常在兽用体温计的远端系一条长 10 ～ 15 厘米的细绳，在细绳的另一端系一个小铁夹以便固定。测体温时，先将体温计的水银柱稍用力甩至 35℃ 刻度线以下，在体温计上涂少许润滑油，然后一手抓住猪尾，另一手持体温计稍微偏向背侧方向插入肛门内，用小铁夹夹住尾根上方的毛固定。2 ～ 3 分钟后取出体温计，用酒精棉球将其擦净，右手持体温计的远端呈水平方向与眼睛齐平，使有刻度的一侧正对眼睛，稍微转动体温计，读出体温计的水银柱所达到的刻度即为所测得的体温。

（2）**通过体表检查内脏器官**。胸部可触诊胸腔的状态，如有无胸水、胸膜炎。心区可触心搏动变化。腹部可触诊的有：可在猪两侧腹部用两手感觉腹腔内容物、胃肠等的性状；腹腔内是否有腹水，腹膜是否有炎症等。

（3）**直肠触诊**。通过直肠触诊可更为直接地了解腹腔有关内脏器官的性质。除胃肠以外，还可了解脾、肝、肾、膀胱、卵巢、子宫等的状态。不但有重要的诊断价值，而且同时有重要的治疗意义。

触诊作为一种刺激，也可刺激判断被触部位及深层的敏感性。触诊方法的选择，以检查目的而定。检查体温、湿度时，以手背检查为佳，并应在不同部位比较。检查体表、皮下肿物，则应以手指进行，感知其是否有波动（提示液体存在，如脓肿、血肿、液体外渗等）、弹性及捻发感（提示有气体）或面团感，有无指压痕（提示有水肿）。检查大动物腹腔，如牛的瘤胃，则可用拳头冲击（如有振水音，提示腹腔、内脏有大量积液）。

7. 叩诊法怎么操作？叩诊音有哪些？

叩诊是用手指或叩诊锤对体表某一部位进行叩击，借以产生振动并发出音响，然后根据音响特征判断被检器官、组织物理状态的一种方法。

（1）叩诊方法，有两种。

①直接叩诊法。即用手指或叩诊锤直接叩击体表某一部位，以判断其内容物性状、含气量及紧张度。

②间接叩诊法。临床上常用的有 2 种：其一是指叩诊法，即以一手的中指（或食指）代替叩诊板放在被叩部位（其他手指不能与体表接触），以另一手的中指（或食指）在第一关节处呈 90° 屈曲，对着作为叩诊板的指头的第二指节上，垂直轻轻叩击。这种方法因振动幅度小，距离近，适合中小动物如犬、猫、猪、羊等。其二是锤板叩击法，即叩诊锤为一金属制品，在锤的顶端嵌一硬度适中弹性适合的橡胶头，叩诊板为金属、骨质、角质或塑料制片。叩击时，将叩诊板紧密放在被检部位，用手固定，另一手持叩诊锤，用腕关节作轴而上下摆动、垂直叩击。一般每一部位连叩 2～3 次，以分辨声音。

（2）叩诊音。根据被叩组织的弹性与含气量以及距体表的距离，叩诊音有以下几种。

①清音。叩诊健康动物肺中部产生的音响。

②浊音。音调低、短浊，如叩击臀部肌肉时的音响，胸部出现胸水、肺实变时，可出现浊音。

③鼓音。腔体器官大量充气时，叩击产生的音响，如肺气肿时。在 2 种音响之间，可出现过渡性音响，如清音与浊音之间可产生半浊音，清音与鼓音之间可产生过清音等。

（3）叩诊适应范围。主要用于浅在体腔（如头窦、胸、腹腔），含气器官（如肺、胃肠）的物理状态，同时也可检查含气组织与实体组织的邻居关系，判断有气器官的位置变化。

8. 如何进行听诊？听诊时应该注意什么？

听诊是利用听觉直接或间接（听诊器）听取机体器官在生理或病理过程中产生的音响。

（1）听诊的方法。临床上听诊的方法可分为直接听诊与间接听诊。

①直接听诊。主要用于听取患病猪的呻吟、喘息、咳嗽、嗳气、咀嚼以及特殊情况下的肠鸣音等。是直接将耳朵贴于体表某一部位的听诊方法，目前已被间接听诊取代。

②间接听诊。主要是借助听诊器对器官活动产生的音响进行听诊的一种方

法。间接听诊主要用于心音、呼吸道的呼吸音、消化道的胃肠蠕动音的听诊。

（2）听诊时的注意事项。

①要在安静环境下进行，如室外杂音太大时，应在室内进行。

②被毛摩擦是常见的干扰因素，故听头要与体表贴紧，此外也要避免听诊器的胶管与手臂、衣服、被毛的摩擦。

③听诊要反复实践，只有对有关器官的正常声音掌握好后，才能辨别病理声音。

9. 什么叫发热?

正常情况下，猪体温恒定在一定的生理变动范围内（38.0 ~ 39.5℃）。早晨低、午后高。影响体温变动的有年龄、生理状态、外界温度、运动等。每一种动物幼龄时，体温均要高出1℃左右，如断奶前后的仔猪，体温可达到39.3 ~ 40.8℃，母畜妊娠后期体温也适当升高，外界温度变化也较为明显影响体温的变化。此外，还应注意个体差异，有的生理体温在一天中变化较大，有的则变化较小，如有的个体在正常时体温在生理参考值的下限小幅度波动，当温度达到生理参考值的上限时，实际已在发热，这时如机械地按上述参考值判断，就会出现误诊。

在病理情况下，主要是体温升高，少数情况可出现体温降低。体温升高可根据其程度分为微热（体温升高1℃，可见于局部炎症、轻病）、中热（体温升高2℃，主要见于消化道、呼吸道的一般性炎症以及亚急性传染病等）、高热（体温升高3℃，主要见于大面积炎症、急性传染病等）以及超高热（体温升高3℃以上，主要见于重度急性传染病，如急性猪丹毒、传染性胸膜肺炎、脓毒败血症以及日射病等）。应该指出，不同的个体，在发病时，体温的升高可能表现出明显的特殊性。因此，不应机械理解，应综合其他症状进行分析。

病理情况下的体温低下，主要见于重度营养不良、贫血、某些脑病等。如体温低下的同时伴有发绀、四肢末梢厥冷、心跳快弱乃至出现昏迷，则预后不良。

10. 发热的发展过程可分为哪几个阶段?

发热的发展过程可分为3个阶段。

（1）体温上升期。是通过皮肤血管收缩，汗腺分泌减少，使散热减少，同时，肌肉收缩增强，肝、肌糖原分解加速，使产热增多。这时病猪有精神沉郁、食欲下降、心跳、呼吸加快、寒战，喜钻草堆等表现。不同的疾病，体温升高的速度不一致，如猪丹毒、猪肺疫等病，体温上升很快，而猪瘟、副伤寒则较慢。

（2）高热期。此时产热和散热在较高的水平上维持平衡，散热过程开始加强，皮肤血管舒张，产热过程也不减弱，所以，体温维持在较高的水平上。病猪表现皮温增高，眼结膜充血、潮红，粪便干燥，尿少黄短。不同疾病高热期持续的时间不相同，如猪瘟、传染性胸膜肺炎等病持续时间较长，而伪狂犬病、口蹄疫则仅数小时或不超过 1 天。

（3）退热期。由于机体的防御功能增强或获得外援（经治疗），体温逐渐下降，病猪的皮肤血管进一步扩张，大量排汗、排尿，产热减少。如果体温迅速下降或突然下降，则为骤退，可引起虚脱甚至死亡，若体温逐渐下降，则预后良好。

11. 具有临床诊断意义的热型有哪几种?

发热分型的方法有多种，为了便于对疾病的鉴别诊断，临床上通常有以下 2 种分法。

（1）按病猪体温升高的程度分。

①微热。超过正常体温 1℃左右，即在 40 ～ 41℃。常见于某些慢性传染病，如慢性猪瘟、副伤寒等。也见于乳房炎、胃肠炎等局部感染的疾病。

②中热。超过正常体温 1 ～ 2℃，即 41 ～ 42℃。见于急性病毒性传染病，如急性猪瘟、流感等；也可发生于肺炎等局部器官的感染。

③高热。超过正常体温 2℃以上，即 42℃以上。一般认为某些急性、细菌性感染的猪病都可见到如此高的体温，如猪丹毒、猪肺疫等。

（2）按病猪的热型曲线分。热型曲线，是指每日两次测得的病猪体温数值的连线。

①稽留热。当体温升高到一定程度后，持续数天不变，或温差在 1℃以内，这是由于致热原在体内持续存在并不断刺激体温调节中枢的结果。可见于猪瘟、急性传染性胸膜肺炎等。

②弛张热。其特点是体温升高后 1 昼夜内变动范围较大，超过 1℃以上，但又不降到常温。见于急性猪肺疫、猪丹毒及许多败血症。

③间歇热。病猪的发热期和无热期较有规律地交替出现。如败血性链球菌病及局部化脓性疾病。

④不定性热。发热持续时间不定，变动也无规则，温差有时极其有限，有时却波动很大。多见于非典型猪瘟及其他非典型传染病。

发热在一定限度内是机体抵抗疾病的生理措施，短时间的中度发热对机体是有益的。因为，发热不仅能抑制病原微生物在体内的活性，帮助机体对抗感染，而且还能增强单核巨噬细胞系统的功能，提高机体对致热原的消除能力。此外，还可使肝脏氧化过程加速，提高解毒能力。

但长时间的持续高热，对机体危害大，首先使机体分解代谢加速，营养物质消耗过多，消化功能紊乱，导致机体消瘦，抵抗力下降，又能使中枢神经系统和血液循环系统发生损伤。引起病猪精神沉郁，以至昏迷，或心力衰竭等严重的后果。

12. 什么叫充血？有什么临床表现？

在某些生理或病理因素的影响下，局部组织或器官的小动脉发生扩张，流入血量增多，而静脉回流仍保持正常，这种组织或器官内含血量增多称为动脉性充血，又称主动性充血，简称充血。

充血可分为生理性充血和病理性充血 2 种。前者如采食时胃肠道黏膜表现的充血和劳役时肌肉发生的充血等现象；病理性充血则是在致病因素的作用下发生的，如炎症早期发生的动脉性充血。

组织发生充血时色泽鲜红，温度增高，机能增强，体积稍肿大。黏膜充血时常称为"潮红"。充血组织、器官的色泽鲜红是由于小动脉和毛细血管显著扩张，流入大量含有氧合血红蛋白的血液之故；温度升高是由于血流加速和细胞的代谢旺盛；由于充血部组织代谢旺盛，所以该组织或器官的机能增强。镜下可见小动脉和毛细血管扩张充满红细胞，有时可见炎性渗出等变化。

13. 什么叫淤血？淤血可引起机体哪些变化？

在局部组织器官内，若动脉流入的血量保持正常，而静脉的血液回流受阻，因此，在静脉内充盈大量血液，则称为静脉性充血，又称被动性充血，简称淤血。在病理情况下，静脉性充血远比动脉性充血多见，具有重要的诊断价值和病理学意义。

淤血是一种最常见的病理变化，不论引起淤血的原因如何，其病变特点基本相似，主要表现为淤血组织呈暗红色或蓝紫色，体积增大，机能减退，体表淤血时皮温降低。

淤血时由于静脉回流受阻，血流缓慢，使血氧过多地被消耗，因而血液中氧分压降低、氧合血红蛋白减少，还原血红蛋白含量显著增多，血管内充满紫黑色的血液，故使局部组织呈暗红色或蓝紫色。这种现象在可视黏膜称为发绀。又因淤血时血流缓慢，热量散失增多，加上局部组织缺氧，代谢率降低，产热减少，所以体表部淤血区表现皮温降低。淤血时因局部血量增加，静脉压升高而导致体液外渗，结果使淤血组织的体积增大。

发生长时间持续性淤血时，常能引起以下严重病变。

（1）由于缺氧造成毛细血管通透性增加，故有大量液体漏入组织间隙，造成淤血性水肿。若毛细血管损伤严重时，则红细胞也可漏到组织内形成出血，称为淤血性出血。

（2）随着缺氧程度的加重，局部组织常发生严重的代谢障碍，组织内中间代谢产物堆积，轻者引起淤血器官实质细胞变性、萎缩，重者可发生坏死。

（3）淤血组织的实质细胞发生坏死后，常伴有大量结缔组织增生，结果使淤血器官变硬，称为淤血性硬化。

14. 什么叫出血？有哪些表现？

血液流出心脏或血管，称为出血。血液流至体外称为外出血，流入组织间隙或体腔，则称为内出血。根据出血的发生机制不同可将其分为破裂性出血和渗出性出血2种。

（1）**破裂性出血**。其病变常因损伤的血管不同而异。小动脉发生破裂而出血时，由于血压高而出血量多，常使流出的血液压迫和排挤周围组织而形成血肿。同时，根据出血发生的部位不同，故又有一些不同的名称，如体腔内出血称为腔出血或腔积血（如胸腔积血和心包腔积血等），此时体腔内可见到血液或凝血块；脑出血又称为脑溢血；混有血液的尿液称为血尿；混有血液的粪便称为血便；鼻出血称衄血；肺出血称咯血；胃出血称吐血或呕血。

（2）**渗出性出血**。渗出性出血时，眼观甚至镜下也看不出血管壁有明显的形态学变化，红细胞可通过通透性增强的血管壁而漏出血管之外。渗出性出血发生于毛细血管和微静脉。出血常伴发组织或细胞的变性或坏死。兽医临床诊断时，常见的渗出性出血是由于血管壁在细菌毒素、病毒或组织崩解产物的作用下，发生不全麻痹和营养障碍，内皮细胞间的黏合质和血管壁嗜银性膜发生改变，使内皮细胞间孔隙增大而造成的。

渗出性出血常因发生的原因和部位不同而有所差别，其表现常见的有以下3种。

①点状出血。又称淤点，出血量少，多呈粟粒大至高粱米粒大散在或弥漫分布，通常见于浆膜、黏膜和肝脏、肾脏等器官的表面。

②斑状出血。又称淤斑，其出血量较多，常形成绿豆大、黄豆大或更大的密集状血斑。

③出血性浸润。血液弥漫地浸润于组织间隙，使出血的局部呈大片暗红色，如猪瘟的出血性淋巴结炎等。

此外，当机体有全身性出血倾向时，则称为出血性素质。

15. 什么是贫血？贫血可以引起机体的哪些变化？

贫血是指单位容积血液内红细胞数或（和）血红蛋白量低于正常值，并伴有红细胞形态变化和运氧障碍的病理过程。它不是一种独立的疾病，而是伴发于许多疾病过程中的常见症状。但有时在某些疾病（如严重的创伤，肝脏、脾脏破裂等）过程中，贫血常为疾病发生、发展的主导环节，并决定着疾病的经过和转归。

根据贫血发生的原因和机制，可将其分为出血性贫血、溶血性贫血、营养缺乏性贫血和再生障碍性贫血4种。

（1）形态变化。

①红细胞的变化。贫血时，除了红细胞数量与血红蛋白含量减少外，外周血液中的红细胞还会发生的变化主要有以下几种。

红细胞体积改变：或大于或小于正常红细胞，前者称为大红细胞，后者称为小红细胞。

红细胞形状改变（异形红细胞）：红细胞呈椭圆形、梨形、哑铃形、半月形和桑葚形等。

网织红细胞：对正常血液做活体染色时，可见其中含有少量（0.5%～1%）嗜碱性小颗粒或纤维网样的幼稚型红细胞，称为网织红细胞。在贫血时，网织红细胞增多，这是红细胞再生过程增强的表现。

有核红细胞：红细胞中出现浓染的胞核，其大小与正常红细胞相仿或稍大，此种红细胞称为晚幼红细胞（即未成熟的红细胞）。这些细胞在血液中出现，也是造血过程加强的标志。在一些重症贫血时，血液内出现胚胎期造血所特有的原巨红细胞，这种细胞体积异常巨大，含有大而淡染的核，表示造血过程返回到胚胎期的类型。

红细胞染色特性改变：包括染色不均和多染。前者表现为含血红蛋白多的红细胞着色深，而含血红蛋白少的红细胞染色变淡，且多呈环形。后者表现为细胞浆一部分或全部变为嗜碱性，呈淡蓝色着染。这是一种未成熟的红细胞，见于骨髓造血机能亢进时。

②骨髓的变化。主要变化是红骨髓增殖，有核红细胞生成增多。需要指出的是骨髓中红细胞的含量和外周血液的红细胞量之间是不存在直接比例关系的。因此，在判断骨髓的红细胞生成机能时，不能只根据骨髓中有核红细胞的数量，而应当将骨髓象和外周血液的血液象与血红蛋白的材料进行对比研究，这样才能得出正确结论。

③其他组织器官的变化。死于贫血的动物，由于红细胞及血红蛋白减少，故其血液稀薄，皮肤和黏膜苍白，组织、器官呈现其固有的色彩。长期贫血时，组织、器官因缺氧而发生变性，而血管的变性还可导致浆膜和黏膜出血。

（2）代谢变化。

①血液性缺氧。在血液中氧主要是以氧合血红蛋白的形式存在，贫血时血液中红细胞数及血红蛋白浓度降低，血液携氧能力降低，引起血液性缺氧。贫血时，需氧量较高的组织（如心脏、中枢神经系统和骨骼肌等）受到的影响较明显。

②胆红素代谢。出现溶血性贫血时，单核巨噬细胞系统非酯型胆红素产量增

多，一旦超过肝脏形成酯型胆红素的代偿能力，可形成非酯型胆红素升高为主的溶血性黄疸。

③机能变化。贫血时所引起的各系统机能变化，视贫血的原因、程度、持续的时间以及机体的适应力等因素而表现出不同症状。

循环系统：贫血时由于红细胞和（或）血红蛋白减少，导致机体缺氧与物质代谢障碍。在早期可出现代偿性心跳加强加快，以增加每分钟内的心输出量。因血流加速，通过单位时间的供氧增多，就能代偿红细胞减少所造成的缺氧，但到后期由于心脏负荷加重，心肌缺氧而致心肌营养不良，则可诱发心脏肌原性扩张和相对性瓣膜闭锁不全，而导致血液循环障碍。

呼吸系统：贫血时由于缺氧和氧化不全的酸性代谢产物蓄积，刺激呼吸中枢使呼吸加快，患畜轻度运动后，便发生呼吸急促；同时，组织呼吸酶的活性增强，从而增加了组织对氧的摄取能力。

消化系统：动物表现食欲减退，胃肠分泌与运动机能减弱，消化吸收发生障碍，故临诊上往往呈现消瘦、消化不良、便秘或腹泻等症状。这些变化反过来又可加重贫血的发展。

神经系统：贫血时，中枢神经系统的兴奋性降低，以减少脑组织对能量的消耗，增高对缺氧的耐受力，因此，具有保护性意义。严重贫血或贫血时间较长时，由于脑的能量供给减少，神经系统机能减弱，对各系统机能的调节能力降低，患病动物表现精神沉郁，生产性能下降，抵抗力减弱，重者昏迷。

骨髓造血机能：贫血时，由于缺氧可促使肾脏产生促红细胞生成素，致使骨髓造血机能增强。但应注意再生障碍性贫血除外。

16. 什么叫水肿？水肿有哪些表现？

过多的液体在组织间隙或体腔中积聚称为水肿。细胞内液增多也称为"细胞水肿"，但水肿通常是指组织间液的过量而言。水肿不是一种单独的疾病，而是多种疾病的一种共同病理过程。液体积聚于体腔内，一般称为积水，如心包积水、胸膜腔积水（胸水）和腹腔积水（腹水）等。

根据水肿发生的部位可分全身水肿和局部水肿2种。前者分布于全身，如心性水肿、肾性水肿、肝性水肿和营养不良性水肿等；后者发生于局部，如皮下水肿、脑水肿、肺水肿、淋巴水肿、炎性水肿和血管神经性水肿等。

根据水肿的外观是否明显可分隐性水肿和显性水肿。隐性水肿的特点是外观无明显的临床表现，只是体重有所增加；显性水肿的特点是局部肿胀，皮肤紧张度增加，按之呈凹陷，稍后可复原（亦称"凹陷性水肿"）。

水肿液主要是指组织间隙中能自由移动的水，它不包括组织间隙中被高分子物质（如透明质酸、胶原及黏多糖等）吸附的水。

水肿液的成分除含有蛋白质外，其余与血浆相同。水肿液的蛋白质含量主要取决于毛细血管壁的通透性，此外还与淋巴的引流有关。血管壁通透性增高所致的水肿，它的蛋白质含量比其他原因引起的水肿液高。水肿液的比重取决于蛋白质的含量。通常把比重低于 1.012 的水肿液称为"漏出液"，而高于 1.012 的水肿液称为"渗出液"，但因淋巴回流受阻所致的水肿液，其蛋白质含量也较高。

家畜的水肿多发生于组织疏松部位和体位较低的部位（重力的影响），如垂肉、下颌间隙、颈下、胸下、腹下和阴囊等部位。水肿的表现如下。

（1）皮下水肿。皮下水肿是全身或躯体局部水肿的重要体征。皮下组织结构疏松，是水肿液容易聚集之处。当皮下组织有过多体液积聚时，皮肤肿胀、皱纹变浅、平滑而松软。如果手指按压后留下凹陷，表明有显性水肿。实际上，在显性水肿出现之前，组织液就已增多，但不易觉察，称为隐形水肿。这主要是因为分布在组织间隙中的胶体网状物对液体有强大的吸附能力和膨胀性。只有当液体的积聚超过胶体网状物的吸附能力时，才形成游离水肿液。当液体积聚到一定量时，用手指按压时游离的液体向周围散开，形成凹陷，数秒后凹陷自然平复。

（2）全身性水肿。全身性水肿由于发病原因和发病机制的不同，其水肿液分布的部位、出现的早晚、显露的程度也各有特点，如肾性水肿首先出现在面部，尤其以眼睑最为明显；由心衰竭所致全身性水肿，则首先发生于四肢的下部；肝性水肿则以腹水最为显著。这些分布特点与下列因素有关。

①组织结构特点。组织结构的致密度和伸展性，影响水肿液的积聚和水肿出现的早晚。例如，眼睑皮下组织较为疏松，皮肤伸展性大，容易容纳水肿液，出现较早；而组织致密度大、伸展性小的手指和足趾掌侧不易容纳水肿液，故水肿也不易显露和被发现。

②重力效应。毛细血管流体静压受重力影响，距心脏水平面向下垂直距离越远的部位，外周静脉压和毛细血管流体静压越高。因此，右心衰竭时体静脉回流障碍，首先表现为下垂部位的静脉压升高与水肿。

③局部血液动力因素。当某一特定的原因造成某一局部或器官的毛细血管流体静压明显升高，超过了重力效应的作用，水肿液即可在该部位或器官积聚，水肿可比低垂部位出现更早且显著，如肝性腹水的形成就是这个原因。

17. 什么叫萎缩？病理性萎缩有什么表现？

萎缩是指已经发育成熟的组织、器官，其体积缩小及功能减退的过程。萎缩发生的基础是组成该器官的实质细胞体积变小或数量减少。

萎缩有生理性萎缩和病理性萎缩之分。生理性萎缩是指动物随着年龄的增长，某些组织或器官的生理功能自然减退和代谢过程逐渐降低而发生的一种萎缩，也称为退化。例如，动物的胸腺、乳腺、卵巢、睾丸以及禽类的法氏囊等器官，当动物生长到一定年龄后，即开始发生萎缩，因与年龄增长有关，故又称为年龄性萎缩。而病理性萎缩是指组织或器官在致病因素的作用下所发生的萎缩。它与机体的年龄、生理代谢无直接关系。临床诊断过程中，根据原因和萎缩波及的范围，病理性萎缩可分为全身性萎缩和局部性萎缩2种。

（1）全身性萎缩。是在某些致病因子作用下，机体发生全身性物质代谢障碍所致。见于长期营养不良、维生素缺乏和某些慢性消化道疾病所致营养物质吸收障碍（营养不良性萎缩）、长期饲料不足（不全饥饿）和消化道梗阻（饥饿性萎缩）、严重的消耗性疾病（如恶性肿瘤、鼻疽、结核、伪结核、寄生虫病及造血器官疾病等）。

全身性萎缩时，不同的器官组织其萎缩发生的先后顺序及其程度是不同的。脂肪组织的萎缩发生最早、最明显，其次是肌肉、脾脏、肝脏和肾脏等器官，心肌和脑的萎缩发生最晚。由此可见，萎缩发生的顺序具有一定的代偿适应意义。

眼观，皮下、腹膜下、网膜和肠系膜等处的脂肪完全消失，心脏冠状沟和肾脏周围的脂肪组织变成灰白色或淡灰色透明胶冻样，因此，又称为脂肪胶样萎缩。实质器官（如肝脏、脾脏、肾脏等）体积缩小，重量减轻，颜色变深，质地坚实，被膜增厚、皱缩。除压迫性萎缩形态发生改变外，萎缩的器官组织仍保持其固有形态，仅见体积成比例缩小。胃肠等管腔器官发生萎缩时向外扩张，内腔扩大，壁变薄甚至呈半透明状，易撕裂。镜下，萎缩器官的实质细胞体积缩小、数量减少，胞浆致密浓染，胞核皱缩深染，间质常见结缔组织增生。在心肌纤维，肝细胞胞浆内常出现脂褐素，量多时器官呈褐色，称褐色萎缩。

（2）局部性萎缩。是指在某些局部性因素影响下发生的局部组织和器官的萎缩，常见的有以下3种类型。

①废用性萎缩。是由于器官发生功能障碍，而长期停止活动所致，如某肢体因骨折或关节性疾病长期不能活动或限制活动，其结果引起相关肌肉和关节软骨发生萎缩。在器官功能减退的情况下，相应器官的神经感受器得不到应有的刺激，向心冲动减弱或中止，离心性营养性冲动也随之减弱。这样导致局部血液供应不足和物质代谢降低，尤其是合成代谢降低，引起营养障碍而发生萎缩。

②压迫性萎缩。是由于器官或组织受到缓慢的机械性压迫而引起的萎缩，比较常见。其发生机制一方面是由于外力压迫对组织的直接作用，另一方面受压迫的组织器官由于血液循环障碍，局部组织营养供应不足，导致组织的功能代谢障碍，也是引起局部组织萎缩的重要原因。压迫性萎缩常见于输尿管阻塞造成排尿困难时，肾盂和肾盏积水扩张进而压迫肾实质引起萎缩；肝瘀血时，由于肝窦扩张压迫周围肝细胞索，可造成肝细胞萎缩；受肿瘤、寄生虫包囊（如囊尾蚴、棘球蚴等）等压迫的器官和组织也可发生萎缩。

③神经性萎缩。中枢或外周神经发炎或受损伤时，功能发生障碍，受其支配

的器官或组织因神经营养调节丧失而发生的萎缩。例如，鸡的马立克氏病，当肿瘤侵害坐骨神经和臂神经时，可以引起相应部位的肢体瘫痪和肌肉萎缩。

局部性萎缩的病理变化与全身性萎缩时的相应器官或组织的病理变化相同（除压迫性萎缩外）。萎缩是可复性的过程，程度不严重时，病因消除后，萎缩的器官、组织或细胞仍可逐渐恢复原状。但若病因不能及时消除，病变继续进展，则萎缩的细胞最终可能消失。

萎缩对机体的影响随萎缩发生的部位、范围及严重程度不同而异。从萎缩的本质来看，它是机体对环境条件改变的一种适应性反应。当由于工作负担减轻、营养不足或缺乏正常刺激时，细胞的体积缩小或数量减少，物质代谢降低，这有利于在不良环境条件下维持其生命活动。这是萎缩积极的一面。另外，由于组织细胞萎缩变小，机能活动降低，可对机体产生不利的影响，全身性萎缩时各组织器官的机能均下降。严重时，免疫系统也同时萎缩，机体长期处于免疫抑制状态而对病原抵抗力下降甚至丧失，如果得不到及时纠正，将随着病程的发展而不断恶化，导致机体衰竭，最后常因并发其他疾病而死亡。

局部性萎缩，如果程度较轻微，一般可由周围健康组织的机能代偿，因而不会产生明显的影响。但若萎缩发生在生命重要器官或萎缩程度严重时，可引起严重的机能障碍。

18. 什么叫坏死？坏死都有哪些表现？

坏死是指活体内局部组织、细胞的病理性死亡。坏死组织、细胞的物质代谢停止，功能丧失，出现一系列形态学改变，是一种不可逆的病理变化。坏死除少数是由强烈致病因子（如强酸、强碱）作用而造成组织的立即死亡之外，大多数坏死由轻度变性逐渐发展而来，是一个由量变到质变的渐进过程，故称为渐进性坏死。这就决定了变性与坏死的不可分割性，在病理组织检查时，往往发现两者同时存在。在渐进性坏死期间，只要坏死尚未发生而病因被消除，则组织、细胞的损伤仍可能恢复（可复性损伤）。一旦组织、细胞的损伤严重，代谢停止，出现坏死的形态学特征时，则损伤不可能恢复（不可复性损伤）。

根据坏死组织的病变特点和机制，坏死可分为以下3种类型。

（1）凝固性坏死。坏死组织由于水分减少和蛋白质凝固而变成灰白或黄白、干燥无光泽的凝固状，称为凝固性坏死。眼观，凝固性坏死组织肿胀，质地坚实干燥而无光泽，坏死区界限清晰，呈灰白或黄白色，周围常有暗红色的充血和出血。镜下，坏死组织仍保持原来的结构轮廓，但实质细胞的精细结构已消失，胞核完全崩解消失，或有部分核碎片残留，胞浆崩解融合为一片淡红色均质无结构的颗粒状物质。凝固性坏死常见有以下3种形式。

①贫血性梗死。常见于肾脏、心脏、脾脏等器官，坏死区灰白色、干燥、早

期肿胀、稍突出于脏器的表面，切面坏死区呈楔形，周界清楚。

②干酪样坏死。见于结核杆菌和鼻疽杆菌等引起的感染性炎症。干酪样坏死灶局部除了凝固的蛋白质外，还含有大量的由结核杆菌产生的脂类物质，使坏死灶外观呈灰白色或黄白色，松软无结构，似干酪（奶酪）样或豆腐渣样，故称为干酪样坏死。镜下，坏死组织的固有结构完全被破坏而消失，融合成均质、红染的无定形结构，病程较长时，坏死灶内可见有蓝染的颗粒状的钙盐沉着。

③蜡样坏死。指发生于肌肉组织的凝固性坏死。见于动物的白肌病等，眼观肌肉肿胀、浑浊、无光泽，干燥坚实，呈灰红或灰白色，如蜡样，故名蜡样坏死。

（2）液化性坏死。指坏死组织因蛋白水解酶的作用而分解变为液态，常见于富含水分和脂质的组织（如脑组织）或蛋白分解酶丰富（如胰腺）的组织。脑组织中蛋白含量较少，水分与磷脂类物质含量多，而磷脂对凝固酶有一定的抑制作用，所以脑组织坏死后会很快液化，呈半流体状，故称脑软化。在脑组织，严重的、大的液化性坏死灶肉眼可见呈空洞状，而轻度的小的液化性坏死灶只有在显微镜下才能看到。镜下，可见发生于脑灰质的液化性坏死灶局部神经细胞、胶质细胞和神经纤维消失，只见少量核碎屑，呈微细网孔或筛网状结构。发生于脑白质的液化性坏死灶可见神经纤维脱髓鞘。例如，马霉玉米中毒引起的大脑软化、鸡硒-维生素E缺乏时引起的小脑软化均属于液化性坏死。在化脓性炎灶或脓肿局部，由于大量中性粒细胞的渗出、崩解，释放出大量蛋白质水解酶，使坏死组织溶解液化。胰腺坏死则由于大量胰蛋白酶的释出，溶解坏死胰组织而形成液化性坏死。

（3）坏疽。指组织坏死后继发有腐败菌感染和外界因素的影响而发生的一类变化。由于血红蛋白分解产生的铁与组织蛋白分解产生的硫化氢结合成硫化铁，使坏死组织呈黑色。坏疽可分为以下3种类型。

①干性坏疽。常见于缺血性坏死、冻伤等，多继发于肢体、耳壳、尾尖等水分容易蒸发的体表部位。坏疽组织干燥、皱缩、质硬、呈灰黑色，腐败菌感染一般较轻，坏疽区与周围健康组织间有一条较为明显的炎性反应带，所以边界清楚。最后坏疽部分可完全从正常组织分离脱落。例如，慢性猪丹毒，颈部、背部直至尾根部常发生的皮肤坏死；牛慢性锥虫病的耳、尾、四肢下部和球节的皮肤坏死；皮肤冻伤形成的坏死，都是典型的干性坏疽。

②湿性坏疽。多发生于与外界相通的内脏（肠、子宫、肺脏等），也可见于动脉受阻同时伴有瘀血水肿的体表组织。由于坏死组织含水分较多，故腐败菌感染严重，使局部肿胀，呈黑色或暗绿色。由于病变发展较快，炎症比较弥漫，故坏死组织与健康组织间无明显的分界线，如牛、马的肠变位，马的异物性肺炎及母牛产后坏疽性子宫内膜炎等。坏死组织经腐败分解可产生吲哚、粪臭素等，故

有恶臭。同时组织坏死腐败所产生的毒性产物及细菌毒素被吸收后，可引起全身中毒症状（毒血症），威胁生命。

③气性坏疽。常发生于较深的开放性创伤（如阉割、戳伤等）合并产气荚膜杆菌等厌氧菌感染时，细菌分解坏死组织时产生大量气体（硫化氢、二氧化碳、氮气），使坏死组织内含气泡呈蜂窝样和污秽的棕黑色，用手按之有"捻发"音，如牛气肿疽时常见身体后部的骨骼肌发生气性坏疽。由于气性坏疽病变可迅速向周围和深部组织发展，产生大量有毒分解产物，可致机体迅速自体中毒而死亡。

19. 猪尸体剖检应注意什么问题？

（1）剖检场地。为方便消毒和防止病原体扩散，剖检最好在室内进行。若因条件所限需在室外剖检时，应选择距猪舍、道路和水源较远，地势高的地方剖检。在剖检前先挖2米左右的深坑（或利用废土坑），坑内撒一些石灰。坑旁铺上垫草或塑料布，将尸体放在上面剖检。剖检结束后，把尸体及其污染物掩埋在坑内，并做好消毒工作，防止病原体扩散。

（2）剖检的器械及药品。剖检常用的器械有剥皮刀、解剖刀、大小手术剪、镊子、骨锯、凿子、斧子、量尺、量杯、天平、搪瓷盘、桶、酒精灯、注射器、载玻片、广口瓶、工作服、胶手套、胶靴等。常用的消毒药有3%来苏尔、0.1%新洁尔灭、百毒杀及含氯消毒剂等。固定液有10%福尔马林溶液、95%酒精。

（3）剖检注意事项。

①剖检对象的选择。剖检猪最好选择临床症状比较典型的病猪或病死猪。有的病猪，特别是最急性死亡的病例，特征性病变尚未出现。因此，为了全面、客观、准确了解病理变化，可多选择几头疫病流行期间不同时期出现的病死猪进行解剖检查。

②剖检时间。剖检应在病猪死后尽早进行，死后时间过长（夏季超过12个小时）的尸体，因发生自溶和腐败而难判断原有病变，失去剖检意义。剖检最好在白天进行，因为灯光下很难把握病变组织的颜色（如黄疸、变性等）。

③正确认识尸体变化。动物死后，受体内存在的酶和细菌的作用，以及外界环境的影响，逐渐发生一系列的死后变化。其中，包括尸冷、尸僵、尸斑、血液凝固、溶血、尸体自溶与腐败等。正确地辨认尸体的变化，可以避免把某些死后变化误认为生前的病理变化。

④剖检人员的防护。剖检人员，特别是剖检人畜共患传染病猪尸体时，应穿工作服、戴胶皮手套和线手套、工作帽，必要时还要戴上口罩或眼镜，以预防感染。剖检中皮肤被损伤时，应立即消毒伤口并包扎。

剖检后，双手用肥皂洗涤，再用消毒液浸泡、冲洗。为除去腐败臭味，可先用0.2%高锰酸钾溶液浸洗，再用2%～3%草酸溶液洗涤褪色，再用清水清洗。

⑤尸体消毒和处理。剖检前应在尸体体表喷洒消毒液，如怀疑患炭疽时，取颌下淋巴结涂片染色检查，确诊患炭疽的尸体禁止剖检。死于传染病的尸体，可采用深埋或焚烧。搬运尸体的工具及尸体污染场地也应认真清理消毒。

⑥注意综合分析诊断。有些疾病特征性病变明显，通过剖检可以确诊，但大多数疾病缺乏特征病变。另外，原发病的病变常受混合感染、继发感染、药物治疗等诸多因素的影响。在尸体剖检时应正确认识剖检诊断的局限性，结合流行病学、临床症状、病理组织学变化、血清学检验及病原分离鉴定，综合分析诊断。

⑦做好剖检记录，写出剖检报告。尸体剖检记录是尸体剖检报告的重要依据，也是进行综合分析诊断的原始资料。记录的内容要力求完整、详细，能如实地反映尸体的各种病理变化。记录应在剖检当时进行，按剖检顺序记录。记录病变时要客观地描述病变，对无眼观变化的器官，不能记录为"正常"或"无变化"，可用"无眼观可见变化"或"未发现异常"来叙述。

⑧尸体剖检报告内容。其中病理解剖学诊断是根据剖检发现的病理变化和它们的相互关系，以及其他诊断检查所提供的材料，经过详细地分析而得出的结论。结论是对疾病的诊断或疑似诊断。

20. 猪尸体剖检的顺序及检查内容是什么？

（1）体表检查。在进行尸体解剖前，先仔细了解死猪的生前情况，尤其是比较明显的临床症状，以缩小对所患疾病的考虑范围，使剖检有一定导向性。体表检查首先注意品种、性别、年龄、毛色、体重及营养状况，然后再进行死后征象、天然孔、皮肤和体表淋巴结的检查。

①死后征象。猪死后会发生尸冷、尸僵、尸斑、腐败等现象。根据这些现象可以大致判定猪死亡的时间、死亡时的体位等。

尸冷：尸体温度逐渐与外界温度一致，其时间长短与外界的气温、尸体大小、营养状况、疾病种类有关，一般需要 1～24 小时。因破伤风而死的，其尸体的体温有短时间的上升，可达 42℃ 以上。

尸僵：尸僵发生在死亡后 1～4 小时，由头、颈部开始，逐渐扩散到四肢和躯干。经 10～15 小时，尸僵又逐渐地消失。凡高温、急死或死前挣扎的病猪，尸僵发生较快；而寒冷、消瘦的病猪，尸僵较迟缓。

尸斑：尸体剥皮后，常在死亡时着地的一侧皮下呈暗红色，指压红色消失。

腐败：尸体腐败时腹部膨大，肛门突出，有恶臭气味，组织呈暗红色或污绿色。脏器膨大、脆弱，胃肠中充满气体。

②天然孔。注意检查口、鼻、眼、耳、肛门、生殖器等有无出血现象，有无分泌物、渗出物和排泄物，以及可视黏膜的色泽，有无出血、水疱、溃疡、结节、假膜等病变。

③皮肤。注意检查皮肤的色泽变化，有无充血、出血、创伤、炎症、溃疡、结节、脓疱、肿瘤、水肿等病变，有无寄生虫和粪便黏着等变化。

④体表淋巴结。注意有无肿大、硬结。

（2）**内部检查**。猪的剖检一般采用背位姿势。为了使尸体保持背位，需切断四肢内侧的所有肌肉和髋关节的圆韧带，使四肢平摊在地上，借以抵住躯体，保持不倒。然后再从颈、胸、腹的正中切开皮肤，腹侧剥皮。如果是大猪，又不是传染病死亡，皮肤可以加工利用时，建议仍按常规方法剥皮，然后再切断四肢内侧肌肉，使尸体保持背位。

①皮下检查。主要注意皮下有无充血、炎症、出血、淤血、水肿（多呈胶冻样）等病变。

②腹腔及腹腔脏器的检查。从剑状软骨后方白线由前向后切开腹壁至耻骨前缘，观察腹腔中有无渗出物及其颜色、性状和数量；腹膜及腹腔器官浆膜是否光滑，肠壁有无粘连，再沿肋骨弓将腹壁两侧切开，使腹腔器官全部暴露。

脾脏：脾脏摘出后，检查脾门部血管和淋巴结，观察其大小、形态和色泽。包膜的紧张度，有无肥厚、梗死、脓肿及瘢痕形成。用手触摸脾的质地（坚硬、柔软、脆弱），然后做一两个纵切，检查脾髓、滤泡和脾小梁的状态，有无结节、坏死、梗死和脓肿等。以刀背刮切面，检查脾髓的质地。患败血症的脾脏，常显著肿大，包膜紧张，质地柔软，暗红色，切面突出，结构模糊，往往流出多量煤焦油样血液。脾脏瘀血时，脾也显著肿大变软，切面有暗红色血液流出。患增生性脾炎时脾稍肿大，质地较实，滤泡常显著增生，其轮廓显明。萎缩的脾脏，包膜肥厚皱缩，脾小梁纹理粗大而明显。

肝脏：先检查肝门部的动脉、静脉、胆管和淋巴结，然后检查肝脏的形态、大小、色泽、包膜性状，有无出血、结节、坏死等，最后切开肝组织，观察切面的色泽、质地和含血量等情况，切面是否隆突，肝小叶结构是否清晰，有无脓肿、寄生虫性结节和坏死等。同时应注意胆囊的大小，胆汁的性状、量以及黏膜的变化。

肾脏：检查肾脏的形态、大小、色泽和韧度。注意包膜的状态，是否光滑透明和容易剥离。包膜剥离后，检查肾表面的色泽，有无出血、充血、瘢痕、梗死等病变。然后沿肾脏的外侧面向肾门部将肾脏纵切为相等的两半，检查皮质和髓质的厚度、色泽、交界部血管状态和组织结构纹理。最后检查肾盂，注意其容积，有无积尿、积脓、结石等，以及黏膜的性状。

胃：先观察胃的大小，浆膜色泽，胃壁有无破裂和穿孔等，然后由贲门沿大弯至幽门剪开，检查胃内容物的数量、性状、气味、色泽、成分、寄生虫等。最后检查胃黏膜的色泽，注意有无水肿、出血、充血、溃疡、肥厚等病变。

肠：从十二指肠、空肠、大肠、直肠分段进行检查。先检查肠系膜、淋巴结有无肿大、出血等，再检查肠管浆膜的色泽，有无粘连、肿瘤、寄生虫结节等。最后剪开肠管，检查肠内容物数量、性状、气味，有无血液、异物、寄生虫等。除去肠内容物，检查肠黏膜的性状，注意有无肿胀、发炎、充血、出血、寄生虫和其他病变。

③胸腔及其胸腔脏器的检查。用刀先分离胸壁两侧表面的脂肪和肌肉，检查胸腔的压力，用力切断两侧肋骨与软骨的接合部，再切断其他软组织，胸腔即可露出。检查胸腔、心包腔有无积液及其性状，胸膜是否光滑，有无粘连。分离咽、喉头、气管、食道周围的肌肉和结缔组织，将喉头、气管、食道、心和肺一同采出。

肺脏：首先注意其大小、色泽、重量、质地、弹性，有无病灶及表面附着物等；然后用剪刀将支气管剪开，注意检查支气管黏膜的色泽、表面附着物的数量、黏稠度，最后将整个肺脏纵横切数刀，观察切面有无病变，切面流出物的数量、色泽变化等。

心脏：先检查心脏纵沟、冠状沟的脂肪量和性状，有无出血。然后检查心脏的外形大小、色泽及心外膜的性状。最后切开心脏检查心腔。方法是沿左纵沟左侧切口，切至肺动脉起始部；沿左纵沟右侧切口，切至主动脉起始部；然后将心脏反转过来，沿右纵沟左右两侧做平行切口，切至心尖部与左侧切口相连接；切口再通过房室口至左心房及右心房。经过上述切线，心脏全部剖开。

检查心脏时，注意检查心脏内血液的含量及性状。检查心内膜的色泽、光滑度、有无出血，各个瓣膜、腱索是否肥厚，有无血栓形成和组织增生或缺损等病变。对心肌的检查，注意各部心肌的厚度、色泽、质地，有无出血、瘢痕、变性和坏死等。

④骨盆腔脏器的检查。检查膀胱的外部形态，然后剪开膀胱检查尿量、色泽和膀胱黏膜的变化，注意有无血尿、脓尿、黏膜出血等。公猪、母猪应检查生殖器官。检查睾丸和附睾的外形大小、质地和色泽，观察切面有无充血、出血、瘢痕、结节、化脓和坏死等。

检查卵巢和输卵管时，先注意卵巢外形、大小，卵泡的数量、色泽，有无充血、出血、坏死等病变。观察输卵管浆膜面有无粘连，有无膨大、狭窄、囊肿；然后剪开，注意腔内有无异物或黏液、水肿液，黏膜有无肿胀、出血等病变；检查阴道和子宫时，除观察子宫大小及外部病变外，还要用剪子依次剪开阴道、子宫颈、子宫体，直至左右两侧子宫角，检查内容物的性状及黏膜的病变。

⑤头颈部。检查口腔黏膜、舌、扁桃体、气管、食道、淋巴结等，注意舌上有无水疱、烂斑、增生物，扁桃体有无溃疡等变化，喉头有无出血等。检查脑时注意脑膜有无充血、出血、炎症等。另外，要特别注意颌下淋巴结、颈浅淋巴结，观察其大小、颜色、硬度，与其周围组织的关系及切面变化。

21. 怎样进行解剖病理学观察？

尸体解剖和病理检验一般同时进行，一边解剖一边检验，以便观察到新鲜的病理变化。对实质脏器如肝、脾、肾、心、肺、胰、淋巴结等的检验，应先观察器官的大小、颜色、光滑度及硬度，有无肿胀、结节、坏死、变性、出血、充血、瘀血等，然后切成数段，观察切面的病理变化。胃肠一般放在最后检验，先看浆膜的变化，然后剪开胃和肠管，观察胃肠黏膜的病变及胃肠内容物的变化。气管、膀胱、胆囊的检查方法与胃肠相同。脑和骨只在必要时进行检验。在肉眼观察的同时，应采取小块病变组织（2～3厘米^3）放入盛有10%福尔马林液的广口瓶固定，以便进行病理组织学检查。

22. 怎样进行组织病理学观察？

有些疾病除了通过病理剖检眼观特征性病理变化外，还需做组织病理学检查以进一步对病性进行确定。组织病理学技术广泛应用于动物和人类疾病的研究与诊断。它是在眼观检查的基础之上，采取病变组织，制作石蜡切片或冰冻切片，之后通过不同方法染色，然后在光学显微镜下观察病变组织的微观变化，以此作出组织病理学诊断或从微观水平认识疾病的本质。最常用的染色方法是苏木精－伊红（H·E）染色。有时也根据需要可以做特殊染色，来了解一些细胞、病理产物和化学成分等的情况。

（1）**细胞损伤常见的超微结构变化**。细胞损伤的超微结构变化主要包括：细胞膜、膜特化结构（细胞外衣、纤毛、微绒毛细胞间连接）、线粒体、内质网、高尔基复合体、溶酶体和细胞质包含物以及细胞核的形态和数目的变化。

（2）**变性**。变性是指细胞或间质内出现异常物质或正常物质的数量显著增多，并伴有不同程度的功能障碍。有时细胞内某种物质的增多属生理性适应的表现而非病理性改变，对这两种情况应注意区别。变性可分为细胞变性和细胞间质的变性，常见的细胞变性有细胞肿胀、脂肪变性及玻璃样变性等；细胞间质的变性有黏液样变性、玻璃样变性、淀粉样变性等。一般而言，细胞内变性是可复性改变，当病因消除后，变性细胞的结构和功能仍可恢复，而细胞间质变性往往是不可复性变化，严重时发展为坏死。

（3）**坏死**。细胞坏死的主要标志是细胞核的变化，可表现为核浓缩、核碎裂、核溶解。

一般来说，细胞坏死时，胞浆首先发生变化，胞浆内的蛋白质发生凝固或崩解，呈颗粒状。最后，细胞膜破裂，整个细胞轮廓消失。细胞完全坏死后，胞浆、胞核全部崩解，组织结构完全消失，镜下形成一片模糊的、颗粒状的、无结构的红染物质。

（4）**病理性物质沉着**。病理性物质沉着包括糖原沉着、免疫复合物沉着、病理性钙化、尿酸盐沉着和病理性色素沉着。

23. 怎样进行病料的采集、保存？

病料送检方法应依传染病的种类和送检目的的不同而有所区别。

（1）**病料采取**。合理取材是实验室检查能否成功的重要条件之一。第一，怀疑某种传染病时，则采取该病常侵害的部位。第二，找不出怀疑对象时，则采取全身各器官组织。第三，败血性传染病，如猪瘟、猪丹毒等，应采取心、肝、脾、肺、肾、淋巴结及胃肠等组织。第四，专嗜性传染病或以侵害某种器官为主的传染病，则采取该病侵害的主要器官组织，如狂犬病采取脑和脊髓，猪气喘病采取肺的病变部，呈现流产的传染病则采取胎儿和胎衣。第五，检查血清抗体时，则采取血液，待凝固析出血清后，分离血清，装入灭菌小瓶送检。

（2）**病料保存**。欲使实验室检查得出正确结果，除病料采取要适当外，还需使病料保持新鲜或接近新鲜的状态。如病料不能立即进行检验，或须寄送到外地检验时，应加入适量的保存剂。

①细菌检验材料的保存。将采取的组织块，保存于饱和盐水或30%甘油缓冲液中，容器加塞封固。饱和盐水的配制：蒸馏水100毫升，加入氯化钠38～39克，充分搅拌溶解后，用数层纱布滤过，高压灭菌后备用。30%甘油缓冲溶液的配制：纯净甘油30毫升，氯化钠500毫克，碱性磷酸钠（磷酸氢二钠）1 000毫克，蒸馏水加至100毫升，混合后高压灭菌备用。

②病毒检验材料的保存。将采取的组织块保存于50%甘油生理盐水或鸡蛋生理盐水中，容器加塞固定。

50%甘油生理盐水的配制：氯化钠8.5克，蒸馏水500毫升，中性甘油500毫升，混合后分装，高压灭菌备用。

鸡蛋生理盐水的配制：先将新鲜鸡蛋的表面用碘酊消毒，然后打开，将内容物倾入灭菌的容器内，按全蛋9份加入灭菌生理盐水1份，摇匀后用纱布滤过，然后加热56～58℃持续30分钟，第2日和第3日各按上法加热1次，冷却后即可使用。

③病理组织学检验材料的保存。将采取的组织块放入10%的福尔马林溶液或95%酒精中固定，固定液的用量须为标本体积的5～6倍，如用10%福尔马林固定，应在24小时后换新鲜溶液1次。严寒季节为防组织块冻结，在送检时可将上述固定好的组织块取出，保存于甘油和10%福尔马林等量混合液中。

24. 病料送检应注意哪些问题？

（1）**病料的记录和送检单**。病料应在容器上编号，并详细记录，附有送检单。

（2）**病料包装**。要安全稳妥。对于危险材料、怕热或怕冻的材料，应分别采取措施。一般说来，微生物学检验材料都怕受热。病理检验材料都怕冻。

（3）**病料运送**。病料装箱后，应尽快送到检验单位，短途可派专人送检，远途可以空运。

（4）**注意事项**。

①采取病料要及时，应在死后立即进行，最好不超过 6 小时。如拖延过久（特别是夏季），组织变性和腐败，不仅有碍于病原微生物的检出，也影响病理组织学检验的正确性。

②应选择症状和病变典型的病例，最好能同时选择几种不同病程的病料。

③取材动物应是未经抗菌或杀虫药物治疗的，否则会影响微生物和寄生虫的检出结果。

④剖检取材之前，应先对病情、病史加以了解和记录，并详细进行剖检前的检查。

⑤除病理组织学检验材料及胃肠等以外，其他病料均应以无菌操作采取。为了减少污染机会，一般先采取微生物学检验材料，然后再结合病理剖检，采取病理检验材料。

25. 细菌的一般分离培养方法有哪些？

（1）**平皿划线分离培养法**。

①用左手持平皿培养基，以食指为支点，并用拇指和无名指将平皿盖推开一空隙（不要开得过大，以免空气进入而污染培养基）。

②右手以执笔式持接种环，经酒精灯火焰灭菌，待冷却后，取被检材料，迅速将取有材料的接种环伸入平皿中，在培养基边缘轻轻涂布一下，然后将接种环上的剩余材料在火焰上烧去，再伸入接种环，与培养基约呈 40° 角，自涂布材料处开始，在培养基表面来回移动作曲线形划线接种。

③划线是以腕力使接种环在表面划动，尽量不要划破培养基。

④划线中不宜过多地重复旧线，以免形成菌苔。一般每次划线可将接种环火焰灼烧灭菌后从上一次划线引出下一次划线，这样易获得单个菌落。

⑤划线完毕，接种环经火焰灭菌后放好；在平皿底用记号笔作记号和日期，将平皿倒置于 37℃温箱培养，一般 24 小时后观察结果。

（2）**琼脂斜面划线分离培养法**。左手持斜面培养基试管，右手执接种环，在酒精灯火焰上灼烧灭菌，随即以右手无名指和小指拔去并夹持斜面试管棉塞或试管盖，将试管口在火焰上灭菌，以接种环蘸取被检材料，迅速伸进试管底部与冷凝水混合，并在培养基斜面上划曲线。划毕，塞好棉塞或盖好盖，接种环经火焰灭菌。将斜面培养基置 37℃温箱中培养 24 小时观察结果。

（3）加热分离培养法。此法专用来分离有芽孢或较耐热的细菌，其方法是先将要分离的材料接种于一管液体培养基中，然后将该液体培养基置于水浴锅中，加热到 80℃，维持 20 分钟，再进行培养。材料中若带有芽孢的细菌或其他耐热的细菌，仍可存活，而这种细菌的繁殖体则被杀灭；若材料中含有 2 种以上有芽孢或耐热的细菌时，只用此法得不到纯培养，仍须结合琼脂平板划线分离培养法。

（4）穿刺接种法。此法用于明胶、半固体、双糖等培养基。用接种针取菌落，由中央直刺培养基深处（稍离试管底部），然后将接种针拔出，在火焰上灭菌，培养基置 37℃温箱中培养。

（5）厌氧培养法。培养厌氧菌，需将培养环境或培养基中的氧气除去，常用的方法有生物学、化学及物理学 3 类。

①生物学方法。利用生物组织或需氧菌的呼吸作用消耗掉培养环境中的氧气以造成厌氧环境。常用的方法如下。

在培养基中加入生物组织：培养基中含有动物组织（新鲜无菌的小片组织或加热杀菌的肌肉、心、脑等）或植物组织（如马铃薯、燕麦、发芽谷物等），由于新鲜组织的呼吸作用及加热处理过程中的可氧化物质的氧化，可消耗掉培养基中的氧气。

共生法：将培养材料置密闭的容器中，在培养厌氧菌的同时，接种一些需氧菌（枯草杆菌）或让植物种子（如燕麦）发芽，利用它们将氧气耗掉，造成厌氧环境。

②化学方法。利用化学反应将环境或培养基内的氧气吸收造成厌氧环境。

③物理学方法。利用加热、密封、抽气等物理学方法驱除或隔绝环境中或培养基中的氧气，以形成厌氧状态，有利于厌氧菌的生长。

（6）二氧化碳培养法。

①烛缸法。取标本缸或玻璃干燥器一个，将已接种细菌的平皿或试管放在烛缸内。同时放入一小段点燃的蜡烛，缸上加盖封好，置 37℃温箱培养即可。缸内蜡烛一般于 1 分钟左右熄灭，消耗缸内的氧气，使二氧化碳的量为 3%～5%。注意蜡烛火焰不要太靠近缸壁和缸盖，以免玻璃被烧裂。

②化学法。将已接种细菌的培养基放在一个玻璃缸内，同时放一个盛有粗硫酸的小烧杯，迅速于杯中投入碳酸氢钠（每 1 000 毫升容积用 1∶10 粗硫酸 10 毫升及碳酸氢钠 0.4 克），发生反应后即产生一氧化碳（约 10%）。加好试剂后立即密闭缸盖，置 37℃环境培养。

为测定缸内二氧化碳浓度，可放入一支小试管，内盛 0.15 毫升碳酸钠溶液（每 100 毫升碳酸钠溶液中加有 0.5% 溴麝香草酚蓝 2 毫升）。在不同浓度二氧化

碳环境下，指示剂呈不同颜色，呈色反应约需 1 个小时。无二氧化碳呈蓝色；5%
二氧化碳呈蓝绿色；10% 二氧化碳呈绿色；15% 二氧化碳呈绿黄色；20% 二氧化
碳呈黄色。

26. 分离培养出的细菌怎样进行鉴定?

分离培养出的细菌，可以通过染色镜检和生化试验进一步鉴定。常用的染色
方法是革兰氏染色法，通过初染、媒染、脱色、复染、干燥和镜检等步骤确定细
菌的形态结构。革兰氏阳性细菌呈蓝紫色，革兰氏阴性细菌呈红色。不同微生物
在代谢类型上表现出很大的差异，比如表现在对大分子糖类和蛋白质的分解能力
以及分解代谢的最终产物的不同，反映出各菌属间具有不同的酶系和生理特性，
这些特性可被用作细菌鉴定和分类的依据。常用的生化试验：碳水化合物代谢试
验，蛋白质、氨基酸和含氮化合物试验，碳源与氮源利用试验和酶类试验等。

27. 常用药物敏感试验有哪些方法?

抗菌药物在猪病防控上已经得到了广泛的使用，但是对某种抗菌药物长期或
不合理地使用，可引起这些细菌产生耐药性。如果盲目地滥用抗菌药物，不仅造
成药物的浪费，同时，也贻误了治疗时机。药物敏感试验是一项药物体外抗菌作
用的测定技术，通过本试验，可选用最敏感的药物临床治疗，同时，也可根据这
一原理，测定抗菌药物的质量，以防伪劣假冒产品和过期失效药物进入猪场。常
用的药敏试验方法有纸片法、试管法、琼脂扩散法 3 种，现分别介绍如下。

（1）纸片法。各种抗菌药物的纸片，市场有售，是一种直径 6 毫米的圆形小
纸片，要注意密封保存，藏于阴暗干燥处，切勿受潮。注意有效期，一般不超过
6 个月。

①试验材料。经分离和鉴定后的纯培养菌株（例如大肠杆菌、链球菌等）、
营养肉汤、琼脂平皿、棉拭子、镊子、酒精灯、药敏纸片若干。

②试验步骤。将测定菌株接种到营养肉汤中，置 37℃条件下培养 12 小时，
取出备用；用无菌棉拭子蘸取上述菌液，均匀涂于琼脂平皿上；待培养基表面稍
干后，用无菌小镊子分别取所需的药敏纸片均匀地贴在培养基的表面，轻轻压
平，各纸片间应有一定的距离，并分别作上标记；将培养皿置 37℃温箱内培养
12 ～ 18 小时后，测量各种药敏纸片抑菌圈直径的大小（以毫米表示）。

（2）试管法。本法较纸片法复杂，但结果较准确、可靠。此法不仅能用于各
种抗菌药物对细菌的敏感性测定，也可用于定量检查。

①试验方法。取试管 10 支，排放在试管架上，于第 1 管中加入肉汤 1.9 毫
升，其余各管均各加 1 毫升。吸取配好的抗菌药物 0.1 毫升，加入第 1 管，混合
后吸取 1 毫升放入第 2 管，混合后再由第 2 管移 1 毫升到第 3 管，如此倍比稀释

到第9管，从中吸取1毫升弃掉，第10管不加药物作为对照。然后，各管加入幼龄试验菌0.05毫升（培养18小时的菌液，1:1 000稀释）置37℃温箱内培养18~24小时观察结果。必要时也可对每管取0.2毫升分别接种于培养基上，经12小时培养后计数菌落。

②结果判定。培养18个小时后，凡无菌生长的药物最高稀释管，即为该菌对药物的敏感度。若药物本身浑浊而肉眼不易观察的，可将各稀释度的细菌涂片镜检，或计数培养皿上的菌落。

（3）琼脂扩散法。本法是利用药物可以在琼脂培养基中扩散的原理，进行抗菌试验，其目的是测定药物的质量，初步判断药物抗菌作用的强弱，用于定性，方法较简便。

①试验材料。被测定的抗菌药物（例如，青霉素，选择不同厂家生产的几个品种，用以比较）、试验用的菌株（例如，链球菌）、营养肉场、营养琼脂平皿、棉拭子、微量吸管等。

②试验步骤。将试验细菌接种到营养肉汤中，置37℃温箱培养12小时，取出备用；用无菌棉拭子蘸取上述菌液均匀涂于营养琼脂平皿上；用各种方法将等量的被测药液（如同样的稀释度和数量），置于含菌的平板上，培养后，根据抑菌圈的大小，初步判定该药物抑菌作用的强弱。药物放置的方法有多种：第一，直接将药液滴在平板上；第二，用滤纸片蘸药液置于含菌的平板上；第三，在平板上打孔（用琼脂沉淀试验的打孔器），然后将药液滴入孔内；第四，先在无菌平板上划出一道沟，在沟内加入被检的药液，沟上方划线接种试验菌株。以上药物放置方法可根据具体条件选择使用。

28. 血清采样有什么要求？如何进行实验室检测？

对于价值较高的种猪，可以作为单独病例来处理。不过，在规模化猪场，猪病诊断一般是建立在群体感染率、发病率和死亡率等资料的判断与分析基础上。这就要求采集一定数量的样品进行实验室检测。根据调查的目的不同，采样方式与数量要求也有差异。按照最小样本统计的需要，一般需要检测30份血清，分析免疫状况和感染率，也可以根据群体大小确定采样的比例。一般免疫合格率达到85%以上，群体才可以获得保护力，合格率越高，群体保护力越好。在测定免疫抗体的合格率时，最好要同时测定野毒感染抗体和免疫抗体，以明确免疫抗体是否与感染抗体同时增加或两者无相关。如拟了解猪群中某种抗体的消长规律，最好在同一猪群中，固定一定数量的猪只，在间隔不同时间（如1个月，直到出售）连续采样30份用于检测，以分析抗体消长规律。在重大猪病暴发的紧急情况下，为了解感染率，可进行横断面调查（同时采集不同日龄阶段猪的样本），结果可作为参考。

由于混合感染变得日益普遍，为了确定在猪群发病中的主导病原，对送检的病猪有一定的要求。每次猪病检测需要 4～5 头病猪，从各组织中通过病原分离、PCR 检测，同时对血清进行检测，可以发现共同的病原；对血清型多的病原，更需要分 2～3 次送检样品，以尽可能分离所有的血清型病原菌。数量较少，甚至只单纯检测 1～2 头猪，参考意义不大。

29. 病原监测有什么临床意义？

通常，病原监测需要与有条件的实验室结合。通过病原分离、PCR 检测等工作，了解规模化猪场病原存在的种类、比例、数量以及变化规律，明确流行强度，对于制定疾病的预警机制十分有益；明确细菌种类、血清型分布以及耐药性高低，有助于指导猪群用药以及正确选择疫苗。明确流行疾病病原的血清型种类，如大肠杆菌病、传染性胸膜肺炎、副猪嗜血杆菌病、链球菌病等多血清型病原菌，在目前没有提供完整的交叉保护力疫苗的情况下，正确选择与流行血清型一致的疫苗更为重要。

对死胎样品的连续检测，可以逐步了解母猪繁殖障碍是否是病原微生物还是营养不足、饲料中毒以及应激因素所引起。对一些病原进行特定序列的测序分析，了解病原变异的规律，可以预测疾病发生的趋势。对于分离的病原菌可按照经典的药敏纸片法或微管法进行药物敏感试验，以选择敏感药物；对病原菌耐药基因的检测，提示可能产生的耐药性，避免选择这类药物。这 2 种检测结果相互结合，可以为合理用药提供指导依据。

30. 怎样进行血液物理性状的检验？

（1）红细胞沉降率的测定。血液加入抗凝剂后，一定时间内红细胞向下沉降的毫米数，叫做红细胞沉降速度，简称"血沉"或缩写为 ESR。红细胞沉降速度是一个比较复杂的物理化学和胶体化学的过程，其原理至今尚未完全阐明。一般认为与血中电荷的含量有关。正常时，红细胞表面带负电荷，血浆中的白蛋白也带负电荷，而血浆中的球蛋白、纤维蛋白原却带正电荷。畜禽体内发生异常变化时，血细胞的数量及血中的化学成分也会有所改变，直接影响正、负电荷相对的稳定性。假如正电荷增多，则负电荷相对减少，红细胞相互吸附，形成串钱状，由于物理性的重力加速，红细胞沉降的速度加快；反之，红细胞相互排斥，其沉降速度变慢。

（2）红细胞压积容量的测定。红细胞压积容量的测定，是指压紧的红细胞在全血中所占的百分率，是鉴别各种贫血的一项不可缺少的指标，兽医临床广为使用，简称"比容"，也称作"红细胞比积""红细胞压积"，或缩写为 PCV。其原理为，血液中加入可以保持红细胞体积大小不变的抗凝剂，混合均匀，用特制吸管吸取抗凝全血随即注入温氏测定管中，电动离心，使红细胞压缩到最小体积，然后读取红细胞在单位体积内所占百分比。

（3）红细胞渗透脆性的测定。红细胞在等渗的氯化钠溶液中，它的形态保持不变。红细胞在不同浓度的低渗氯化钠溶液中，水分进入红细胞，红细胞逐渐胀大以至破裂溶血。开始溶血（即部分红细胞破裂）为最小抵抗力；完全溶血（即全部红细胞破裂）为最大抵抗力。抵抗力小，表示渗透脆性高；抵抗力大，表示渗透脆性低。通过这个试验测定红细胞对于低渗溶液的抵抗能力。

31. 怎样进行血细胞计数？

（1）红细胞计数。目前多采用试管法，即把全血在试管内用稀释液（此液不能破坏白细胞，但对红细胞计数影响不大），稀释200倍，在血细胞计数板的计数室内数一定体积的红细胞数，然后再推算出1毫米^{3}血液内的红细胞数。

（2）白细胞计数。一定量的血液用冰醋酸溶液稀释后，可将红细胞破坏，然后在细胞计数板的计数室内计数一定容积的白细胞数，以此推算出每立方毫米血液内的白细胞数。此项检验需与白细胞分类计数相配合，才能正确分析与判断疾病。

（3）血小板计数。尿素能溶解红细胞及白细胞而保存完整形态的血小板，经稀释后在细胞计数室内直接计数，以求得每立方毫米血液内的血小板数。稀释液中的枸橼酸钠有抗凝作用，甲醛可固定血小板的形态。

（4）嗜酸性白细胞计数。在血细胞计数板上，直接计数嗜酸性白细胞的数目，换算成每立方毫米中的个数，即绝对值，此为直接计数法。稀释液中含有尿素，它能破坏红细胞和嗜酸性白细胞以外的其他白细胞（偶尔也可有少数淋巴细胞存在，但不被着色），经伊红染色，嗜酸性颗粒被染成粉红色。

32. 怎样进行血细胞形态学的检验？

观察血细胞形态需要制作血液涂片，经染色后进行显微观察。

猪的血细胞形态特征是：红细胞平均直径为6.2微米，圆形可形成串钱状，有时呈现出中央淡染苍白。3周龄仔猪血液涂片，一般能看到多染性红细胞及有核红细胞。

嗜中性白细胞成熟型的核分为数叶，核丝不明显，核染色质呈鲜明的斑点状构造。杆状核细胞的核呈"U"字形或"S"形，核膜平滑。在1日龄的健康仔猪血液中往往出现晚幼嗜中性白细胞，其细胞浆呈淡蓝色乃至蓝色。

嗜酸性白细胞颗粒呈圆形或卵圆形，染成橙红色，均匀分布于细胞浆中。核为肾形、杆状或分叶。

嗜碱性白细胞细胞核明显，呈淡紫色。嗜碱性颗粒为蓝紫色。

淋巴细胞分大、中、小淋巴细胞，在胞浆与核之间有一透明带，胞浆的边缘有小而细长的嗜天青颗粒。

单核细胞核边的边缘不整齐，核的染色质呈钮扣状。胞浆为灰蓝色，胞浆中的颗粒几乎看不到。

血小板呈小的卵圆形，有时也可见到细长的巨型血小板。

33. 如何进行血红蛋白的测定？

（1）**电子血球计数仪法**。全血加入 BE941 型溶血剂，血红蛋白衍生物均能转化为稳定的棕红色氰化高铁血红蛋白，在电子球计数仪上，可以通过血红蛋白通道直接测定。

（2）**氰化高铁血红蛋白（HiCN）分光光度计法**。全血加 HiCN 试剂，除 HbS 及 HbC 外其他血红蛋白衍生物均能转化成稳定的棕红色氰化高铁血红蛋白。在分光光度计 540 纳米处比色测定，根据标准读数和标本读数计算其浓度。在有条件的单位，可根据其毫摩尔消化系数计算含量。

（3）**碱羟高铁血红素（AHD-575）法**。非离子化去垢剂碱性溶液（AHD 试剂）能使血红素、血红蛋白及其衍生物全部转化为一种稳定碱性羟高铁血红素，在 575 纳米处有一特征性的吸收峰。

34. 怎样进行猪粪的常规检查？

（1）**动物粪便的显微镜检查**。采集少许粪便，放在洁净的载玻片上，加少量生理盐水，用牙签混合并涂成薄层，无需加盖玻片，用低倍镜检视。遇到水样粪便时，因其含有大量的水分，检查前让其先沉淀或低速离心片刻，然后用吸管吸取沉渣，制片进行镜检。

对粪球表面或粪便中的肉眼可见的异常混合物，如血液、脓汁、脓块、肠道黏膜及伪膜等，应仔细地将其挑选出来，移到载玻片上，覆盖盖玻片，随后用低倍镜或高倍镜镜检。检查内容包括：寄生虫及虫卵、细菌、血细胞、脓球、上皮细胞、脂肪颗粒及其他食物残渣、伪膜等。

（2）**动物粪便的化学检验**。包括 pH 值、潜血。

35. 怎样进行猪的尿常规检查？

尿液检验是一种相对简单、快速、经济的实验室检查，它可评估尿液和尿沉渣的物理和化学性质。尿液分析可为兽医提供泌尿系统、代谢和内分泌系统、电解质和水合状态方面的信息。

（1）**尿液的一般性状检查**。检查内容包括尿量、尿色、澄清度/透明度、气味、比重等。

（2）**尿液的显微镜检查**。尿液中有机沉渣的检查包括红细胞、白细胞、上皮细胞、黏液和管型；尿液中无机沉渣的检查包括磷酸铵镁结晶、无定形磷酸盐、碳酸钙结晶、无定形尿酸盐、尿酸铵结晶、草酸钙、磺胺类结晶和尿酸结晶。

（3）**尿液的化学检验**。检查内容包括 pH 值、蛋白质、葡萄糖、酮体、胆色素、潜血、亚硝酸盐等。

36. 怎样通过猪尿看猪病?

（1）**频尿**。猪排尿次数增加、量少，排尿时作痛苦状，多见于膀胱炎、膀胱或尿道结石。

（2）**多尿**。排尿次数多、量多，多见于采食青绿饲料过多、肾脏病及代谢障碍病。

（3）**少尿或无尿**。排尿次数少、量少，多见于急性肾炎、脱水及热性病。无尿指屡作排尿姿势但无尿液排出，排尿时痛苦，并发出哼哼声或嘶叫，多为膀胱破裂、肾功能衰竭，输尿管、膀胱或尿道阻塞。

（4）**尿闭**。肾脏分泌尿液正常，膀胱充满尿液，不能排出，多见于尿道阻塞、膀胱麻痹、膀胱括约肌痉挛或脊髓损伤等。

（5）**尿失禁**。不能自主排尿，有时虽作排尿姿势，但无尿液排出，有时虽无排尿姿势却尿淋漓。用导尿管导尿时，可导出尿液，多见于脊髓或中枢神经系统疾病或膀胱括约肌受损伤或麻痹。

（6）**排尿困难**。排尿时弓背努责，有疼痛表现，但排不出尿或只排出几滴尿，多见于膀胱炎、尿道炎或尿道阻塞。

（7）**白色浑浊尿**。排出的尿液呈白色、浑浊，静置后无沉淀物的多为菌尿；放置后有白色絮状沉淀物的为脓尿，多见于泌尿系统感染。另外，猪氯丙嗪、氨茶碱、驱虫灵中毒时，尿液也呈白色。白色尿中含有石灰样白粉或细沙样白色物，并常附着在尿道口的长毛上，为膀胱或尿道结石的症状。

（8）**血红尿**。开始排尿时，尿为血红色，而排尿中间或排尿后期尿液为无色，常为前尿道炎；血尿鲜红，多为尿道损伤；排尿后期血尿，常为急性膀胱炎或膀胱结石；若整个排尿过程尿液均呈血红色。表明出血部位在上部尿道或膀胱、肾脏；排血尿有痒痛表现者，多见于泌尿道结石。此外，血尿也常由药物导致的损伤引起。

（9）**血红蛋白尿**。尿液呈深茶色或酱油色，静置后无沉淀物，镜检无红血球，但尿内含游离血红蛋白，常见于寄生虫病，如焦虫病、钩端螺旋体病。奎宁、伯氨喹啉等药物中毒时，尿液也呈酱油色。

（10）**棕色尿**。常见于砷化氢及酚等中毒。

37. 如何进行有效的肌内注射？

给猪打针即肌内注射在养猪过程中是一项简单而频繁的工作，但是，在这简单的工作中却存在着很多问题，只有充分掌握了正确的肌内注射的技术才能打好针。否则，不但不解决问题，还会给猪带来新的问题。操作不正确，在猪颈部形成巨大的脓包，造成胴体质量下降，对于种猪来讲，颈部肌肉是进行疫苗注射的常用位置，如果颈部肌肉保护不好，将直接影响种猪的免疫效果，后患无穷。因此，掌握如何进行肌内注射显得尤为重要。

肌肉内血管丰富，吸收药液较快，水剂、乳剂、油剂都可以肌内注射。

（1）**注射部位**。一般选择在肌肉丰满的臀部或颈部。但因为臀部有坐骨神经，如果注射位置找不好，打在坐骨神经上，就会导致猪瘫痪。猪病治疗一般以颈部稍下方为宜。因为此处肌肉属疏松结缔组织，容易使药物消散在毛细血管中。

（2）**做好保定，不要打飞针**。15千克以内的猪，可由助手双手分别握两前肢提起保定。15千克以上的猪，可用一门板将猪拦至猪栏的一角，使群猪相互挤在一起，无法移动，这样每注射一头，在其两耳之间的脑顶上作一带颜色的记号，以免重注和漏注。

（3）**针头的选择**。针头的选择要考虑猪的大小、药物性质、注射剂量、注射深度。小猪皮下脂肪少，皮肤嫩，容易注射，可选择小针头。一般小猪15千克以下的用6#、7#、9#，30千克以下的用9#、12#，30 ~ 60千克的用12#，100千克以上的用16#。一般没有特别的要求尽量用小不用大。补铁针，液体黏稠，针头号可相对大一些。青霉素等液体稀薄，无黏性，可用一般针头。

（4）**注射方法**。注射部位先剪毛，用碘酊消毒，用左手拇指、食指、中指提起皮肤，使之成一个三角皱褶，右手在皱褶中央将注射器针头斜向刺入皮下，与皮肤成45°角，放开左手推动注射器，注入药液。将针头垂直刺入注射部位的肌肉3厘米左右，抽动活塞不见回血时，推动活塞注入药液。要求刺入的动作轻快而突击有力，以免因猪的骚动而折断针头。

针打得正确，在推注射器的时候感觉有一定阻力但推进顺畅，注射后猪不会疼得乱跑，注射位置不流液体。如果打到脂肪层中，推注射器会感觉阻力很大，推进时猪反抗强烈，推完注射部位明显见肿，针口流药水或血水。

注射完毕，以酒精棉球压迫针孔，拔出注射针头，最后以碘酊涂布针孔。

在注射过程中要注意以下几点。

（1）**给猪注射必须坚持一猪一针头肌内注射**。因为如果母猪感染某些疾病时，疾病会通过胎盘屏障传染给胎儿，而感染疾病的母猪所产的同窝仔猪不是每头均先天性感染疾病，仔猪感染疾病的比例与母猪感染程度有关。这么一来，如果前面注射的仔猪刚好感染疾病（带毒或隐性感染），而这窝仔猪共用一根针头则很可能造成仔猪间的人工交叉感染，这是一定要避免的。注射器在重复使用过程中会造成玻璃管污染，在下一次稀释注射疫苗时可能造成人工交叉感染。又如，在治疗过程中病猪打针的次数是最多的，病猪体内的病原菌含量又是最高的，注射过病猪的针头病原菌污染是最严重的，而这些针头如果不换将是疫病传播的导火线。

（2）有些药物不能用做肌内注射。 对具有刺激性的药物，如水合氯醛、氯化钙、50%葡萄糖等不能采取肌内注射法。

（3）注射速度要慢。 在有人按住猪头的情况下，要慢慢注射，徐徐推药，使药液在肌肉组织中逐渐扩散。有人习惯将注射针头扎到注射部位后很快地推药液，这样会使药液只集中在局部，需要很长时间才能消散吸收，从而影响药效的及时发挥。

（4）注射前消毒。 注射前要对注射部位用酒精或碘酊棉球消毒。消毒时应将消毒棉球从里向外擦拭消毒部位。注射完毕后再用消毒棉球按住针眼 1～2 分钟，可使药液在肌肉中更好地扩散，不至于溢出，从而提高药效和治疗效果。

38. 猪的皮下注射应该怎样操作？

皮下注射是将药液注射到皮肤与肌肉之间的疏松组织中。

注射部位一般选择在皮薄而容易移动，但活动较小的部位。猪的皮下注射部位有股内侧或耳根后。注射前，局部用 5% 碘酊消毒，在股内侧注射时，应以左手的拇指与中指捏起皮肤，食指压其顶点，使其成三角形凹窝，右手持注射器垂直刺入凹窝中心皮下约 2 厘米（此时针头可在皮下自由活动），左手放开皮肤，抽动活塞不见回血时，推动活塞注入药液。注射完毕，以酒精棉球压迫针孔，拔出注射针头，最后以碘酊涂布针孔。在耳根后注射时，由于局部皮肤紧张，可不捏起皮肤而直接垂直刺入约 2 厘米，其他操作与股内侧注射相同。

39. 怎样给猪进行静脉注射？

静脉注射是将药液直接注射到血管内，使药液迅速发生效果的一种治疗技术。主要用于抢救危重病猪。一般选耳背部的耳大静脉。

给猪进行静脉注射时，先用酒精棉球涂擦耳朵背面耳大静脉，使静脉怒张。助手用手指强压耳基部静脉使血管鼓起。注射人员左手抓住猪耳，右手将抽好药液的玻璃注射器接上针头，以 10°～15° 的角度刺入血管，抽动活塞，如见回血，则表示针头在血管内。此时，助手放松耳根部压力，注射者用左手固定针头，右手拇指推动活塞徐徐注入药液，药液推完后，左手拿酒精棉球紧压针孔处，右手迅速拔针，以免发生血肿。

凡标明是肌内注射、皮下注射或口服等使用方法的药物，禁止静脉注射给药。

40. 怎样给猪进行腹腔注射?

腹腔注射是将药液注射到腹腔内，从而达到治疗目的。小猪常采用这种方法。猪腹腔注射的操作要点如下。

（1）**注射器械**。金属注射器（10毫升、20毫升），针头（12～16#、长3～5厘米）；输液器，分吊瓶输液用及注射器推注输液用2种，前者可取一次性人用输液器，将其末端的输液针拆除使用。推注输液用器，依上述除去输液针后，向前50～60厘米处剪断导管。留用此下端导管，并于断口处套上前拆除的塑料针头座，供使用。常用于乳猪、小猪。一人倒提小猪，使小猪肠道移向头侧，注射者右手持注射器，针头（12#，长3厘米）取与腹壁垂直方向刺入（刺入腹腔后顿感阻力骤减），后左手扶住针头及注射器末端，右手回抽检查是否有血液或内容液后，推动注射器注入药液。

（2）**注射部位**。乳猪、小猪于脐至耻骨前缘连线的中部，离开腹中线2～5厘米左（右）旁侧。中大猪不易提起，多站立或倒卧保定，注射部位于两侧肷部，距髂外结节、腰锥横突及最后肋骨相等距离的腹壁点。待其停止挣扎，选择注射部位，一般在耻骨前方3～6厘米腹白线（正中线）的侧方。局部剪毛消毒后，用右手持注射器，用普通注射针头，针头与皮肤垂直刺入腹腔2～3厘米，刺入针后感觉活动而无抵触，回抽活塞无气体和液体时即可缓慢注入药液，也可连接在备用的吊瓶输液管上，吊瓶高挂，药液任其流入。每注射500毫升只用2～3分钟，补液量依体重和病情而定。补液完毕，术部消毒，放回圈内。

（3）**注意事项**。药液一般需接近体温，尤其在寒冷季节，注入大量药液时，应将液体加热到38℃左右。但也应根据治疗需要，灵活掌握。

注射中需固定好针头。针头须稍压腹壁，使腹壁脏面紧贴腹膜，以免针孔扩大或针头移动于腹壁与腹膜之间，造成药液注入夹层。如需多次注射，须避开原针头刺入点，每次注射前后，注射部位要用5%碘酊消毒。膀胱积尿者宜先导尿，尿毒症或腹腔积液慎用。保定方法得当与否是能不能顺利实施补液的关键。必须在患猪机体吸收机能良好的情况下进行，对腹膜炎严重循环障碍者，应谨慎使用。补液浓度不可过高，禁用刺激性药物。进针深度掌握准确，过深则易伤及肠管等脏器，引起腹膜感染，根据刺入针感和药液流入快慢可以判断针刺腹腔是否准确，输液过程中注意观察患猪的反应，若挣扎过于剧烈则表明可能扎伤肠管，马上拔针另刺，推注药液先慢后快。补液器具必须严格消毒。

41. 怎样给猪口服给药?

成群猪给药时，常将粉剂药物拌入饲料中喂服。先将药物按规定的剂量称好，放入少量饲料中拌匀，而后将含药的饲料拌入日粮中，认真搅拌均匀，再撒入食槽任其自由采食。如果给个别猪投药，则可在药物中加适量淀粉和水，制成舔剂或丸剂，而后助手将猪保定，投药者一手用木棒撬开口腔，另一手将药丸或舔剂投入舌根部，抽出木棒，即可咽下。片剂药物也可采用本方法。水剂药物可用灌药瓶或投药导管（为近前端处有横孔的胶管）投服。家庭养猪一般用灌药瓶投药，先把配好的药液放入啤酒瓶或特制的灌药瓶，助手将猪保定，投药者一手用木棒撬开口腔，另一手持盛药的瓶子，将药物一口一口地倒入口腔，待其咽下一口后，再倒入另一口，以防误咽。用投药导管投药时，需将开口器由口的侧方插入，开口器的圆形孔置于中央，投药者将导管的前端由圆形孔穿过插入咽头，随着猪的吞咽动作而送入食道内，即可将药剂容器连接于导管而投药，最后投入少量清水，吹入空气后拔出导管。

42. 怎样给猪灌肠？

灌肠是向猪直肠内注入大量的药液、营养液、温水（或温肥皂水），直接作用于肠黏膜，使药液、营养液被吸收或排出宿粪，以及除去肠内分解产物与炎性渗出物，以达到治疗疾病的目的。灌肠时，大猪可横卧保定，小猪可倒立保定。使用小动物灌肠器，将橡胶管一端插入直肠，另一端连接漏斗，将溶液倒入漏斗内，即可灌入直肠。也可用100毫升的注射器注入溶液。操作时动作要轻，插入肠管时应缓慢进行，以免损伤肠黏膜或造成肠穿孔。将溶液注入后由于排泄反射，易被排出。为防止溶液被排出，可用手压迫尾根、肛门，或在注入溶液的同时，用手指刺激肛门周围，也可按摩腹部。

灌肠时要注意：灌肠用的水温要保持正常体温以上，否则效果较差；灌水量过少达不到治疗效果，灌水量过多，又增加了负压，所以应根据猪只大小确定适中水量；温肥皂水最好在肠中多保留一会，简单办法是将后躯抬高，使水液向深处浸透效果最理想。

43. 猪的子宫冲洗如何操作？

（1）**准备工作**。洗涤器由容量6 000～8 000毫升干净容器，下接1米左右可消毒的软管，再接球型精液注入管而成。洗涤水要求是水质好的清洁水，如1%的高渗盐水、纯净水、蒸馏水，其中加入对猪无毒性或毒性低的碘液（如碘伏、碘福）。

（2）**洗涤**。首先清洗消毒外阴。将清洗管注入阴道内7.5～10厘米后暂停，使洗涤水逆流而出，至其中不含杂质为止。继续插入清洗管10～15厘米后暂停，使流出的洗涤水无杂质为止。

（3）**注意事项**。洗涤水品质越高越好。胎衣排出后尽早洗涤为好。若排出胎衣即行洗涤，洗涤一次即可。洗涤的第二天，母猪外阴部流出白色或类似脓水液体必须再洗涤。胎衣排出后第四天，仍有分泌物，子宫颈已收缩，插入有困难，使用磺胺药或青霉素，用注射器接细输精管注入子宫内。在胎衣排出后即行洗涤，很可能随洗涤水而分娩出活仔猪，这是由于子宫内有未排出的仔猪，由于刺激而顺利娩出。发现母猪努责，注意是否有活仔（死仔），及时处理。

44. 猪的局部麻醉方法有哪几种？如何操作？

利用某些药物有选择性地暂时阻断神经末梢、神经纤维以及神经干的冲动传导，从而使其分布或支配的相应局部组织暂时丧失痛觉的麻醉方法，称为局部麻醉（局麻）。

（1）**表面麻醉**。表面麻醉是利用麻醉药的渗透作用，使其透过黏膜而阻滞浅层的神经末梢。麻醉结膜和角膜时，可用 0.5% 丁卡因或 2% 利多卡因溶液；麻醉口、鼻、肛门黏膜时，可以选用 1% ～ 2% 丁卡因或 2% ～ 4% 利多卡因溶液。每隔 5 分钟用药 1 次，共用 2 ～ 3 次。

（2）**浸润麻醉**。沿手术切口皮下注射或深部分层注射麻醉药，阻滞神经末梢，称为局部浸润麻醉。常用 0.25% ～ 1% 盐酸普鲁卡因溶液。

注射时，为防止药物直接注入血管中产生毒性反应，应该在注药前先回抽一下，无血液流入注射器内时再注射药物。

浸润麻醉时先将针头刺入所需深度，而后边抽边注入局麻药。局部浸润麻醉有多种方式，如直线浸润、菱形浸润、扇形浸润、基部浸润和分层浸润。肌肉层厚时，可边浸润边切开。也可用于上下眼睑封闭。

（3）**传导麻醉**。传导麻醉也叫神经阻滞，是在神经干周围注射局部麻醉药，使神经干所支配的区域失去痛觉。这种方法用药量少，可以产生较大区域的麻醉，临床上常用于椎旁麻醉、四肢传导麻醉和眼底封闭。常用药物为 2% 盐酸利多卡因或 2% ～ 5% 盐酸普鲁卡因溶液。麻醉药的浓度、用量与麻醉神经的大小呈正比。

（4）**硬膜外麻醉**。硬膜外麻醉是脊髓麻醉的一种，将局麻药注入硬膜外腔中，注入点主要有 3 处：①第一、二尾椎间隙；②荐骨与第一尾椎间隙；③腰、荐间隙。多选择 3% 的盐酸普鲁卡因 3 ～ 5 毫升或 1% ～ 2% 的盐酸利多卡因 2 ～ 5 毫升。

45.《兽药管理条例》中对兽药安全合理使用有哪些规定？

兽药的安全使用是指兽药使用既要保障动物疾病的有效治疗，又要保障对动物和人的安全。建立用药记录是防止临床滥用兽药，保障遵守兽药的休药期，以避免或减少兽药残留，保障动物产品质量的重要手段。《兽药管理条例》自 2004

年 4 月 9 日国务院令第 404 号公布，2014 年 7 月 29 日国务院令第 653 号部分修订，2016 年 2 月 6 日国务院令第 666 号部分修订。2020 年 3 月 27 日国务院令 726 号部分修订等多次修订后，已经逐步完善。新修订的《兽药管理条例》明确要求兽药使用单位要遵守国务院兽医行政管理部门制定的兽药安全使用规定，并建立用药记录。

兽药安全使用规定，是指农业农村部发布的关于安全使用兽药以确保动物安全和人的食品安全等方面的有关规定，如饲料药物添加剂使用规范、食品动物禁用的兽药及其他化合物清单，动物性食品中兽药最高残留限量、兽用休药期规定，以及兽用处方药和非处方药分类管理办法等文件。用药记录是指由兽医及药物使用者所记录的关于预防、治疗、诊断动物疾病所使用的兽药名称、剂量、用法、疗程、用药开始日期、预计停药日期、产品批号、兽药生产企业名称、处方人、用药人等的书面材料和档案。

为确保动物性产品的安全，饲养者除了应遵守休药期规定外，还应确保动物及其产品在用药期、休药期内不用于食品消费。如泌乳期奶牛在发生乳房炎而使用抗菌药等进行治疗期间，其所产牛奶应当废弃，不得用作食品。

《兽药管理条例》第四十一条规定，禁止将原料药直接添加到饲料及动物饮水中或者直接饲喂动物。因为，将原料药直接添加到动物饲料或饮水中，一是剂量难以掌握或是稀释不均匀，有可能引起中毒死亡，二是国家规定的休药期一般是针对制剂规定的，原料药没有休药期数据，会造成严重的兽药残留问题。

临床临床诊疗过程中科学合理用药，既要做到有效地防治畜禽的各种疾病，又要避免对动物机体造成毒性损害或降低动物的生产性能，因此，必须全面考虑动物的种属、年龄、性别等对药物作用的影响，选择适宜的药物、适宜的剂型、给药途径、剂量与疗程等，科学合理地加以使用。

46.《兽药管理条例》中关于兽药使用的主要内容有哪些?

第三十八条　兽药使用单位，应当遵守国务院兽医行政管理部门制定的兽药安全使用规定，并建立用药记录。

第三十九条　禁止使用假、劣兽药以及国务院兽医行政管理部门规定禁止使用的药品和其他化合物。禁止使用的药品和其他化合物目录由国务院兽医行政管理部门制定公布。

第四十条　有休药期规定的兽药用于食用动物时，饲养者应当向购买者或者屠宰者提供准确、真实的用药记录；购买者或者屠宰者应当确保动物及其产品在用药期、休药期内不被用于食品消费。

第四十一条　国务院兽医行政管理部门，负责制定公布在饲料中允许添加的药物饲料添加剂品种目录。

禁止在饲料和动物饮水中添加激素类药品和国务院兽医行政管理部门规定的其他禁用药品。

经批准可以在饲料中添加的兽药,应当由兽药生产企业制成药物饲料添加剂后方可添加。禁止将原料药直接添加到饲料及动物饮用水中或者直接饲喂动物。

禁止将人用药品用于动物。

第四十二条　国务院兽医行政管理部门,应当制定并组织实施国家动物及动物产品兽药残留监控计划。

县级以上人民政府兽医行政管理部门,负责组织对动物产品中兽药残留量的检测。兽药残留检测结果,由国务院兽医行政管理部门或者省、自治区、直辖市人民政府兽医行政管理部门按照权限予以公布。

动物产品的生产者、销售者对检测结果有异议的,可以自收到检测结果之日起7个工作日内向组织实施兽药残留检测的兽医行政管理部门或者其上级兽医行政管理部门提出申请,由受理申请的兽医行政管理部门指定检验机构进行复检。

兽药残留限量标准和残留检测方法,由国务院兽医行政管理部门制定发布。

第四十三条　禁止销售含有违禁药物或者兽药残留量超过标准的食用动物产品。

47. 食品动物禁用的兽药及其化合物有哪些?

2019年12月农业农村部公告250号(表6-1)发布食品动物中禁止使用的药品及其他化合物清单。

表6-1　食品动物中禁止使用的药品及其他化合物清单

序号	药品及其他化合物名称
1	酒石酸锑钾(Antimony potassium tartrate)
2	β-兴奋剂(β-agonists)类及其盐、酯
3	汞制剂:氯化亚汞(甘汞)(Calomel)、醋酸汞(Mercurous acetate)、硝酸亚汞(Mercurous nitrate)、吡啶基醋酸汞(Pyridyl mercurous acetate)
4	毒杀芬(氯化烯)(Camahechlor)
5	卡巴氧(Carbadox)及其盐、酯
6	呋喃丹(克百威)(Carbofuran)
7	氯霉素(Chloramphenicol)及其盐、酯
8	杀虫脒(克死螨)(Chlordimeform)
9	氨苯砜(Dapsone)
10	硝基呋喃类:呋喃西林(Furacilinum)、呋喃妥因(Furadantin)、呋喃它酮(Furaltadone)、呋喃唑酮(Furazolidone)、呋喃苯烯酸钠(Nifurstyrenate sodium)

序号	药品及其他化合物名称
11	林丹（Lindane）
12	孔雀石绿（Malachite green）
13	类固醇激素：醋酸美仑孕酮（Melengestrol Acetate）、甲基睾丸酮（Methyltestosterone）、群勃龙（去甲雄三烯醇酮）（Trenbolone）、玉米赤霉醇（Zeranal）
14	安眠酮（Methaqualone）
15	硝呋烯腙（Nitrovin）
16	五氯酚酸钠（Pentachlorophenol sodium）
17	硝基咪唑类：洛硝达唑（Ronidazole）、替硝唑（Tinidazole）
18	硝基酚钠（Sodium nitrophenolate）
19	己二烯雌酚（Dienoestrol）、己烯雌酚（Diethylstilbestrol）、己烷雌酚（Hexoestrol）及其盐、酯
20	锥虫砷胺（Tryparsamile）
21	万古霉素（Vancomycin）及其盐、酯

农业农村部于2015年9月1日发布第2292号公告，经评价，认为洛美沙星、培氟沙星、氧氟沙星、诺氟沙星4种原料药的各种盐、酯及其各种制剂可能对养殖业、人体健康造成危害或者存在潜在风险。根据《兽药管理条例》第六十九条规定，决定在食品动物中停止使用洛美沙星、培氟沙星、氧氟沙星、诺氟沙星4种兽药，撤销相关兽药产品批准文号。公告指出，自公告发布之日起，除用于非食品动物的产品外，停止受理洛美沙星、培氟沙星、氧氟沙星、诺氟沙星4种原料药的各种盐、酯及其各种制剂的兽药产品批准文号的申请。自2015年12月31日起，停止生产用于食品动物的洛美沙星、培氟沙星、氧氟沙星、诺氟沙星4种原料药的各种盐、酯及其各种制剂，涉及的相关企业的兽药产品批准文号同时撤销。2015年12月31日前生产的产品，可以在2016年12月31日前流通使用。自2016年12月31日起，停止经营、使用用于食品动物的洛美沙星、培氟沙星、氧氟沙星、诺氟沙星4种原料药的各种盐、酯及其各种制剂。

2017年农业农村部发布2583号公告，禁止非泼罗尼及相关制剂用于食品动物。

农业农村部于2018年1月11日再次发布公告第2638号，自公告发布之日起，停止受理喹乙醇、氨苯胂酸、洛克沙胂3种兽药的原料药及各种制剂兽药产品批准文号的申请。自2018年5月1日起，停止生产喹乙醇、氨苯胂酸、洛克沙胂3种兽药的原料药及各种制剂，相关企业的兽药产品批准文号同时注销。

2018 年 4 月 30 日前生产的产品，可在 2019 年 4 月 30 日前流通使用。自 2019 年 5 月 1 日起，停止经营、使用喹乙醇、氨苯胂酸、洛克沙胂 3 种兽药的原料药及各种制剂。

48. 禁止在饲料和动物饮用水中使用的药物品种有哪些?

凡生产、使用含有药物饲料添加剂的饲料产品，必须严格执行《饲料添加剂安全使用规范》（2017 年修订版，农业部公告第 2625 号）的规定。

禁止在饲料和动物饮用水中使用的药物品种目录。

1. 肾上腺素受体激动剂

（1）盐酸克仑特罗:《中华人民共和国兽药典》（以下简称兽药典）2000 年版二部 P605。β2 肾上腺素受体激动药。

（2）沙丁胺醇：兽药典 2000 年版二部 P316。β2 肾上腺素受体激动药。

（3）硫酸沙丁胺醇：兽药典 2000 年版二部 P870。β2 肾上腺素受体激动药。

（4）莱克多巴胺：一种 β 兴奋剂，美国食品和药物管理局（FDA）已批准，中国未批准。

（5）盐酸多巴胺：兽药典 2000 年版二部 P591。多巴胺受体激动药。

（6）西马特罗：美国氰胺公司开发的产品，一种 β 兴奋剂，FDA 未批准。

（7）硫酸特布他林：兽药典 2000 年版二部 P890。β2 肾上腺素受体激动药。

2. 性激素

（8）己烯雌酚：兽药典 2000 年版二部 P42。雌激素类药。

（9）雌二醇：兽药典 2000 年版二部 P1005。雌激素类药。

（10）戊酸雌二醇：兽药典 2000 年版二部 P124。雌激素类药。

（11）苯甲酸雌二醇：兽药典 2000 年版二部 P369。雌激素类药。兽药典 2000 年版一部 P109。雌激素类药。用于发情不明显动物的催情及胎衣滞留、死胎的排出。

（12）氯烯雌醚：兽药典 2000 年版二部 P919。

（13）炔诺醇：兽药典 2000 年版二部 P422。

（14）炔诺醚：兽药典 2000 年版二部 P424。

（15）醋酸氯地孕酮：兽药典 2000 年版二部 P1037。

（16）左炔诺孕酮：兽药典 2000 年版二部 P107。

（17）炔诺酮：兽药典 2000 年版二部 P420。

（18）绒毛膜促性腺激素（绒促性素）：兽药典 2000 年版二部 P534。促性腺激素药。兽药典 2000 年版一部 P146。激素类药。用于性功能障碍、习惯性流产及卵巢囊肿等。

（19）促卵泡生长激素（尿促性素主要含卵泡刺激 FSHT 和黄体生成激 LH）:

兽药典 2000 年版二部 P321。促性腺激素类药。

3. 蛋白同化激素

（20）碘化酪蛋白：蛋白同化激素类，为甲状腺素的前驱物质，具有类似甲状腺素的生理作用。

（21）苯丙酸诺龙及苯丙酸诺龙注射液：兽药典 2000 年版二部 P365。

4. 精神药品

（22）（盐酸）氯丙嗪：兽药典 2000 年版二部 P676。抗精神病药。兽药典 2000 年版一部 P177。镇静药。用于强化麻醉以及使动物安静等。

（23）盐酸异丙嗪：兽药典 2000 年版二部 P602。抗组胺药。兽药典 2000 年版一部 P164。抗组胺药。用于变态反应性疾病，如荨麻疹、血清病等。

（24）安定（地西泮）：兽药典 2000 年版二部 P214。抗焦虑药、抗惊厥药。兽药典 2000 年版一部 P61。镇静药、抗惊厥药。

（25）苯巴比妥：兽药典 2000 年版二部 P362。镇静催眠药、抗惊厥药。兽药典 2000 年版一部 P103。巴比妥类药。缓解脑炎、破伤风、士的宁中毒所致的惊厥。

（26）苯巴比妥钠。兽药典 2000 年版一部 P105。巴比妥类药。缓解脑炎、破伤风、士的宁中毒所致的惊厥。

（27）巴比妥：兽药典 2000 年版一部 P27。中枢抑制和增强解热镇痛。

（28）异戊巴比妥：兽药典 2000 年版二部 P252。催眠药、抗惊厥药。

（29）异戊巴比妥钠：兽药典 2000 年版一部 P82。巴比妥类药。用于小动物的镇静、抗惊厥和麻醉。

（30）利血平：兽药典 2000 年版二部 P304。抗高血压药。

（31）艾司唑仑。

（32）甲丙氨脂。

（33）咪达唑仑。

（34）硝西泮。

（35）奥沙西泮。

（36）匹莫林。

（37）三唑仑。

（38）唑吡旦。

（39）其他国家管制的精神药品。

5. 各种抗生素滤渣

（40）抗生素滤渣：该类物质是抗生素类产品生产过程中产生的工业"三废"，因含有微量抗生素成分，在饲料和饲养过程中使用后对动物有一定的促生长作用。但对养殖业的危害很大，一是容易引起耐药性，二是由于未做安全性试验，存在各种安全隐患。

49. 养猪场在兽药使用过程中要严格注意哪些问题？

（1）选好合适兽药。养猪场在选择兽药时，一定要适合猪病需要。准确诊断是用好药的前提和原则，生猪感染疾病后，畜主如无把握，要请有经验的兽医专业技术人员确诊，分析病因，然后针对其是群体发病还是个体发病，是否有传染性，根据年龄（日龄）、体重、经济用途、发病季节等，制定正确的治疗方案，确定兽药的品种、剂量、疗程和给药方法。目前市场上假冒伪劣兽药较多，所以养殖户在购买兽药时，应从正规渠道购进兽药。购药时留心察看所购买的兽药有无生产许可证号，有无批准文号，产品标签是否详细标明名称、成分、用途、批号、有效期等内容。不要只认准新药物，不要迷信高档进口药，也不要贪图便宜购买假劣兽药，药品包装不要轻易扔掉，待药用完后一定时期内无异常再处理，防止造成事故难以追究。

（2）掌握合适的剂量。很多养猪场出现用药剂量过大的现象，错误地认为现在猪病复杂，药物效果差，用药剂量太小，达不到治病的目的，就盲目地加大药物剂量。但是，剂量过大也不科学，不但造成浪费，还会因过量使用抗生素使病原微生物产生耐药性。生猪病情确认后，根据病情，首次给药时药量稍大些，以后维持有效浓度剂量投给。预防疾病用量一般为治疗量的一半，严禁超量投药或长期用药，在用药后注意观察疗效，按治疗需要适当加以调整，以充分发挥药物的治疗作用。

（3）抓住最佳给药时机和用药途径。一般来说，根据病情确定疗程，用药越早效果越好，特别是微生物感染性疾病，及早用药能迅速控制病情。但猪痢疾却不宜早止泻，因为这样会使病菌无法及时排出，使其在体内大量聚集，反而会引起更为严重的腹泻。对症治疗的药物不宜早用，因为这些药物虽然可以缓解症状，但在客观上会损害机体的保护性反应，还会掩盖疾病真相。一般来讲，口服给药适用于轻、中度感染；注射用药适用于中、重度感染。急性病疗程一般为3～4天，症状完全消失可停药；慢性病或疾病预防一般7天为一疗程，并视实际情况可用几疗程，但每个疗程应间隔3～5天，同时，最好几种药物交替使用。有效用药还应考虑合理的给药途径，注意考虑药物的特性。内服能吸收的药物，可以用于全身感染，内服不能吸收的药物，如痢特灵、磺胺脒等，只能用于胃肠道感染。苦味健胃药只有通过口服的途径，才能刺激味蕾，加强唾液和胃液的分泌，如果使用胃管投药，药物不经口腔直接进入胃内，就起不到健胃的作用。

（4）注意药物配伍禁忌。在药物配合使用时，特别要注意药物配伍禁忌，很多药物配合后，会出现药力相抵减退，甚至产生毒性的现象。比如，酸性药物与碱性药物不能混合使用；口服活菌制剂时应禁用抗菌药物和吸附剂；磺胺类药物与维生素 C 合用，会产生沉淀；磺胺嘧啶钠注射液与大多数抗生素配合都会产生浑浊、沉淀或变色现象，应单独使用。

链霉素与庆大霉素、卡那霉素配合使用，会加重对听觉神经中枢的损害。

（5）**科学储存兽药**。在空气中易变质的兽药，应装在密封的容器中，在遮光、阴凉处保存；受热易挥发、易分解和易变质的药品，应在 3 ～ 10℃条件下保存；易燃、易爆、有腐蚀性和毒害的药品，应单独置于低温处或专库内加锁储存，并注意不得与内服药品混合储存；化学性质作用相反的药品，应分开存放。具有特殊气味的药品，应密封后与一般药品隔离储存；注意药品有效期，应分期分批储存，并专设卡片，近期先用，以防过期失效；专供外用的药品，应与内服药品分开储存；用于杀虫灭鼠药，应单独存放；名称容易混淆的药品，要注意分别储存，以免发生差错；药品的性质不同，应选用不同的瓶塞；用纸盒、纸袋、塑料袋包装的药品，要注意防止鼠咬及虫蛀。

（6）**防止兽药残留**。猪场应严格遵守《兽药休药期规定》，任何药物均应按规定剂量规定给药方式使用，并且按休药期规定的天数停药。有些抗菌药物因为代谢较慢，用药后可能会造成药物残留。因此，这些药物都有休药期的规定，用药时必须充分考虑生猪及其产品的上市日期，只要有足够长的停药期，随着药物从体内的不断排出，所用药物在动物体内的残留就不会超标。

（7）**加强防疫和饲养管理**。在应用药物治疗感染性疾病的过程中，过分依赖抗菌药物的功效而忽视动物机体的内在因素常是抗菌药物治疗失败的重要原因之一。应尽最大努力使患病猪的全身状况改善，科学开展猪场消毒防疫、加强生猪饲养管理，采取通风、晒太阳、升降温、加换垫料、清扫卫生和降低噪声等措施，创造有利于畜禽生长的内外环境，从而增强畜禽对疾病的免疫力和抵抗力，降低疾病的发生率，尽量减少兽药的使用数量。

（8）**及时更换用药和建立用药记录档案**。某些兽物在连续给药后，生猪机体和病原体会对药物的反应性逐渐下降，产生耐药性，这就要根据养猪场的用药和疗效情况更换药物，一般在半年到 1 年左右轮换，或选择 3 ～ 4 个不同类的药物在各批猪中交替使用来控制同一种疾病。养猪场使用兽药时还要记录所使用兽药的名称、剂量、用法、疗程、用药开始日期、预计停药日期、产品批号、兽药生产企业名称、处方人、用药人等书面材料和档案，实行规范化用药管理。

第七章 规模化生态猪场常见猪病的防控

1. 猪口蹄疫的流行有什么特点?

口蹄疫是由口蹄疫病毒感染引起的以偶蹄动物为主的急性、热性、高度传染性疫病,具有 O、A、C、SAT_1、SAT_2、SAT_3 和亚洲 I 型 7 个血清型。世界动物卫生组织(WOAH)将其列为法定报告动物传染病,我国将其列为一类动物疫病。

口蹄疫病毒属微核糖核酸科口蹄疫病毒属,体积最小。口蹄疫病毒对外界环境的抵抗力很强,不怕干燥,在自然条件下,含病毒的组织与污染的饲料、饲草、皮毛及土壤等保持传染性达数周至数月之久。粪便中的病毒,在温暖的季节可存活 29 ～ 60 天,在冻结条件下可以越冬。但对酸和碱十分敏感,易被碱性或酸性消毒药杀死。

猪口蹄疫病毒可侵害多种动物,但主要是偶蹄兽。家畜中以牛最易感,其次是猪和羊。各种年龄的猪均有易感性,但对仔猪的危害最大,常常引起死亡。病畜是最危险的传染源。由于本病对牛的敏感性最高,可在绵羊群中长期存在,而猪的排毒量远远大于牛和绵羊,故有牛是本病的"指示器",绵羊为"贮存器",猪为"放大器"之说。病猪在发热期,其粪尿、奶、眼泪、唾液和呼出气体均含病毒,以后病毒主要存在于水疱皮和水疱液中,通过直接接触和间接接触,病毒进入易感猪的呼吸道、消化道和损伤的皮肤黏膜,均可感染发病。最危险的传播媒介是病猪肉及其制品,还有泔水,其次是被病毒污染的饲养管理用具和运输工具。近年来证明,空气也是猪口蹄疫的重要传播媒介。病毒能随风传播到 10 ～ 60 千米以外的地方,如大气稳定,气温低,湿度高,病毒毒力强时,本病常可发生远距离气源性传播。

病愈动物的带毒期长短不一,一般不超过 2 ～ 3 个月。据报道,猪不能长期带毒,隐性带毒者主要为牛、羊及野生动物。猪口蹄疫流行猛烈,在较短时间内,可使全群猪发病,继而扩散到周围地区,发病率很高,但病死率不到 5%。若由一般猪口蹄疫病毒引起的猪口蹄疫,往往牛先发病,而后才有羊、猪感染发病。

猪口蹄疫的发生虽无严格的季节性，但其流行却有明显的季节规律。一般多流行于冬季和春季，至夏季往往自然平息，规模饲养的猪并无明显的季节性。

2. 如何诊断猪的口蹄疫？

以《口蹄疫诊断技术》（GB/T 18935—2018）为准。

（1）临床诊断。病猪卧地不起或跛行；唇部、舌面、齿龈、鼻镜、蹄踵、蹄叉、乳房等部位出现水疱；发病后期，水疱破溃、结痂，严重者蹄壳脱落，恢复期可见瘢痕、新生蹄甲；传播速度快，发病率高；成年猪死亡率低，幼猪常突然死亡且死亡率高，仔猪常成窝死亡。

（2）病理变化。消化道可见水泡、溃疡；幼猪可见骨骼肌、心肌表面出现灰白色条纹，形色酷似虎斑。

（3）结果判定。出现上述临床症状和病理变化，可判定为疑似口蹄疫；确诊应采集有临床症状动物的水疱皮、水疱液，也可采集未见明显临床症状猪的血清进行病毒分离、定量酶联免疫吸附试验（定量 ELISA）、多重反转录 - 聚合酶链式反应（多重 RT–PCR）、定量反转录 - 聚合酶链式反应（定量 RT–PCR）以及病毒 VP1 基因序列分析、荧光定量反转录聚合酶链式反应（荧光定量 RT–PCR）、病毒中和试验（VN）、液相阻断酶联免疫吸附试验（LPB–ELISA）、固相竞争酶联免疫吸附试验（SPC–ELISA）、非结构蛋白 3ABC 抗体间接酶联免疫吸附试验（3ABC–I–ELISA）、非结构蛋白 3ABC 抗体阻断酶联免疫吸附试验（3ABC–B–ELISA）等实验室诊断技术，进行综合判断。

3. 猪口蹄疫疫情确认后应如何响应？

（1）临时处置。在发生疑似疫情时，根据流行病学调查结果，分析疫源及其可能扩散、流行的情况。在疑似疫情报告同时，对发病场（户）实施隔离、监控，禁止家畜及畜产品、饲料及有关物品移动，进行严格消毒等临时处置措施。对可能存在的传染源，以及在疫情潜伏期和发病期间售出的动物及其产品、对被污染或可疑污染的物品（包括粪便、垫料、饲料），立即开展追踪调查，并按规定进行彻底消毒等无害化处理。

必要时采取封锁、扑杀等措施。

（2）划定疫点、疫区和受威胁区。疫点为发病动物或野生动物所在的地点。相对独立的规模化养殖场 / 户，以病畜所在的养殖场 / 户为疫点；散养畜以病畜所在的自然村为疫点；放牧畜以病畜所在的牧场、野生动物驯养场及其活动场地为疫点；病畜在运输过程中发生疫情，以运载病畜的车、船、飞机等为疫点；在市场发生疫情，以病畜所在市场为疫点；在屠宰加工过程中发生疫情，以屠宰加工厂（场）为疫点。

疫区由疫点边缘向外延伸 3 千米内的区域。新的口蹄疫亚型病毒引发疫情时，疫区范围为疫点边缘向外延伸 5 千米的区域。

受威胁区由疫区边缘向外延伸 10 千米的区域。新的口蹄疫亚型病毒引发疫情时，受威胁区范围为疫区边缘向外延伸 30 千米的区域。

在划定疫区、受威胁区时，应考虑当地饲养环境、天然屏障（如河流、山脉等）、人工屏障（道路、围栏等）、野生动物栖息情况，以及疫情溯源和分析评估结果。

（3）封锁。疫情发生所在地县级以上兽医主管部门报请同级人民政府对疫区实行封锁，人民政府在接到报告后，应在 24 小时内发布封锁令。

跨行政区域发生疫情时，由共同上一级兽医行政主管部门报请同级人民政府对疫区实行封锁，或者由各有关行政区域的上一级人民政府共同对疫区实行封锁。必要时，上级人民政府可以责成下级人民政府对疫区实行封锁。

（4）对疫点采取的措施。

①扑杀并销毁疫点内所有病畜及同群畜，并对病死畜、被扑杀畜及其产品按国家规定标准进行无害化处理。

②对被污染或可疑污染的粪便、垫料、饲料、污水等按规定进行无害化处理。

③对被污染或可疑污染的交通工具、用具、圈舍、场地进行严格彻底消毒。

④对发病前 14 天售出的家畜及其产品进行追踪，并作扑杀和无害化处理。

（5）对疫区采取的措施。在疫区周围设立警示标志，在出入疫区的交通路口设置动物检疫消毒站，执行监督检查任务，对出入人员和车辆及有关物品进行消毒。

对疫区内的易感动物进行隔离饲养，加强疫情持续监测和流行病学调查，积极开展风险评估，并根据易感动物的免疫健康状况开展紧急免疫，建立完整的免疫档案。一旦出现临床症状和监测阳性，立即按国家规定标准实施扑杀并作无害化处理。

对排泄物或可疑受污染的饲料和垫料、污水等按规定进行无害化处理；可疑被污染的物品、交通工具、用具、圈舍、场地进行严格彻底消毒。

对交通工具、圈舍、用具及场地进行彻底消毒。

关闭生猪、牛、羊等牲畜交易市场，禁止易感动物及其产品出入疫区。

（6）对受威胁区采取的措施。根据易感动物的免疫健康状况开展紧急免疫，并建立完整的免疫档案。加强对牲畜养殖场、屠宰场、交易市场的监测，及时掌握疫情动态。

（7）野生动物控制。了解疫区、受威胁区及周边地区易感动物分布状况和发病情况，根据流行病学调查和监测结果，采取相应措施，避免野猪、黄羊等野生偶蹄兽与人工饲养牲畜接触。当地林业部门应定期向兽医主管部门通报有关信息。

（8）解除封锁。

①解除封锁的条件。疫区解除封锁条件：要求疫点内最后一头病畜死亡或扑杀后，经过14天以上连续观察，未发现新的病例。根据疫区、受威胁区内易感动物免疫状况进行紧急免疫，且疫情监测为阴性，对疫点完成终末消毒。

②解除封锁的程序。经当地动物疫病预防控制机构验收合格后，由当地兽医主管部门向发布封锁令的人民政府申请解除封锁。新的口蹄疫亚型病毒引发疫情时，必须经省级动物疫病预防控制机构验收合格后，由当地兽医主管部门向发布封锁令的人民政府申请解除封锁，由该人民政府发布解除封锁令。

必要时，请国家口蹄疫参考实验室参与验收。

（9）**处理记录与档案**。各级人民政府兽医行政主管部门必须对处理疫情的全过程做好完整详实的记录，并做好相关资料归档工作。记录保存年限应符合国家规定要求。

（10）**非疫区应采取的措施**。加强检疫监管，禁止从疫区调入生猪、牛、羊等易感动物及其产品。加强疫情监测，及时掌握疫情发生风险，做好防疫各项工作，防止疫情发生。

做好疫情防控知识宣传，提高养殖户防控意识。

（11）**疫情跟踪**。对疫情发生前14天内，从疫点输出的易感动物及其产品、被污染饲料垫料和粪便、运输车辆及密切接触人员的去向进行跟踪调查，分析疫情扩散风险。必要时，对接触的易感动物进行隔离观察，对相关动物及其产品进行消毒处理。

（12）**疫情溯源**。对疫情发生前14天内，所有引入疫点的易感动物、相关产品来源及运输工具进行追溯性调查，分析疫情来源。必要时，对来自原产地猪、牛、羊等牲畜群或接触猪、牛、羊等牲畜群进行隔离观察，对动物产品进行消毒处理。

4.怎样对猪口蹄疫进行有效免疫？

对所有猪进行 O 型口蹄疫强制免疫。

（1）**免疫程序**。规模猪场按免疫程序进行免疫，散养户在春、秋两季实施集中免疫，对新补栏的猪要及时补免。有条件的地方，可根据母源抗体和免疫抗体检测结果，制定相应的免疫程序。

①规模猪场和种猪免疫。仔猪28～35日龄时进行初免，免疫剂量是成年猪一半。间隔1个月后进行一次强化免疫，以后每隔4～6个月免疫一次。

②散养猪免疫。春、秋两季对所有猪进行一次集中免疫，每月定期补免。有条件的地方可参照规模养猪和种猪的免疫程序进行免疫。

（2）调运猪只免疫。对调出县境的种用或非屠宰猪，在调运前2周进行一次强化免疫。

（3）紧急免疫。发生疫情时，对疫区、受威胁区域的全部猪进行一次强化免疫。边境地区受到境外疫情威胁时，要对距边境线30千米以内的所有猪进行一次强化免疫。最近1个月内已免疫的猪可以不进行强化免疫。

（4）使用疫苗种类。口蹄疫O型灭活类疫苗、合成肽疫苗、空衣壳复合型疫苗在批准范围内使用。

（5）免疫方法。各种疫苗免疫接种方法及剂量按相关产品说明书规定操作。

（6）免疫效果监测。猪免疫28天后进行免疫效果监测。

①检测方法。亚洲I型口蹄疫：液相阻断ELISA；O型口蹄疫：正向间接血凝试验、液相阻断ELISA。

②免疫效果判定。猪的O型抗体正向间接血凝试验的抗体效价 ≥ 25 判定为合格，液相阻断ELISA的抗体效价 ≥ 26 判定为合格。

存栏猪免疫抗体合格率 $\geq 70\%$ 判定为合格。

5. 猪水疱病的病原是什么？

猪水疱病（SVD）是由猪水疱病病毒引起的猪的一种急性、热性、接触性传染病，该病传染性强，发病率高，我国将其列为一类动物疫病。其临诊特征是猪的蹄部、鼻端、口腔黏膜、乳房皮肤发生水疱，类似于口蹄疫，但该病只引起猪发病，对其他家畜无致病性。

猪水疱病病毒属于微RNA病毒科肠道病毒属，病毒粒子呈球形，在超薄切片中直径为20～23纳米，用磷酸钨负染法测定为28～30纳米，用沉降法测定为28.6纳米。病毒粒子在细胞质内呈晶格排列，在病理变化细胞质的囊泡内凹陷处呈环形串珠状排列。

病毒的衣壳呈二十面体对称，基因组为单股正链RNA，无囊膜，对乙醚不敏感，在pH值3.0～5.0表现稳定。

本病毒无血凝特性。

病毒对环境和消毒剂有较强抵抗力，在50℃30分钟仍不失感染力，60℃30分钟和80℃1分钟即可灭活，在低温中可长期保存。病毒在污染的猪舍内存活8周以上，病猪的肌肉、皮肤、肾脏保存于-20℃经11个月，病毒滴度未见显著下降。病猪肉腌制后3个月仍可检出病毒。3%氢氧化钠溶液在33℃，24小时能杀死水疱皮中的病毒，1%过氧乙酸60分钟可杀死病毒。

6. 猪水疱病有什么流行特点?

在自然流行中,本病仅发生于猪,而牛、羊等家畜不发病,猪只不分年龄、性别、品种均可感染。在猪只高度集中或调运频繁的单位和地区,容易造成本病的流行,尤其是在猪集中的猪舍,集中的数量和密度愈大,发病率愈高。在分散饲养的情况下,很少引起流行。本病在农村主要由于饲喂城市的泔水,特别是洗猪头和蹄的污水而感染。

病猪、带毒猪是本病的主要传染源,通过粪、尿、水疱液、乳汁排出病毒。感染常由接触、饲喂病毒污染的泔水和屠宰下脚料、生猪交易、运输工具(被污染的车、船)而引起。被病毒污染的饲料、垫草、运动场和用具以及饲养员等往往造成本病的间接传播;受伤的蹄部、鼻端皮肤、消化道黏膜等是主要传播途径。

健猪与病猪同居 24 ~ 45 小时,虽未出现临诊症状,但体内已含有病毒。发病后第 3 天,病猪的肌肉、内脏、水疱皮,第 15 天的内脏、水疱皮及第 20 天的水疱皮等均带毒,第 5 天和第 11 天的血液带毒,第 18 天采集的血液常不带毒。病猪的淋巴结和骨髓带毒 2 周以上。贮存于 –20℃,经 11 个月的病猪肉块、皮肤、肋骨、肾等的病毒滴度未见显著下降。盐渍病猪肉中的病毒需经 110 天后才能被灭活。

7. 猪水疱病有哪些主要临床症状和病理变化?

自然感染潜伏期一般为 2 ~ 5 天,有的延至 7 ~ 8 天或更长。人工感染最短为 36 小时。临诊症状可分为典型、温和型和亚临诊型(隐性型)。

(1)典型的水疱病。其特征性的水疱常见于主趾和附趾的蹄冠上。早期临诊症状为上皮苍白肿胀,在蹄冠和蹄踵的角质与皮肤结合处首先见到,36 ~ 48 小时水疱明显凸出,里面充满水疱液,很快破裂,但有时维持数天。水疱破溃后形成溃疡,真皮暴露,颜色鲜红,常常环绕蹄冠皮肤与蹄壳之间裂开。病理变化严重时蹄壳脱落。部分猪的病理变化部因继发细菌感染而成化脓性溃疡。由于蹄部受到损害而出现跛行。有的猪呈犬坐式或躺卧地下,严重者用膝部爬行。水疱也见于鼻盘、舌、唇和母猪乳头上。多数仔猪病例在鼻盘发生水疱,也可发生于其他部位。体温升高(40 ~ 42℃),水疱破裂后体温下降至正常。病猪精神沉郁、食欲减退或停食,肥育猪显著掉膘。在一般情况下,如无并发其他疾病者不引起死亡,初生仔猪可造成死亡。病猪康复较快,病愈后 2 周,创面可完全痊愈,如蹄壳脱落,则相当长时间后才能恢复。

(2)温和型(亚急性型)水疱病。只见少数猪只出现水疱,病的传播缓慢,症状轻微,往往不容易被察觉。

（3）**亚临诊型（隐性感染）水疱病**。用不同剂量的病毒，经一次或多次饲喂猪，没有发生临诊症状，但可产生高滴度的中和抗体。据报道，将一头亚临诊感染猪与其他5头易感猪同圈饲养，10天后有2头易感猪发生了亚临诊感染，这说明亚临诊感染猪能排出病毒，对易感猪有很大的危险性。

水疱病发生后，约有2%的猪发生中枢神经系统紊乱，表现向前冲、转圈运动，用鼻摩擦、咬啮猪舍用具，眼球转动，有时出现强直性痉挛。

本病的特征性病理变化为在蹄部、鼻盘、唇、舌面、乳房出现水疱，水疱破裂，水疱皮脱落后，暴露出创面有出血和溃疡。个别病例心内膜上有条状出血斑。其他内脏器官无可见病理变化。组织学变化为非化脓性脑膜炎和脑脊髓炎病理变化，大脑中部病理变化较背部严重。脑膜含有大量淋巴细胞，血管嵌边明显，多数为网状组织细胞，少数为淋巴细胞和嗜伊红细胞。脑灰质和白质发现软化病灶。

8. 怎样诊断猪的水疱病？

临床症状无助于区分猪水疱病、口蹄疫、猪水疱性疹和猪水疱性口炎，因此，必须依靠实验室诊断加以区别。本病与口蹄疫区别更为重要，常用的实验室诊断方法有下列几种。

（1）**生物学诊断**。将病料分别接种1~2日龄和7~9日龄乳小鼠，如2组乳小鼠均死亡者为口蹄疫；1~2日龄乳小鼠死亡，而7~9日龄乳小鼠不死者，为猪水疱病。病料经在pH值3~5缓冲液处理后，接种1~2日龄乳小鼠死亡者为猪水疱病，反之则为口蹄疫。或以可靠的猪水疱病免疫猪或病愈猪与发病猪混群饲养，如两种猪都发病者为口蹄疫。

（2）**反向间接血凝试验**。用口蹄疫A、O、C型的豚鼠高免血清与猪水疱病高免血清抗体球蛋白（IgG）致敏经1%戊二醛或甲醛固定的绵羊红细胞，制备抗体红细胞与不同稀释的待检抗原，进行反向间接血凝试验，可在2~7小时内快速区别诊断猪水疱病和口蹄疫。

（3）**补体结合试验**。以豚鼠制备的诊断血清与待检病料进行补体结合试验，可用于猪水疱病和口蹄疫鉴别诊断。

（4）**ELISA**。用间接夹心ELISA，可以进行病原的检测，目前该方法逐渐取代补体结合试验。

（5）**荧光抗体试验**。用直接和间接免疫荧光抗体试验，可检出病猪淋巴结冰冻切片和涂片中的感染细胞，也可检出水疱皮和肌肉中的病毒。

（6）**RT-PCR**。可以用于区分口蹄疫和猪水疱病。

此外，放射免疫、对流免疫电泳、中和试验都可作为猪水疱病的诊断方法。

9. 怎样防控猪的水疱病?

　　猪感染水疱病病毒 7 天左右,在猪血清中出现中和抗体,28 天达高峰。因此,用猪水疱病高免血清和康复血清进行被动免疫有良好效果,免疫期达 1 个月以上,所以,商品猪大量应用被动免疫,对控制疫情扩散、减少发病率会起到良好作用。用于水疱病免疫预防的疫苗有弱毒疫苗和灭活疫苗,但由于弱毒疫苗在实践应用中暴露出许多不足,目前已停止使用。灭活疫苗安全可靠,接种疫苗后 7 ~ 10 天即可产生免疫力,保护率在 80% 以上,免疫保护期在 4 个月以上。用水疱皮和仓鼠传代毒制成灭活苗有良好免疫效果,保护率为 75% ~ 100%。

　　控制猪水疱病很重要的措施是防止将病原带到非疫区,应特别注意监督牲畜交易和转运的畜产品。运输时对交通工具应彻底消毒,屠宰下脚料和泔水经煮沸方可喂猪。

　　加强检疫,在收购和调运时,应逐头进行检疫,一旦发现疫情立即向主管部门报告,按早、快、严、小的原则,实行隔离封锁。对疫区和受威胁区的猪只,可采用被动免疫或疫苗接种,以后实行定期免疫接种。病猪及屠宰猪肉、下脚料应严格实行无害处理。环境及猪舍要进行严格消毒,常用于本病的消毒剂有过氧乙酸、菌毒敌(原名农乐)、氨水和次氯酸钠等。试验证明,以二氯异氰尿酸钠为主剂的复方含氯制品抗毒威、强力消毒灵等消毒效果也很好,有效浓度为 0.5% ~ 1%(含有效氯 50 ~ 100 毫克 / 千克)。复合酚类的菌毒敌等的有效浓度为 1:(100 ~ 200),过氧乙酸为 0.1% ~ 0.5%,次氯酸钠 0.5% ~ 1%,氨水 5%,福尔马林和氢氧化钠的消毒效果较差,且有较强腐蚀性和刺激性,已不广泛应用。

10. 什么是非洲猪瘟? 诊断要点有哪些?

　　非洲猪瘟是由非洲猪瘟病毒引起的家猪、野猪的一种急性、热性、高度接触性动物传染病,所有品种和年龄的猪均可感染,发病率和死亡率最高可达 100%,且目前全世界没有有效的疫苗。该病毒具有耐酸不耐碱、耐冷不耐热的特点,健康猪与患病猪或污染物直接接触是非洲猪瘟最主要的传播途径,猪被带毒的蜱等媒介昆虫叮咬也可传播。世界动物卫生组织将其列为法定报告动物疫病,我国将其列为一类动物疫病。

　　非洲猪瘟不是人畜共患传染病,但对生猪生产危害重大。我国是生猪养殖和产品消费大国,猪肉是居民主要蛋白质来源之一,猪肉消费占到总肉类消费的 60% 以上;生猪的养殖量和存栏量约占全球总量的一半。我国生猪养殖规模化程度低,生猪调运频次高、范围大,若非洲猪瘟扩散蔓延,可能给我国的生猪养殖业造成极大危害,影响猪肉市场供给。

近年来，非洲猪瘟疫情在东欧频发，经济损失巨大。2018 年 8 月 3 日，辽宁省沈阳市沈北新区发生非洲猪瘟疫情，是我国首次报道。

非洲猪瘟的诊断要点依据按《非洲猪瘟诊断技术》（GB/T 18648—2020）执行。临床诊断依据临床症状和病理变化，可初步判定为疑似非洲猪瘟病例，然后进行普通 PCR 方法、荧光 PCR 方法、荧光 RAA 方法、高敏荧光免疫分析法、夹心 ELISA 抗原检测方法、间接 ELISA 抗体检测方法、阻断 ELISA 抗体检测方法、夹心 ELISA 抗体检测方法、间接免疫荧光方法等实验室诊断方法，对病例作出是否为非洲猪瘟的诊断。

（1）易感动物。猪科动物是本病的易感动物。家猪和欧亚野猪对本病高度易感，且表现出相似的临床症状和死亡率；而非洲野猪，例如疣猪、丛林猪、红河猪和巨体猪，感染本病后很少或者不出现临床症状，是病毒的储存宿主。

（2）临床症状。最急性无明显临床症状突然死亡。急性型体温可高达 42℃，沉郁，厌食，耳、四肢、腹部皮肤有出血点，可视黏膜潮红、发绀。眼、鼻有黏液脓性分泌物；呕吐；便秘，粪便表面有血液和黏液覆盖；或腹泻，粪便带血。共济失调或步态僵直，呼吸困难，病程延长则出现瘫痪、抽搐等其他神经症状。妊娠母猪流产。病死率可达 100%。病程 4 ～ 10 天。亚急性临床症状与急性相同，但病情较轻，病死率较低。体温波动无规律，一般高于 40.5℃。仔猪病死率较高。病程 5 ～ 30 天。慢性病例波状热，呼吸困难，湿咳。消瘦或发育迟缓，体弱，毛色暗淡。关节肿胀，皮肤溃疡。死亡率低。病程 2 ～ 15 个月。

（3）病理变化。典型的病理变化包括浆膜表面充血、出血，肾脏、肺脏表面有出血点，心内膜和心外膜有大量出血点，胃、肠道黏膜弥漫性出血；胆囊、膀胱出血；肺脏肿大，切面流出泡沫性液体，气管内有血性泡沫样黏液；脾脏肿大，易碎，呈暗红色至黑色，表面有出血点，边缘钝圆，有时出现边缘梗死；颌下淋巴结、腹腔淋巴结肿大，严重出血。最急性型的个体可能不出现明显的病理变化。

11. 如何防控非洲猪瘟?

（1）预防。目前在世界范围内没有研发出可以有效预防非洲猪瘟的疫苗，做好养殖场生物安全防护、加强饲养管理等是防控非洲猪瘟的关键。尤其是冬春季节，气温降低、昼夜温差大，空气干燥，非洲猪瘟病毒在环境中更易存活，猪只健康容易受影响，非洲猪瘟进入高发期。养殖场户应从消毒灭源、控制传播、提高猪只健康水平等方面强化防控措施，降低非洲猪瘟发生风险。

①确保消毒效果。低温会影响消毒剂的稳定性和溶解性，使得消毒效果明显减弱。冬春季，养殖场户在消毒剂配制和使用过程中要充分考虑温度影响。

舍外消毒。若室外温度高于 –6℃时，可使用 0.5% 的戊二醛水溶液消毒。温度过低时，可选用低温消毒剂（二氯异氰尿酸钠/过硫酸氢钾复合物+乙二醇、氯化钙等，其中，二氯异氰尿酸钠有效浓度为 0.2% ～ 0.3%，过硫酸氢钾复合物有效浓度为 0.2% ～ 0.5%）。可使用高温火焰对地面进行消毒。

舍内消毒。冬春季不建议舍内带猪消毒，舍内环境消毒时可使用 0.2% ～ 0.5% 的过硫酸氢钾复合物。

饮水消毒。使用二氧化氯、漂白粉等对猪只饮用水进行消毒，可合理添加酸化剂。

物资消毒。物资（疫苗和精液等温度敏感物品除外）到达养殖场后，应恢复至室温后再进行消毒处理。物资消毒宜在室内，避免露天消毒。优先选择烘干消毒，无法烘干消毒的物资可选择浸泡消毒。

烘干消毒。在 60 ～ 70℃保持 30 分钟，消毒过程中，物品之间留有空隙，避免堆叠，确保热空气流通。

浸泡消毒。宜使用 25℃左右的温水配制消毒剂，也可在室内安装供暖设备，将室温控制在 25℃左右。消毒液应完全浸没消毒物品 30 分钟以上，期间可轻微搅动，确保所有物品表面均充分接触消毒液。

应急消毒。疫情风险较大时，可考虑每周进行一次全面、无死角的"白化"消毒（使用 15% ～ 20% 的石灰乳 +2% ～ 3% 的氢氧化钠溶液，配制成碱石灰混悬液），以便可视化消毒区域，并且延长消毒剂作用时间。也可使用 10% 戊二醛、苯扎溴铵溶液进行"泡沫白化"消毒。

②做好物资储备。为减少物资进场频次，降低非洲猪瘟传入风险，可做好物资采购计划，建议根据生产需求集中采购，适当储备 2 ～ 3 个月的物资。不同批次物资标记好入库时间，按入库先后顺序取用。冬季可增加物资的静置存放时间，25℃以上静置 10 天。

规模化猪场：可在猪场外围和场内建物资静置库，静置库宜独立专用，室内温度控制在 20 ～ 25℃。加强静置库管理，做好采样检测，保证消毒效果。易耗物资尽量选用固定供货商，并定期采样检测。

中小养殖场户：可在猪场门口配置物资消毒间，包括烘干房和浸泡池（桶）。消毒时应确保烘干间内物品受热均匀，物资要完全浸泡在消毒液液面以下。入冬前，可提前购置冬春季使用的兽药疫苗，消毒后放入库房备用；食物干货类可提前进场，水果蔬菜类每 2 周供应一次。不采购和食用非本场猪肉及与猪肉相关的熟食、火腿、风干肉、水饺、方便面等产品。

③加强引种管理。北方地区猪场在每年 11 月前，宜一次性引入足够量的小日龄后备猪，至翌年 3—4 月，不再进行引种，尽可能降低引种带来的风险。

规模化猪场：若必须引种，需制定严格的引种生物安全方案，从种源选择、车辆洗消、路途运输到猪只卸载均需制定操作方案，各环节要有专人负责。要对种源进行背景资料调查和实地调研，包括供种猪场的选址、生物安全防护水平、途经区域环境等。要对猪场周边环境采样评估。引种严格执行3次非洲猪瘟病毒核酸和抗体的全群检测（引种前1周、引种后1周、入群前1周）。

中小养殖场户：选择信誉好的集团猪场采购仔猪。同一猪场选择单一种源，并采取"全进全出"的原则。运猪车辆需经清洗、洗消、烘干、采样检测合格后方可使用。

④减少人员流动。人员携带被污染的物品流动，是非洲猪瘟病毒进入场内、在场内扩散的重要途径。冬春季节，可采取措施减少场内人员流动，降低出入次数。禁止无关人员靠近场区；鼓励员工带薪工作，减少休假频次。外来人员（如维修人员、施工人员）进场时，要保证彻底淋浴，全程监管。

采用三段式洗浴。人员进场淋浴是防止人员机械性带入非洲猪瘟病毒的有效措施。合理采用三段式洗浴（一次更衣、淋浴、二次更衣）可消除人员携带非洲猪瘟病毒的风险。

规模化猪场：猪场外围、门卫及生产线需配置标准淋浴间（一次更衣间、淋浴间、二次更衣间）。人员经充分淋浴、全面采样检测合格后方可进场进线。也可在场外设立人员隔离点，入场人员先在此进行采样、淋浴更衣，检测结果阴性后再由专车送到猪场，到达猪场生活区后再次进行采样、淋浴更衣，经过24小时隔离后即可淋浴更衣后进入猪舍。另外，入场人员也可在场区内隔离点采样检测，检测结果合格的，经淋浴后可以直接进入场区生活区，缩短隔离时间。

中小养殖场户：可在猪场门口配置标准淋浴间（一次更衣间、淋浴间、二次更衣间），需有上下水和地暖。人员进场前在家或宾馆充分淋浴，住宿隔离8小时以上，换干净衣服到场。进场流程为，在一次更衣间内将衣服脱下后放入盛有消毒液的桶内浸泡，进入淋浴间充分淋浴，之后在二次更衣间内换新衣服进场。猪舍门口也应配置换衣间，人员进出猪舍要洗手、换衣服和鞋靴。

注意个人物品消毒。对人员携带的个人物品也要经消毒后带入。对于电子产品类（手机、电脑、充电器、耳机、鼠标、键盘、U盘等），可使用75%酒精擦拭；对于防水的生产配件、工具、用品等，可用过硫氰酸钾（1∶200）浸泡消毒30分钟；对于劳保用品、办公用品等不能浸泡的物品，可60～70℃烘干30分钟。

⑤控制车辆进场。猪场使用的拉猪车、拉料车、无害化处理车等运输车辆易污染非洲猪瘟病毒。运输车辆要经彻底清洗、消毒、烘干及检测合格后使用。要尽量选择在场外作业，避免车辆入场。

规模化猪场：要专车专用，要严格执行车辆洗消流程：粗洗–皂洗（泡沫清洗）–精洗–沥干–消毒–干燥–检测。当室外温度低于18℃时，车辆消毒可使用低温消毒剂。车辆经过的路面可使用火焰消毒。

中小养殖场户：可对猪场门口的路面进行硬化，硬化面积应大于15米×4米，便于对到场车辆进行彻底消毒。猪场内使用围挡进行分区。使用散装料的，建散装料仓，拉料车到达猪场附近，场外指定人员对车辆轮胎、底盘消毒后打料，拉料车驶离后，立即对车辆经停地消毒。使用袋装料的，建密闭的饲料静置库，到场饲料静置15天以上后使用。静置库内可加地仓和绞龙，在舍内加接料管，饲喂时在舍内接料。

⑥提高猪只健康水平。健康程度好的猪群，群体免疫力高，疫病抵抗力强。入冬前全面提升猪群的健康水平非常重要。

控制常见病。冬春季支原体病、格拉瑟病（副猪嗜血杆菌病）、链球菌病等呼吸道疫病以及大肠杆菌病、产气荚膜梭菌病等消化道疫病高发。生猪患病后，呼吸道、消化道黏膜受损，非洲猪瘟病毒更易通过损伤黏膜侵入。可对生猪进行药物保健以降低病原在猪群中的循环，也可通过疫苗免疫方式提高群体抵抗力。为降低因饲料导致的胃肠道损伤，可通过调整饲料配方及生产工艺，减小饲料粒径。

及时淘汰病猪。加大病弱猪淘汰力度，及时将猪群中的易感动物剔除，降低猪群感染非洲猪瘟病毒风险。

加强饲养管理。饲喂：检查每批入库饲料数量、料号、保质期，确保料号和数量正确并在保质期内。查看料槽、料斗，确保不缺料，保证猪只自由采食，仔猪料槽添加最大量不超过料槽容量的1/3，少喂勤添，不饲喂霉变饲料。饮水：检查储水桶是否按要求消毒，水量是否充足，水嘴是否能正常使用，水管是否有损坏、漏水等现象，每日按压水嘴，检查水压流速是否满足猪只需求，缺水时及时补充。通风：查看猪舍门窗、风机是否正常，有无贼风情况，防止出现对流风、穿堂风；查看出粪口是否封闭；早晨进入猪舍时通过感受舍内氨气味，判断通风状况。温湿度：查看猪舍温度、湿度是否满足当前猪群日龄的需求，关注舍内温差大小。卫生：查看地面是否干净，是否存在粪便堆积、尿水积存的现象，猪栏墙、水管、料槽等部位是否尘土过多，舍内是否有蜘蛛网。

做好环境控制。冬季，规模化猪场做好风机、水帘、门窗等的密封保暖工作，同时在所有进风口加装初效过滤棉，风机口加风机罩，降低春季刮风时病原随风沙进入猪场的风险。保温：冬季在进猪前一天将舍温提升到26℃以上，锅炉水温达到55～65℃。配备足够的地暖面积、散热器、煤炭等燃料，按照猪只体重、日龄保证相应的舍内温度，昼夜温差控制在2～3℃以内。可增加保温措施，舍外北墙封无纺布，门口外设挡风墙，粪口设挡板，封住风机和湿帘口，舍门内设门帘，舍中间设隔离帘，舍内吊顶，备足垫料，弱猪配备烤灯。冬季肥猪销售后，空栏期要把地暖、暖风机、饮水器内的水全部放掉，防止冻坏，下次运行时先加水排气再烧锅炉供暖。通风：冬季舍内应没有氨气味，空气粉尘含量低，通风的风速控制在 3 米 / 秒以内，舍内温度控制均匀。自然通风的猪舍，冬季开窗时要注意打开所有窗户，打开的大小以人站在舍内窗户前感受不到风速为标准，达到均匀通风，不能打开舍门。机械通风的猪舍，采用排风扇定时抽风，抽风时段保证对温度影响控制在 2℃ 以内。也可开启天窗排风，每小时通风量 = 猪数 × 猪只均重 ×0.65，根据猪舍所需通风量选择风机大小。安装变频温控设备的，不使用定时开关。

⑦强化防鼠措施。冬季天气寒冷、食物匮乏，温暖的猪舍以及猪舍内的饲料对老鼠有很大的吸引力。虽然老鼠不是非洲猪瘟病毒的潜在宿主，但非洲猪瘟病毒可以通过机械携带的方式通过它们进入猪舍。

每周对实体围墙、猪舍围墙的密闭性进行检查，遇到缝隙应用水泥、腻子粉、发泡胶等进行填补，生产区顶棚与生产区连接处使用发泡胶或尼龙网密封，投放机械式捕鼠笼。垃圾桶使用前套垃圾袋，使用后盖上盖子。餐厨剩余物要做到每天处理。垃圾坑安装防护网，坑内定期投放鼠药，防止老鼠觅食。料车离开后，应立即清扫料塔周边残余饲料，装入密闭垃圾桶。定期查看场内有无老鼠痕迹，舍内检查有无鼠粪，各建筑物、设备等有无老鼠啃咬痕迹。

⑧降低饲料带毒风险。饲料原料的种植、收获、运输，成品料的生产加工、储存和运输等环节，均可能被病毒污染。特别是在田间地头或公路进行自然晾晒的饲料原料极易受到污染。使用袋装饲料的猪场，可设立袋装饲料静置库，在 20 ～ 25℃ 环境中静置 14 天后再转运到生产区饲喂；采用散装料仓的猪场，可增加静置料塔，静置 7 ～ 14 天后再进入饲喂管道。

（2）紧急防控措施。一旦发现可疑疫情，应立即上报，并将病料严密包装，迅速送检。同时按《动物防疫法》规定，采取紧急、强制性的控制和扑灭措施。封锁疫区，控制疫区生猪移动。迅速扑杀疫区所有生猪，无害化处理动物尸体及相关动物产品。对栏舍、场地、用具进行全面清扫及消毒。详细进行流行病学调查，包括上下游地区的疫情调查。对疫区及其周边地区进行严密监测。

对发生可疑和疑似疫情的相关场点，所在地县级政府畜牧兽医主管部门和乡镇政府应立即组织采取隔离观察、采样检测、流行病学调查、限制易感动物及相关物品进出、环境消毒等措施。必要时可采取封锁、扑杀等措施。疫情确认后，县级以上人民政府畜牧兽医主管部门应立即划定疫点、疫区和受威胁区。

疫点、疫区和受威胁区的划定及疫情处置按照《非洲猪瘟疫情应急实施方案（第二版）》（农牧发〔2021〕7 号）的规定实施。

灾区猪场的消毒：选择有效的消毒剂和消毒方式，开展消毒灭源工作。猪群饮水消毒可以用 2% ～ 3% 的次氯酸钠；空栏和车辆消毒可以用 1 :（200 ～ 300）的戊二醛或者 1 :（100 ～ 300）的复合酚；猪场环境可以用 0.5% 过氧乙酸溶液进行猪舍环境的喷雾消毒；带猪消毒可用 2% ～ 5% 碘制剂、1 :（100 ～ 300）的复合酚喷雾；大门消毒池可配置 1% ～ 5% 氢氧化钠溶液进行消毒；工作人员进出消毒通道可使用超声波雾化消毒机雾化 1 : 300 的百毒杀进行消毒，或者紫外线照射消毒；粪便等污染物可采用堆积发酵或者焚烧的方式。

对猪场的非洲猪瘟防控工作要做到"五要四不要"。"五要"：一要减少猪场外人员和车辆进入猪场；二要在人员和车辆入场前彻底消毒；三要对猪场实施"全进全出"饲养管理；四要对新引进的生猪进行隔离；五要按规定申报检疫。"四不要"：一不要使用泔水喂猪；二不要放养生猪；三不要从疫区购买生猪；四不要瞒报、迟报疑似疫情。

曾发生过非洲猪瘟的地区，应关注掩埋点消毒，防止因洪水造成二次污染。

12. 如何诊断猪狂犬病？

狂犬病是由弹状病毒科狂犬病毒属狂犬病毒引起的人兽共患烈性传染病。我国将其列为二类动物疫病。

（1）**流行特点**。人和温血动物对狂犬病病毒都有易感性，犬科、猫科动物最易感。发病动物和带毒动物是狂犬病的主要传染源，这些动物的唾液中含有大量病毒。本病主要通过患病动物咬伤、抓伤而感染，动物亦可通过皮肤或黏膜损伤处接触发病或带毒动物的唾液感染。

本病的潜伏期一般为 6 个月，短的为 10 天，长的可达 1 年以上。

（2）**临床特征**。狂躁不安、意识紊乱，死亡率可达 100%。一般分为 2 种类型，即狂暴型和麻痹型。猪等动物发生狂犬病时，多表现为兴奋、性亢奋、流涎和具有攻击性，最后麻痹衰竭致死。

（3）**实验室诊断**。可采用免疫荧光试验、小鼠和细胞培养物感染试验、反转录 – 聚合酶链式反应检测 (RT-PCR)、内基氏小体（包涵体）检查等实验室诊断方法。

（4）**结果判定**。县级以上动物防疫监督机构负责动物狂犬病诊断结果的判定。被发病动物咬伤或符合狂犬病临床特征的，判定为疑似狂犬病猪。

经反转录 – 聚合酶链式反应检测 (RT-PCR)、内基氏小体（包涵体）检查阳性结果之一的，判定为疑似患病动物；具有免疫荧光试验、小鼠和细胞培养物感染试验阳性结果之一的，判定为患病动物。

13. 如何进行狂犬病疫情的报告和处置？

（1）**疫情报告**。任何单位和个人发现有本病临床症状或检测呈阳性结果的动物，应当立即向当地动物防疫监督机构报告。

当地动物防疫监督机构接到疫情报告并确认后，按《动物疫情报告管理办法》及有关规定上报。

（2）疫情处理。

①疑似患病动物的处理。发现有兴奋、狂暴、流涎、具有明显攻击性等典型症状的犬，应立即采取措施予以扑杀；发现有被患狂犬病动物咬伤的动物后，畜主应立即将其隔离，限制其移动；对动物防疫监督机构诊断确认的疑似患病动物，当地人民政府应立即组织相关人员对患病动物进行扑杀和无害化处理，动物防疫监督机构应做好技术指导，并按规定采样、检测，进行确诊。

②确诊后疫情处理。确诊后，县级以上人民政府畜牧兽医行政管理部门应当按照以下规定划定疫点、疫区和受威胁区，并向当地卫生行政管理部门通报。当地人民政府应组织有关部门采取相应疫情处置措施。

疫点、疫区和受威胁区的划分：

疫点。圈养动物，疫点为患病动物所在的养殖场（户）；散养动物，疫点为患病动物所在自然村（居民小区）；在流通环节，疫点为患病动物所在的有关经营、暂时饲养或存放场所。

疫区。疫点边缘向外延伸3千米所在区域。疫区划分时注意考虑当地的饲养环境和天然屏障（如河流、山脉等）。

受威胁区。疫区边缘向外延伸5千米所在区域。

采取的措施：疫点处理措施，包括扑杀患病动物和被患病动物咬伤的其他动物，并对扑杀和发病死亡的动物进行无害化处理；对所有犬、猫进行一次狂犬病紧急强化免疫，并限制其流动；对污染的用具、笼具、场所等全面消毒。

疫区处理措施包括对所有犬、猫进行紧急强化免疫；对犬圈舍、用具等定期消毒；停止所有犬、猫交易。发生重大狂犬病疫情时，当地县级以上人民政府应按照《重大动物疫情应急条例》和《国家突发重大动物疫情应急预案》的要求，对疫区进行封锁，限制犬类动物活动，并采取相应的疫情扑灭措施。

受威胁区处理措施，包括对未免疫犬、猫进行免疫；停止所有犬、猫交易。

发生疫情后，动物防疫监督机构应及时组织流行病学调查和疫源追踪；每天对疫点内的易感动物进行临床观察；对疫点内患病动物接触的易感动物进行一次抽样检测。

疫点、疫区和受威胁区的撤销：所有患病动物被扑杀并做无害化处理后，对疫点内易感动物连续观察30天以上，没有新发病例；疫情监测为阴性；按规定对疫点、疫区进行了终末消毒。符合以上条件，由原划定机关撤销疫点、疫区和受威胁区。动物防疫监督机构要继续对该地区进行定期疫情监测。

（3）预防与控制。

①免疫接种。可根据当地疫情情况，根据需要进行免疫。所有的免疫犬和其他免疫动物要按规定佩带免疫标识，并发放统一的免疫证明，当地动物防疫监督部门要建立免疫档案。

②疫情监测。每年对老疫区和其他重点区域的犬进行 1～2 次监测。采集犬的新鲜唾液，用 RT-PCR 方法或酶联免疫吸附试验（ELISA）进行检测。检测结果为阳性时，再采样送指定实验室进行复核确诊。

③检疫。在运输或出售犬、猫前，畜主应向动物防疫监督机构申报检疫，动物防疫监督机构对检疫合格的犬、猫出具动物检疫合格证明；在运输或出售犬时，犬应具有狂犬病的免疫标识，畜主必须持有检疫合格证明。

④日常防疫。养犬场要建立定期免疫、消毒、隔离等防疫制度；养犬、养猫户要注意做好圈舍的清洁卫生、并定期进行消毒，按规定及时进行狂犬病免疫。

14.布鲁氏菌病有什么流行特点?

布鲁氏菌是一种细胞内寄生的病原菌，主要侵害动物的淋巴系统和生殖系统。病畜主要通过流产物、精液和乳汁排菌，污染环境。

羊、牛、猪的易感性最强。母畜比公畜、成年畜比幼年畜发病多。在母畜中，第一次妊娠母畜发病较多。带菌动物，尤其是病畜的流产胎儿、胎衣是主要传染源。消化道、呼吸道、生殖道是主要的感染途径，也可通过损伤的皮肤、黏膜等感染。常呈地方性流行。

人主要通过皮肤、黏膜、消化道和呼吸道感染，尤其以感染羊种布鲁氏菌、牛种布鲁氏菌最为严重。猪种布鲁氏菌感染人较少见，犬种布鲁氏菌感染人罕见，绵羊附睾种布鲁氏菌、沙林鼠种布鲁氏菌基本不感染人。

15.猪布鲁氏菌病有什么临床症状和病理变化?

（1）临床症状。潜伏期一般为 14～180 天。

最典型症状是怀孕母畜发生流产，流产后可能发生胎衣滞留和子宫内膜炎，从阴道流出污秽不洁、恶臭的分泌物。新发病的畜群流产较多；老疫区畜群发生流产的较少，但发生子宫内膜炎、乳房炎、关节炎、胎衣滞留、久配不孕的较多。公畜往往发生睾丸炎、附睾炎或关节炎。

（2）病理变化。主要病变为生殖器官的炎性坏死，脾、淋巴结、肝、肾等器官形成特征性肉芽肿（布病结节）。有的可见关节炎。胎儿主要呈败血症病变，浆膜和黏膜有出血点和出血斑，皮下结缔组织发生浆液性、出血性炎症。

16.实验室怎样诊断猪布鲁氏菌病?

（1）病原学诊断。

①显微镜检查。采集流产胎衣、绒毛膜水肿液、肝、脾、淋巴结、胎儿胃内容物等组织，制成抹片，用柯兹罗夫斯基染色法染色，镜检，布鲁氏菌为红色球杆状小杆菌，而其他菌为蓝色。

②分离培养。新鲜病料可用胰蛋白胨琼脂面或血液琼脂斜面、肝汤琼脂斜面、3%甘油0.5%葡萄糖肝汤琼脂斜面等培养基培养；若为陈旧病料或污染病料，可用选择性培养基培养。培养时，一份在普通条件下，另一份放于含有5%～10%二氧化碳的环境中，37℃培养7～10天。然后进行菌落特征检查和单价特异性抗血清凝集试验。为使防治措施有更好的针对性，还需做种型鉴定。

如病料被污染或含菌极少时，可将病料用生理盐水稀释5～10倍，健康豚鼠腹腔内注射0.1～0.3毫升/只。如果病料腐败时，可接种于豚鼠的股内侧皮下。接种后4～8周，将豚鼠扑杀，从肝、脾分离培养布鲁氏菌。

（2）血清学诊断。虎红平板凝集试验、全乳环状试验、试管凝集试验、补体结合试验等。

（3）结果判定。县级以上动物防疫监督机构负责布病诊断结果的判定。

具备流行病学、临床症状、病理变化时，判定为疑似疫情。

符合流行病学、临床症状、病理变化，且显微镜检查或分离培养阳性时，判定为患病动物。

未免疫动物的结果判定如下：虎红平板凝集试验或全乳环状试验阳性时，判定为疑似患病动物。

分离培养或试管凝集试验或补体结合试验阳性时，判定为患病动物。

虎红平板凝集试验或全乳环状试验阳性时，判定为疑似患病动物，但试管凝集试验或补体结合试验阴性时，30天后应重新采样检测，虎红平板凝集试验或试管凝集试验或补体结合试验阳性的判定为患病动物。

17. 猪布鲁氏菌病的防控措施有哪些?

（1）疫情报告。任何单位和个人发现疑似疫情，应当及时向当地动物防疫监督机构报告。动物防疫监督机构接到疫情报告并确认后，按《动物疫情报告管理办法》及有关规定及时上报。

（2）疫情处理。

①发现疑似疫情，畜主应限制动物移动；对疑似患病动物应立即隔离。

②动物防疫监督机构要及时派员到现场进行调查核实，开展实验室诊断。确诊后，当地人民政府组织有关部门按下列要求处理。

扑杀：对患病动物全部扑杀。

隔离：对受威胁的畜群（病畜的同群畜）实施隔离，可采用圈养和固定草场放牧2种方式隔离。

隔离饲养用草场，不要靠近交通要道、居民点或人畜密集的地区。场地周围最好有自然屏障或人工栅栏。

无害化处理：患病动物及其流产胎儿、胎衣、排泄物、乳、乳制品等按照中华人民共和国农业农村部令 2022 年第 3 号公布的《病死畜禽和病害畜禽产品无害化处理管理办法》进行无害化处理。

流行病学调查及检测：开展流行病学调查和疫源追踪；对同群动物进行检测。

消毒：对患病动物污染的场所、用具、物品进行严格消毒。

饲养场的金属设施、设备可采取火焰、熏蒸等方式消毒；养畜场的圈舍、场地、车辆等，可选用 2% 氢氧化钠溶液等有效消毒药消毒；饲养场的饲料、垫料等，可采取深埋发酵处理或焚烧处理；粪便消毒采取堆积密封发酵方式。皮毛消毒用环氧乙烷、福尔马林熏蒸等。

发生重大布病疫情时，当地县级以上人民政府应按照《重大动物疫情应急条例》有关规定，采取相应的扑灭措施。

（3）预防和控制。非疫区以监测为主；稳定控制区以监测净化为主；控制区和疫区实行监测、扑杀和免疫相结合的综合防治措施。

①免疫接种。疫情呈地方性流行的区域，应采取免疫接种的方法。

免疫接种范围内的牛、羊、猪、鹿等易感动物。根据当地疫情，确定免疫对象。

②监测。监测对象包括牛、羊、猪、鹿等动物。采用流行病学调查、血清学诊断方法，结合病原学诊断进行监测。

③检疫。异地调运的动物，必须来自于非疫区，凭当地动物防疫监督机构出具的检疫合格证明调运。

④人员防护。饲养人员每年要定期进行健康检查。发现患有布病的应调离岗位，及时治疗。

⑤防疫监督。布病监测合格应为奶牛场、种畜场《动物防疫合格证》发放或审验的必备条件。动物防疫监督机构要对辖区内奶牛场、种畜场的检疫净化情况监督检查。

（4）控制和净化标准。

①控制标准。连续 2 年以上具备以下 3 项条件可进行县级控制。

对未免疫或免疫 18 个月后的动物，牧区抽检 3 000 份血清以上，农区和半农半牧区抽检 1 000 份血清以上，用试管凝集试验或补体结合试验进行检测。试管凝集试验阳性率：羊、鹿 0.5% 以下，牛 1% 以下，猪 2% 以下。补体结合试验阳性率：各种动物阳性率均在 0.5% 以下。

抽检羊、牛、猪流产物样品共 200 份以上（流产物数量不足时，补检正常产胎盘、乳汁、阴道分泌物或屠宰畜脾脏），检不出布鲁氏菌。

患病动物均已扑杀，并进行无害化处理。

②稳定控制标准。县级稳定控制标准：按控制标准要求的方法和数量进行，

连续 3 年以上具备以下 3 项条件。

羊血清学检查阳性率在 0.1% 以下、猪在 0.3% 以下、牛、鹿 0.2% 以下。

抽检羊、牛、猪等动物样品材料检不出布鲁氏菌。

患病动物全部扑杀，并进行了无害化处理。

③净化标准。县级净化标准：按控制标准要求的方法和数量进行，连续 2 年以上具备以下 2 项条件。

达到稳定控制标准后，全县范围内连续两年无布病疫情。

用试管凝集试验或补体结合试验进行检测，全部阴性。

18. 如何防控炭疽病？

炭疽是由炭疽芽孢杆菌引起的一种人畜共患传染病。世界动物卫生组织（WOAH）将其列为必须报告的动物疫病，我国将其列为二类动物疫病。

（1）流行特点。本病为人畜共患传染病，各种家畜、野生动物及人对本病都有不同程度的易感性。草食动物最易感，其次是杂食动物，再次是肉食动物，家禽一般不感染。人也易感。

患病动物和因炭疽而死亡的动物尸体以及污染的土壤、草地、水、饲料都是本病的主要传染源，炭疽芽孢对环境具有很强的抵抗力，其污染的土壤、水源及场地可形成持久的疫源地。本病主要经消化道、呼吸道和皮肤感染。

本病呈地方性流行。有一定的季节性，多发生在吸血昆虫多、雨水多、洪水泛滥的季节。

（2）临床症状。本病的潜伏期为 20 天，典型症状主要呈急性经过，多以突然死亡、天然孔出血、尸僵不全为特征。猪多为局限性变化，呈慢性经过，临床症状不明显，常在宰后见病变。

（3）病理变化。死亡患病动物可视黏膜发绀、出血。血液呈暗紫红色，凝固不良，黏稠似煤焦油状。皮下、肌间、咽喉等部位有浆液性渗出及出血。淋巴结肿大、充血，切面潮红。脾脏高度肿胀，达正常数倍，脾髓呈黑紫色。

严禁在非生物安全条件下进行疑似患病动物、患病动物的尸体剖检。

（4）实验室诊断。咽喉、颈、肩胛、胸、腹、乳房及阴囊等局部皮肤出现红肿热痛，坚硬肿块，继而肿块变冷，无痛感，最后中央坏死形成溃疡；颈部、前胸出现急性红肿，呼吸困难、咽喉变窄，窒息死亡时，怀疑感染了炭疽。病原分离及鉴定、炭疽沉淀反应、聚合酶链式反应（PCR）等实验室检验可以确诊，但必须在相应级别的生物安全实验室进行。

19. 如何进行炭疽病的疫情报告和处置？

（1）疫情报告。任何单位和个人发现患有本病或者疑似本病的动物，都应立即向当地动物防疫监督机构报告。当地动物防疫监督机构接到疫情报告后，按国家动物疫情报告管理的有关规定执行。

（2）疫情处理。 依据本病流行病学调查、临床症状，结合实验室诊断做出的综合判定结果可做为疫情处理依据。

①当地动物防疫监督机构接到疑似炭疽疫情报告后，应及时派员到现场进行流行病学调查和临床检查，采集病料送符合规定的实验室诊断，并立即隔离疑似患病动物及同群动物，限制移动。

对病死动物尸体，严禁进行开放式解剖检查，采样时必须按规定进行，防止病原污染环境，形成永久性疫源地。

②确诊为炭疽后，必须按下列要求处理。由所在地县级以上兽医主管部门划定疫点、疫区、受威胁区。

（3）预防与控制。

①环境控制。饲养、生产、经营场所和屠宰场必须符合《动物防疫条件审核管理办法》规定的动物防疫条件，建立严格的卫生（消毒）管理制度。

②免疫接种。各省根据当地疫情流行情况，按农业农村部制定的免疫方案，确定免疫接种对象、范围。

使用国家批准的炭疽疫苗，并按免疫程序进行适时免疫接种，建立免疫档案。

③检疫。搞好产地检疫、屠宰检疫。

④消毒。对新老疫区进行经常性消毒，雨季要重点消毒。皮张、毛等按照规定实施消毒。

⑤人员防护。动物防疫检疫、实验室诊断及饲养场、畜产品及皮张加工企业工作人员要注意个人防护，参与疫情处理的有关人员，应穿防护服、戴口罩和手套，做好自身防护。

20. 日本脑炎有什么流行特点？

日本脑炎病毒（JEV）是最重要的蚊媒病毒，能引起人类的脑炎，引起猪的生殖障碍。猪感染后表现为高热、流产、产死胎及公猪睾丸炎。

日本脑炎是一种自然疫源性疾病，原来传播于无人居住地区的温血动物，后来传播到人类，成为人畜共患的一种传染病。

日本脑炎病毒感染通常在动物间传播和流行，自然界约有60多种动物可感染乙脑病毒。在自然情况下，在家畜中，马、骡、驴、猪、牛、羊、鸡、鸭、犬、猫及野鸟中都能感染本病。马最易发病，猪、人次之，其他畜禽多为隐性感染。猪是日本脑炎病毒最重要的自然增殖动物。

本病主要由带毒媒介昆虫的叮咬传播，当蚊虫叮咬病人及隐性感染和病毒血症期（血液中可带毒 3 ～ 7 天）的动物时，病毒即随血液进入蚊体，此蚊再叮咬健康的动物和人体，则引起病毒的传播。

猪不分品种和性别均易感。猪的发病年龄多与性成熟有关，大多在 6 月龄左右发病。其特点是感染率高、发病率低（20% ～ 30%）、死亡率低，常因并发症死亡。绝大多数在病愈后不再复发，成为带毒猪。新疫区发病率高、病情严重，以后逐年减轻，最后多呈无症状的带毒猪。

本病的发生与媒介蚊虫的滋生繁殖与活动特性有密切关系，因而构成本病的流行特点，即有严格的季节性。热带地区一年四季散在发生。亚热带和温带地区有严格的季节性，绝大多数集中于夏末秋初流行，一般是 7—9 月，占全年发病数的 80% ～ 90%，10 月明显减少。但由于我国地域很大，南北方还略有差异，一般是南方（华南）提早 1 个月，6—7 月；华北和东北推迟 1 个月，8—9 月达到高峰。

21. 猪日本脑炎有什么临床症状和病理变化？

母猪和小母猪感染日本脑炎的主要特征是：以流产和生产异常为特征的生殖障碍。同窝仔猪有死胎、木乃伊胎、有脑积水和皮下水肿的虚弱仔猪，性成熟的猪没有显示任何明显的临床症状，而是出现一过性的厌食和温和的发热反应。生殖障碍在非免疫母猪配种的 60 ～ 70 天之前已经感染。在这个时间后感染对小猪没有明显影响。日本脑炎也和公猪的不育有关。易感公猪的感染导致睾丸的水肿、充血，睾丸产生的精液中含有大量异常精子，明显降低了有活力的总精子数。精液也能排毒。这些变化通常是暂时的，大多数公猪能完全恢复。

在母猪由日本脑炎引起的肉眼可见的或显微病变还未见报道。自然感染公猪的睾丸在鞘膜腔有大量的黏液，在附睾的边缘和鞘膜脏层可看到纤维增厚。病理组织学可见在附睾、鞘膜和睾丸的间质组织有水肿和炎症变化，输送精子的上皮常常可以看到变性。

死胎和虚弱的新生儿可能看到或看不到大体病变。当出现病变时，它们包括脑积水、皮下水肿、胸膜积水、腹水、浆膜淤点状出血、淋巴结充血、肝和脾坏死灶及脑膜或脊髓充血。显微病变局限于脑和脊髓。可观察到分散性的非化脓性脑炎和脊髓炎。

22. 如何诊断猪的日本脑炎？

本病的诊断应根据流行病学、临诊症状、病理变化及实验室检查进行综合分析，才能确诊。

（1）临诊症状及流行特点。本病有严格的季节性，我国不同地域稍有不同；一般情况下，本病发生有一定的散在性。

妊娠母猪，特别是初产和自外地新引入的妊娠母猪发生流产，产出不同胚胎时期死亡的大小不一的木乃伊胎和死胎，或产弱胎，或产头、腹水肿胎儿，或生后1～5天发生癫痫症状仔猪死亡等。

公猪发生睾丸肿大，多为一侧性，就应怀疑是日本脑炎。

（2）**病理学检查**。取大脑组织进行病理组织学检查，可见非化脓性脑炎变化。

（3）**病毒分离**。在流行初期，采取濒死猪只脑组织或发热期血液，进行鸡胚卵黄囊接种，或给1～3日龄小鼠脑内接种，可分离到病毒。然后用抗乙脑标准血清进行中和试验做病毒鉴定。

（4）**血清学诊断**。在血清学诊断中，常用补体结合试验、中和试验、血凝抑制试验、荧光抗体法、酶联免疫吸附试验、反向间接血凝试验和免疫酶组化染色法等方法。需采取发病初期和恢复期2份血清，恢复期血清滴度升高4倍以上作为判定标准。可见，这些血清学方法只适用于回顾性诊断和流行病学调查，没有早期诊断价值。因为本病发生初期，抗体滴度较低，加之本病多呈隐性感染（猪的感染率可达100%），或有的猪只注射过疫苗，血清学检查时可能出现这些抗体而显现为阳性。

（5）**鉴别诊断**。布鲁氏菌病与本病很相似。猪布鲁氏菌病的体温不高；流产大多发生于妊娠第3个月，多为死胎，少有木乃伊胎，胎盘出血明显，表现有黄色渗出物覆盖；子宫黏膜有粟粒大的化脓灶和干酪化小结节；公猪睾丸大多发生两侧肿大，副睾也肿胀，还有关节炎，特别是后肢；流行无明显季节性；病理组织学检查，没有非化脓性脑炎变化。

猪细小病毒病多发生在第一胎母猪，有流产、死胎、木乃伊胎或产弱仔，无神经症状。全身症状也不明显。

母猪发生伪狂犬病常出现流产、死胎及木乃伊胎；小猪有神经症状。

必要时还需与猪繁殖和呼吸障碍综合征、猪衣原体病、猪瘟等繁殖障碍性疾病加以鉴别。

23. 怎样防控猪日本脑炎？

从发病特点看，消灭传播媒介是预防和控制乙脑流行的根本措施，各饲养单位，在蚊虫滋生和繁殖季节前，应开展防蚊灭蚊的工作，搞好猪舍、环境的清洁卫生工作，填平坑、沟等易积水的地方，铲除蚊虫滋生场所，并在猪舍及周围定期喷洒灭蚊药液应尽力做好。

为了提高猪群的特异性免疫力，可接种乙脑疫苗，这项措施，不但可以预防乙脑流行，还可降低猪只的带毒率，控制本病的传染源，也为控制人群中乙脑的流行发挥重要作用。我国兽用生物制品的猪日本脑炎灭活苗可用于预防。猪乙脑灭活菌苗肌内注射。种猪于 6 ～ 7 月龄（配种前）或蚊虫出现前 20 ～ 30 日注射疫苗 2 次（间隔 10 ～ 15 日），经产母猪及成年公猪每年注射 1 次，每次 2 毫升。在日本脑炎重疫区，为了提高防疫密度，切断传染链锁，对其他类型猪群也应进行预防接种。本疫苗免疫期为 10 个月。我国还有用仓鼠肾细胞培养的活疫苗，可供猪只预防乙脑。在流行期前 1 ～ 2 个月，皮下注射，可收到较好效果。5 月龄以上至 2 岁以上的后备公母猪都可注射。

猪患日本脑炎，无特殊治疗办法，对猪来说也无治疗必要，多为隐性感染，一旦确诊或疑似病猪出现，应果断淘汰。病母猪产出的死胎儿、胎盘及阴道分泌物必须严密处理，即消毒、深埋；猪舍和饲养管理用具要进行严格消毒。在发病疫区，对没有经过夏秋季节的幼龄猪只和从非疫区购进的猪只，均应在乙脑流行前进行疫苗注射，尽力防止夏季蚊虫叮咬。因为这些猪只未曾感染过乙脑，一旦感染，则容易产生毒血症，成为传染源，所以，在乙脑疫区，要特别重视和加强这些猪只的管理工作。

24. 猪棘球蚴病具有什么流行特点？

棘球蚴病是由寄生于狗、猫、狼、狐狸等肉食动物小肠内的带科棘球属的细粒棘球绦虫的幼虫——棘球蚴寄生于猪，也寄生于牛羊和人等肝、肺及其他脏器而引起的一种绦虫蚴病。

本病对人畜危害极大，可严重影响患畜的生长发育，甚至造成死亡。而且寄生有棘球蚴的肝、肺及其他脏器按卫生检疫规定，均被废弃，加以销毁，从而造成很大的经济损失。

本病流行广泛，呈全球性分布，世界上许多国家，国内很多省、市和地区都有本病的流行，其中绵羊的感染率最高，猪也常有发生。

细粒棘球绦虫卵在外界环境中可以长期生存，在 0℃时能生存 116 天之久，高温 50℃时 1 小时死亡，对化学物质也有相当的抵抗力，直射阳光易使之致死。

猪感染棘球蚴病主要是吞食狗和猫粪便中的细粒棘球绦虫卵而感染棘球蚴病。人们有时用寄生有棘球蚴的牛、羊、猪的肝、肺等组织器官的肉喂狗、喂猫或处理不当被狗、猫食入，而感染细粒棘球绦虫病。反过来寄生有细粒棘球绦虫的狗、猫到处活动而把虫卵散布到各处，特别是在猪的圈舍内养狗和猫，或是饲养人员把狗、猫带到猪舍，从而大大增加了虫卵污染环境、饲料、饮水及牧场的机会，加之有的猪放牧或散放，自然也就增加了猪与虫卵接触和食入虫卵的机会而感染棘球蚴病。

25. 猪棘球蚴病有哪些临床症状和病理变化？

轻微感染和感染初期不出现临床症状。严重感染，如寄生于肺，可表现慢性呼吸困难和咳嗽。如肝脏感染严重，叩诊时浊音区扩大，触诊病畜浊音区表现疼痛，当肝脏容积增大时，腹右侧膨大，由于肝脏受害，患畜营养失调，表现消瘦，营养不良等。

猪感染棘球蚴病时，不如绵羊和牛敏感，表现体温升高，下痢，明显咳嗽，呼吸困难，甚至死亡。猪在临床上常无明显的症状，有时在肝区及腹部有疼痛表现，患猪有不安痛苦的鸣叫声。

猪的棘球蚴主要见于肝，其次见于肺，少见于其他脏器。肝表面凸凹不平，有时可明显看到棘球蚴显露表面，切开液体流出，将液体沉淀后在显微镜下可见到许多生发囊和原头蚴（不育囊例外），有时肉眼也能见到液体中的子囊，甚至孙囊。另外也可见到已钙化的棘球蚴或化脓灶。

26. 如何防控猪棘球蚴病？

（1）消灭野犬，对警犬和牧羊犬应定期驱虫。用吡喹酮药饵（5毫克/千克）、甲苯唑（8毫克/千克）、氢溴酸槟榔碱（2毫克/千克）或氯硝柳胺（灭绦灵、拜耳2353，犬的剂量为25毫克/千克）可驱除犬的各种绦虫。驱虫后排出的粪便和虫体应彻底销毁。

（2）加强肉品卫生检验工作，对病猪脏器必须销毁，严禁作犬食。

（3）保持畜舍、饲料和饮水卫生，防止犬粪污染。

（4）人与犬等动物接触或加工狼、狐狸等毛皮时，应注意个人卫生，严防人体感染。

目前尚无有效药物治疗，人患棘球蚴病时可进行手术摘除。

27. 应如何防控日本血吸虫病？

日本血吸虫病是由日本血吸虫寄生于人或哺乳动物引起的一种人畜共患的寄生虫病。农业农村部将其列为二类动物疫病，国家卫健委将其列为乙类传染病。

（1）流行情况。我国日本血吸虫病流行区可划分为3个类型，即水网型、湖沼型及山丘型。水网型：地处长江与钱塘江之间，即长江三角洲的广大平原地区。湖沼型：地处长江中下游沿江两岸的洲滩以及与长江相通的广大湖区。山丘型：主要分布在四川、云南两省的山区和丘陵地带。

日本血吸虫病畜和患者的粪便中含有活卵，为本病主要传染源。猪、犬本身为宿主，可成为传染源。哺乳动物对日本血吸虫几乎都易感。牛（水牛、黄牛）和羊最易感，人也易感。该病主要通过皮肤、黏膜与疫水接触遭受感染。感染钉螺逸出尾蚴污染水源，含有尾蚴的水称为疫水，人畜接触疫水而发病。经水传播是血吸虫病的主要传播途径。各种动物与疫水接触的频率及接触的面积不同，因而感染率及感染程度也不同。同种动物的感染率与感染程度在不同地域也不相同。

（2）**临床症状**。临床症状因感染家畜的品种、年龄和感染强度而异，一般黄牛、奶牛较水牛、马属动物、猪明显，山羊较绵羊明显，犊牛较成年牛明显。临床症状主要表现为消瘦，被毛粗乱，拉稀，便血，生长停滞，役牛耕作力下降，奶牛产奶量下降，母畜不孕或流产，少数患畜特别是重度感染的犊牛和羊，往往长期拉稀、便血，直肠外翻、疼痛，食欲停止，步态摇摆、久卧不起，呼吸缓慢，最后衰竭而死亡。

（3）**防治措施**。实施农业工程灭螺（水改旱、水旱轮作、沟渠硬化、养殖灭螺）和家畜传染源管理（家畜圈养、以机代牛、建沼气池、家畜查治）等农业血防重点项目、保护水源及安全放牧，切断血吸虫病传播途径，预防和控制血吸虫病。

在疫区进行病原学或血清学方法检查，或采用血清学方法筛查，对查出的阳性畜再用病原学方法确诊，查出的病畜采用吡喹酮进行治疗，或对所有接触疫水的家畜实施普治。做好病畜治疗记录并整理成册，归档备查。

（4）**公共卫生与人员防护**。在血防重疫区有螺地带，加强警戒标志，杜绝放牧家畜和人员接触疫水，如果非要接触，必须做好人员防护。

28. 什么是猪瘟？如何进行猪瘟诊断？

猪瘟是由猪瘟病毒引起的猪的一种高度接触性、出血性和致死性传染病。世界动物卫生组织（WOAH）将其列为必须报告的动物疫病，我国将其列为二类动物疫病。该病传染性强，致死率高，给养猪业造成较大经济损失。中共中央、国务院高度重视猪瘟防治工作。近年来，各地各有关部门按照国家总体部署，坚持预防为主，实施免疫与扑杀相结合的综合防治措施，加大防控工作力度，全国猪瘟疫情得到有效控制，疫情报告起数明显下降，流行态势比较平稳，感染率较低，防控工作取得显著成效。据监测，2015 年全国猪场个体感染率 0.15%。但目前部分养殖场依然存在病毒污染，与其他猪病存在一定程度混合感染，控制和净化工作仍面临不少困难和挑战。

（1）**临床症状**。猪群下列临床症状可作为综合诊断定型的依据：发病急，病死率高；体温 ≥ 40.5℃或间歇性发热；精神萎靡、畏寒、厌食甚至废食，呕吐、步态不稳或跛行；先便秘后腹泻，或便秘和腹泻交替出现；腹部皮下、鼻镜、耳尖、四肢内侧均可出现紫色出血斑点，指压不褪色，结膜炎；怀孕母猪有流产、死胎、木乃伊胎或所产仔猪有衰弱、震颤、痉挛、发育不良等现象。

（2）**病理变化**。对疑似患猪可进行病理学诊断，下述病理变化可作为综合诊断定性的依据：淋巴结水肿、出血，呈现红白相间的大理石样变；肾脏呈土黄色，表面可见出血点，部分病例可见雀斑肾；全身浆膜、黏膜和心脏、膀胱、胆囊、扁桃体均可见出血点和出血斑；脾脏不肿大，表面有点状出血或边缘出现突起的楔状梗死区；慢性猪瘟在回肠末端、盲肠和结肠常见钮扣状溃疡。

29. 猪瘟的防治措施有哪些？

（1）**免疫预防**。各地要继续对生猪实施全面免疫，及时制定并实施免疫方案，做好免疫效果评价。必要时，应将猪瘟纳入本省（区、市）强制免疫病种补助范围。

对防疫条件好且开展净化工作的种猪场，经省级兽医主管部门备案同意后，可不实施免疫；其他养殖场户均需对猪实施全面免疫。

（2）**监测净化**。各地要持续开展疫情监测工作，加大病原学监测力度，及时准确掌握病原遗传演化规律、病原分布和疫情动态，科学评估猪瘟发生风险和疫苗免疫效果，及时发布预警信息；要选择一定数量的养殖场户、屠宰场和交易市场作为固定监测点，持续开展监测。

（3）**检疫监管**。各地动物卫生监督机构要强化生猪产地检疫和屠宰检疫，逐步建立以实验室检测和动物卫生风险评估为依托的产地检疫机制，提升检疫科学化水平。强化生猪移动监管，特别要做好跨省调运种猪产地检疫和监管工作。要规范跨省调运电子出证，实现检疫数据互联互通。

（4）**应急处置**。各地要结合实际，完善应急预案，健全应急机制，充实应急防疫物资储备，强化应急培训和演练，做好各项应急准备工作。一旦发生疫情，按照"早、快、严、小"的原则，立即按相关应急预案和防治技术规范进行处置。

（5）**生物安全管理**。各地要积极推动实施"规模养殖、集中屠宰、冷链运输、冷鲜上市"生猪业发展战略，加快推进生猪标准化规模养殖，促进产业转型升级。要严格动物防疫条件审查，指导养殖场户落实卫生消毒制度，提高生物安全水平。要督促生猪养殖场户做好病死猪无害化处理工作。养殖场户要严格落实防疫、生产管理等制度，构建持续有效的生物安全防护体系。

（6）**评估验收**。各地要建立和完善净化场群的评估验收制度，适时开展场群、区域净化评估验收。

30. 国家对猪瘟进行强制免疫的方案是什么？

根据国家重大动物疫病强制免疫政策规定和重大动物疫病流行的现状，从2017年至今，国家取消了对所有猪进行猪瘟强制免疫的计划，但各省农业农村部门仍可根据辖区内动物疫病流行情况，对猪瘟等疫病实施强制免疫。

（1）**免疫程序**。规模化猪场免疫时，商品猪25～35日龄初免，60～70日龄加强免疫一次。种猪25～35日龄初免，60～70日龄加强免疫一次，以后每

4～6个月免疫一次。

散养猪每年春、秋两季集中免疫，每月定期补免。

（2）**紧急免疫。** 发生疫情时对疫区和受威胁地区所有猪进行一次强化免疫。

（3）**使用疫苗种类。** 政府招标专用猪瘟活疫苗；传代细胞源疫苗可在广东、广西、四川、河南、山东、江苏、辽宁、福建等省份试用。

（4）**免疫方法。** 各种疫苗免疫接种方法及剂量按相关产品说明书规定操作。

（5）**免疫抗体监测。** 免疫21天后，进行免疫效果监测。猪瘟抗体阻断ELISA检测试验抗体阳性判定为合格，猪瘟抗体正向间接血凝试验抗体效价 ≥ 25判定为合格。存栏猪抗体合格率达到 ≥ 70% 判定为合格。

31. 猪繁殖与呼吸综合征有什么流行特点?

猪繁殖与呼吸综合征（猪蓝耳病，PRRS）是由猪繁殖与呼吸综合征病毒（PRRSV）引起，以母猪繁殖障碍、早产、流产、死胎、木乃伊胎及仔猪呼吸道疾病为特征的高度接触性传染病。我国将其列为动物二类疫病。

临床上以母猪繁殖障碍和仔猪、育肥猪与成年猪呼吸道症状为特征，常继发细菌感染。不同年龄和品种的猪均可感染，以妊娠母猪和1月龄以内的仔猪最易感。病猪和带毒猪是本病主要的传染源。易感猪可经呼吸道（口）、消化道（鼻腔）、生殖道（配种、人工授精）、伤口（注射）等多种途径感染病毒。病毒可经胎盘垂直传播，造成胎儿感染。猪感染病毒后2～14周均可通过接触将病毒传播给其他易感猪。易感猪也能通过直接接触污染的运输工具、器械、物资、饲料等感染。

猪场有多个毒株流行，既有基因1型即欧洲型毒株，又有基因2型即美洲型毒株，以美洲型毒株为主。当前最主要的流行毒株为类NADC30毒株，市场使用的疫苗对类NADC30感染不能提供完全保护。有的猪场存在多种谱系毒株混合感染的情况，增加防控难度。

32. 如何诊断猪繁殖与呼吸综合征?

依据《猪繁殖与呼吸综合征诊断方法》（GB/T 18090—2008），猪繁殖与呼吸综合征的诊断标准如下。

（1）**临床诊断。** 急性感染初期，猪群表现为食欲低下、发热、昏睡和精神不振等症状，个别猪可出现双耳、外阴、腹部、口部青紫发绀，一般持续1～3周；发病高峰期的主要特征是母猪早产、流产以及木乃伊胎和弱仔增多；仔猪断奶前死亡率增加，高峰期一般持续8～12周；发病末期，母猪繁殖功能逐渐恢复，达到或接近病前水平。仔猪和育肥猪存在不同程度的呼吸系统症状，痊愈猪一般生长缓慢，体重较轻。若没有继发感染，除发病仔猪可见间质性肺炎等特征病变外，一般不表现肉眼可见病变。

（2）实验室检验。有以上临床症状者，可以怀疑猪群有猪繁殖与呼吸综合征病毒感染，确诊需要实验室检验。当在临床上怀疑有 PRRSV 感染时，可根据实际情况，需用病毒分离与鉴定、免疫过氧化物酶单层试验（IPMA）、间接免疫荧光试验（IFA）、间接酶联免疫吸附试验（间接 ELISA）、反转录－聚合酶链反应试验（RT-PCR）等方法中的 1 种或 2 种进行确诊。对于未接种过 PRRS 疫苗，经任何一种方法检测呈阳性时，都可最终判定为 PRRSV 感染猪，对接种过 PRRS灭活疫苗并在疫苗免疫期内的猪或已超过疫苗免疫期的猪，当病毒分离鉴定试验为阳性时，可诊断为 PRRSV 感染猪；当仅血清学试验呈阳性时，应结合病史和疫苗接种史进行综合判定，不可一律视为 PRRSV 感染猪。

33. 猪繁殖与呼吸综合征防控技术要点有哪些?

（1）加强临床巡查。增加临床巡查频次，主要观察猪的采食、饮水有无增多或减少；呼吸频率、呼吸姿势是否发生变化，是否咳嗽、打喷嚏；体温是否正常；眼、鼻有无分泌物、脓液等；耳、四肢皮肤有无颜色变化，有无肿块以及排便、排尿异常情况。发现发病猪只，应立即将病猪移入隔离圈舍，单独饲养，并采集临床样本进行实验室检测，根据诊断结果采取相应防控措施。

（2）实施精准防控。在猪繁殖与呼吸综合征流行场或阳性不稳定场，可根据本场流行毒株选择相应的弱毒活疫苗进行免疫。在阳性稳定场应逐渐减少弱毒活疫苗的使用，或者停止使用弱毒活疫苗；在阴性场、原种猪场和种公猪站，停止使用弱毒活疫苗。坚持自繁自养、全进全出。如需引进猪只、精液，必须坚持引自阴性猪场。引进种猪要进行隔离、观察、检测，病毒核酸检测阴性后再混群饲养。

（3）定期清洁消毒。每周对猪场周围道路消毒 2～3 次，每天对猪场内道路及其环境消毒 1 次。在安全可控的前提下，对产房、保育舍和生长育肥舍进行2～3 次带猪消毒。未安装净水设备的猪场，可在饮水中添加漂白粉或次氯酸钠等消毒剂进行消毒，定期对饮水器或水槽进行消毒处理。对收集、转运、处理病死猪的工具及时进行清洗、消毒。消毒前应做好清洁工作，清除污物以免影响消毒效果。温度低时，可通过延长消毒时间、增加消毒浓度和频率、使用低温消毒剂等措施保证消毒效果。

（4）切实防寒保暖。冬春季要采取防寒保暖措施，确保猪舍温度适宜且基本维持恒定。入冬前，检修门窗、测试锅炉及水暖系统、暖风炉及正压暖风系统、电热板、保温箱、保温灯、电力线路、温控自动开关、发电机等防寒保暖设施设备。新生仔猪保温箱温度宜控制在 32～38℃，保育舍温度在 24～27℃，生长育肥猪、怀孕母猪、种公猪猪舍温度在 10～21℃。开放式猪舍可以覆盖双层塑料膜，封堵窗户及多余的通风口，在门口挂棉帘、草帘，防止冷风进入。顶棚保温差，不利于舍内温度提高的猪舍，可在舍内猪床的上方用塑料薄膜、防雨布、木板等材料搭建临时二层棚，同时，增加红外线保温灯、保温板、暖风炉等，增加保暖效果。使用煤炉的猪舍，要定期检修烟道，避免发生一氧化碳中毒。猪舍内可适当增加垫料。

（5）重视通风换气。在做好防寒保暖的同时，要重视通风，保持猪舍内空气相对湿度为 65% ～ 75%。采用窗户进行通风时，两边的窗户不可同时打开，避免形成对流，风速过大，晚上要关闭窗户。采用风机进行通风，水帘的上部进风口不宜打开过大。通风应优先选择在每天正午高温时段，其次选择在喂料时间段。

（6）强化饲养管理。在饲料配方中增加能量饲料，适量添加复合维生素、氨基酸、复合酶制剂等物质。冬季可在夜间增加一次喂料，提供清洁饮水，有条件的应提供清洁温水。注意哺乳仔猪的饲养，让仔猪吃好初乳，断奶前要提早补料，逐渐增加饲料的饲喂量；断奶后不宜突然更换饲料，要限制饲喂高蛋白、高碳水化合物饲料，增加日粮中纤维素含量。

34. 什么是高致病性猪蓝耳病？

高致病性猪蓝耳病是由猪繁殖与呼吸综合征（蓝耳病）病毒变异株引起的一种急性高致死性疫病。

（1）流行特点。蓝耳病病毒在我国猪群的感染率很高，猪群抗体阳性率在 10% ～ 80%，目前，蓝耳病病毒在猪场的持续性感染是该病在流行病学上的一个重要特征，在感染猪的血清、淋巴结、脾脏、肺脏等组织可以存活很长时间，并可向环境排毒。日龄大的猪和种猪表现为隐形感染。在我国，种猪带毒现象比较严重，从母猪血液和公猪精液经常可以检测到蓝耳病病毒，病毒可通过胎盘和精液传播。带毒母猪和感染母猪可表现出发情障碍，如滞后产、不发情等。

在非洲猪瘟进入中国之前，它一直是国内养猪业的头号病毒。从 2006 年起，高致病性猪蓝耳病从南到北席卷全国，70% 以上的养猪场均未能幸免。这种疾病传播迅速，规模化猪场，猪群密集和频繁流动，流行的可能性更大。但经过一段严重的流行期后，该病往往成为地方病，长期危及养猪生产，发病率高、死亡率高、体温高、治愈率低。目前，随着饲养意识和饲养管理水平的提高，本病也由急性变为慢性。病毒亚型存在，各组的免疫力不同，病毒感染源也不同。因此，抗体不能同时产生，导致横向感染。这种疾病通常是由于母猪更新和从国外猪群引入新的亚型引起的。

高致病性蓝耳病危害：种猪质量差，带病毒；母猪流产、死胎，以及大量仔猪的死亡，都可带来巨大的直接经济损失。它还将降低猪的抵抗力。免疫后的各种疫苗效果较差或免疫失败。如果它与猪瘟混合，可能导致大量死亡。由于抵抗力减弱，呼吸道疾病增加。

（2）**临床症状**。体温明显升高，可达41℃以上；眼结膜炎、眼睑水肿；咳嗽、气喘等呼吸道症状；部分猪后躯无力、不能站立或共济失调等神经症状；仔猪发病率可达100%、死亡率可达50%以上，母猪流产率可达30%以上，成年猪也可发病死亡。

（3）**疫情处置**。任何单位和个人发现猪出现急性发病死亡情况，应及时向当地动物疫病预防控制机构报告。当地动物疫病预防控制机构在接到报告或了解临床怀疑疫情后，应立即派员到现场进行初步调查核实，并采集样品进行实验室诊断以确认疫情。

判定为疑似疫情时，应对发病场（户）实施隔离、监控，禁止生猪及其产品和有关物品移动，并对其内、外环境实施严格的消毒措施。对病死猪、污染物或可疑污染物进行无害化处理。必要时，对发病猪和同群猪进行扑杀并无害化处理。

确认疫情后，由所在地县级以上兽医主管部门划定疫点、疫区、受威胁区。疫点内，扑杀所有病猪和同群猪；对病死猪、排泄物、被污染饲料、垫料、污水等进行无害化处理；对被污染的物品、交通工具、用具、猪舍、场地等进行彻底消毒。疫区内，对被污染的物品、交通工具、用具、猪舍、场地等进行彻底消毒；对所有生猪用高致病性猪蓝耳病灭活疫苗进行紧急强化免疫，并加强疫情监测。对受威胁区所有生猪用高致病性猪蓝耳病灭活疫苗进行紧急强化免疫，并加强疫情监测。

（4）**防控措施**。加强监测力度。对种猪场、隔离场、边境、近期发生疫情及疫情频发等高风险区域的生猪进行重点监测。各级动物疫病预防控制机构对监测结果及相关信息进行风险分析，做好预警预报。农业农村部指定的实验室对分离到的毒株进行生物学和分子生物学特性分析与评价。

提高免疫质量。对所有生猪用高致病性猪蓝耳病灭活疫苗进行免疫。发生高致病性猪蓝耳病疫情时，用高致病性猪蓝耳病灭活疫苗进行紧急强化免疫。各级动物疫控机构定期对免疫猪群进行免疫抗体水平监测，根据群体抗体水平消长情况及时加强免疫。

加强饲养管理，实行封闭饲养，建立健全各项防疫制度，做好消毒、杀虫灭鼠等工作。

35. 猪流行性腹泻有什么流行特点？

猪流行性腹泻是由猪流行性腹泻病毒引起的一种接触性肠道传染病，临床上以呕吐、水样腹泻、脱水为主要特征。各种年龄的猪均易感染，主要侵害2～3日龄的新生仔猪，发病率与病死率可高达100%。病猪及隐性带毒猪是主要的传染源。因病猪的粪便中含有大量的病毒粒子，污染的饲料、饮水、环境、运输车辆等是本病的主要传染源。消化道传播是该病的主要感染途径。猪流行性腹泻病毒可单独感染，也可同猪传染性胃肠炎病毒、轮状病毒和猪丁型冠状病毒引起二重或三重混合感染。

36. 猪流行性腹泻怎样诊断？

（1）**临床症状**。病猪呕吐、腹泻和脱水，与猪传染性胃肠炎相似，但程度较轻、传播稍慢。粪稀如水，呈灰黄色或灰色。呕吐多发生于吃食或吮乳后。少数病猪出现体温升高 1～2℃，精神沉郁，食欲减退或不食，尤其是繁殖种猪。症状的轻重随年龄的大小而有差异，年龄越小，症状越重。1 周内新生仔猪：常于腹泻后 1～2 天迅速脱水，因脱水而死亡，病死率可达 100%。断奶猪、肥育猪以及母猪：常呈现沉郁和厌食症状，持续腹泻 4～7 天，逐渐恢复正常。成年猪：仅表现沉郁、厌食、呕吐等症状，如果没有继发其他疾病且护理得当，猪很少发生死亡。

（2）**病理变化**。小肠具有特征性的病理变化。整个小肠肠管扩张，内容物稀薄，呈黄色、泡沫状，肠壁弛缓，缺乏弹性，变薄有透明感，肠黏膜绒毛严重萎缩。25% 病例胃底黏膜潮红充血，并有黏液覆盖，50% 病例见有小点状或斑状出血，胃内容物呈鲜黄色并混有大量乳白色凝乳块（或絮状小片），较大猪（14 日龄以上的猪）约 10% 病例可见有溃疡灶，靠近幽门区可见有较大坏死区。

根据病猪出现呕吐、喷射状腹泻、迅速脱水、7 天内哺乳仔猪大量死亡可初步诊断为猪流行性腹泻；也可用快速试纸进行诊断；确诊需采集病猪的小肠送实验室。

37. 猪流行性腹泻的防控措施是什么？

（1）**综合防控措施**。坚持自繁自养、全进全出的生产管理方式。加强猪群的饲养管理，提高猪只抵抗力。注意仔猪的防寒保暖，把好仔猪初乳关，增强母猪和仔猪的抵抗力。一旦发病，应将发病猪立即隔离到清洁、干燥和温暖的猪舍中，加强护理，及时清除粪便和污染物，防止病原传播。因病猪抵抗力下降、畏寒，要加强对病猪的保温工作。提高小猪出生 1 周内保温箱温度。加强场区道路和猪舍内外环境的卫生消毒。保持猪舍温暖清洁和干燥，猪舍空气清新，确保饲料质量，不使用霉变饲料。

（2）**做好疫苗免疫**。选择高质量的疫苗，制定科学合理的免疫程序，重点做好母猪群的免疫接种工作，提升母猪群的母源抗体水平。妊娠母猪产前 40 天、20 天注射高效流行性腹泻－传染性胃肠炎－轮状病毒三联苗，每头 1 头份；妊娠母猪产前 14 天、7 天注射自家疫苗（灭活苗）4～6 毫升。

应注意保持圈舍清洁、干燥、通风良好，注意防寒保暖，控制温湿度，分娩区每周消毒 2 次，2～3 种消毒剂交替使用，产房采取全进全出，母猪进入产房要进行全身清洗和消毒。

（3）治疗。本病无特效药治疗，通常应用对症疗法，可以减少仔猪死亡率，促进康复。发病后要及时补水和补盐，给大量的口服补液盐，防止脱水，用肠道抗生素防止继发感染可减少死亡率。

38. 猪伪狂犬病有什么流行特点？

不同阶段的猪只在感染伪狂犬病病毒后所出现的临床症状有所不同，其中妊娠母猪和新生仔猪的症状尤为明显。感染母猪表现流产、产死胎、弱仔、木乃伊胎等繁殖障碍症状，青年母猪和空怀母猪常出现返情而屡配不孕或不发情；公猪常出现睾丸肿胀、萎缩、性功能下降、失去种用能力；新生（哺乳）仔猪发病率和死亡率可达 100%，表现中枢神经系统症状，断奶仔猪发病率 20%～40%，死亡率 10%～20%；生长猪、育肥猪表现为呼吸道症状，增重滞缓，发病率高，无并发症时死亡率低；成年猪呈隐性感染。

该病的传染源是带毒的病猪、隐性感染猪、康复猪、野猪、带毒鼠。病猪的飞沫、唾液、粪便、尿液、血液、精液和乳分泌物等均含有病毒。种猪初次感染康复、恢复生产后将终生带毒，在应激、抵抗力下降时，猪只可发病。

近些年，由伪狂犬病病毒变异毒株引发的疫情逐渐平稳，但仍在流行。

39. 猪伪狂犬病有哪些临床症状？

猪伪狂犬病的临床症状随着年龄的不同有很大的差异。但归纳起来主要有 4 大症状。

哺乳仔猪及断奶幼猪症状最严重，往往体温升高，呼吸困难、流涎、呕吐、下痢、食欲不振、精神沉郁、肌肉震颤、步态不稳、四肢运动不协调、眼球震颤、间歇性痉挛、后躯麻痹，有前进、后退或转圈等强迫运动，常伴有癫痫样发作及昏睡等现象，在神经症状出现后 1～2 天内死亡，病死率可达 100%。若发病 6 天后才出现神经症状，则有恢复的希望，但可能有永久性后遗症，如眼瞎、偏瘫、发育障碍等。

中猪常见便秘，一般症状和神经症状较幼猪轻，病死率也低，病程一般 4～8 天。

成猪常呈隐性感染，较常见的症状为微热，打喷嚏或咳嗽，精神沉郁，便秘，食欲不振，数日即恢复正常，一般没有神经症状。但是，容易发生母猪久配不孕、种公猪睾丸肿胀，萎缩，失去种用能力。

怀孕母猪感染后，常有流产、产死胎及延迟分娩等现象。死产胎儿有不同程度的软化现象，流产胎儿大多甚为新鲜，脑壳及臀部皮肤有出血点，胸腔、腹腔及心包腔有多量棕褐色潴留液，肾及心肌出血，肝、脾有灰白色坏死点。

40. 怎样防控猪伪狂犬病？

（1）预防。要加强日常预防，主要措施如下。

①要从洁净猪场引种，并严格隔离检疫30天。

②及时隔离发病猪。及时隔离疑似感染猪只，对圈舍进行彻底消毒，避免更多的猪只感染。有条件的养殖场可对同群猪进行检测。猪舍地面、墙壁及用具等每周消毒1次，粪尿进行发酵池或沼气池处理。

③捕灭猪舍鼠类等。鼠极易传播伪狂犬病病毒，其个体小，灵活性大，一旦感染伪狂犬病病毒，随着其运动可迅速将病毒向四处传播。要采取有效的灭鼠措施，定期开展灭鼠工作。及时隔离疑似感染猪、发病猪，对圈舍进行彻底消毒。

④种猪场的母猪应每3个月采血检查1次。

疫病流行时要采取下列措施。

①种猪场的净化措施。根据种猪场的条件可采取全群淘汰更新、淘汰阳性反应猪群、隔离饲养阳性母猪所产仔猪及注射伪狂犬病油乳剂灭活苗。接种疫苗的具体方法为：种猪（包括公母）每6个月注射1次，母猪于产前1个月再加强免疫1次。种用仔猪于1月龄左右注射1次，隔4～5周重复注射1次，以后每半年注射1次。种猪场一般不宜用弱毒疫苗。

②肥育猪发病后的处理。发病后可采取全面免疫的方法，除发病仔猪予以扑杀外，其余仔猪和母猪一律注射伪狂犬病弱毒疫苗（K6：弱毒株），乳猪第1次注苗0.5毫升，断奶后再注苗1毫升；3月龄以上的中猪、成猪及怀孕母猪（产前1个月）2毫升。免疫期1年。也可注射伪狂犬病油乳剂灭活菌。同时，还应加强猪场疫病综合防控。

（2）治疗。本病尚无特效治疗药物，紧急情况下，用高免血清治疗，可降低死亡率。疫苗免疫接种是预防和控制伪狂犬病的根本措施，目前国内外已研制成功伪狂犬病的常规弱毒疫苗、灭活疫苗以及基因缺失疫苗（包括基因缺失弱毒苗和灭活苗），这些疫苗都能有效地减轻或防止伪狂犬病的临诊症状，从而减少该病造成的经济损失。应尽量选用一种疫苗，防止多种疫苗混合使用。

41. 如何防控猪轮状病毒感染？

猪轮状病毒感染是由轮状病毒引起仔猪多发的一种急性肠道传染病。临床上以发病猪精神委顿、厌食、呕吐、腹泻和脱水为主要特征。各种年龄的猪均可感染，但仔猪多发。8周龄以内仔猪易感，感染率可高达90%～100%。病猪排出粪便污染的饲料、饮水和各种用具是本病主要的传染源。

（1）**临床症状**。病猪精神不振，食欲减少，不愿走动，仔猪吃奶后迅速发生呕吐及腹泻，粪便呈水样或糊状，黄白色或暗黑色。脱水明显。初生仔猪感染率高，发病严重。10～20日龄仔猪症状轻，环境温度下降和继发大肠杆菌病时常使症状加重和死亡率增高。

（2）**病理变化**。病变主要在消化道，胃内有凝乳块，肠管变薄，内容物为液状，呈灰黄色或灰黑色，小肠绒毛缩短。

（3）**预防**。

①疫苗接种。用猪轮状病毒油佐剂灭活苗或猪轮状病毒弱毒双价苗对母猪或仔猪进行预防注射。油佐剂苗于怀孕母猪临产前30天肌内注射2毫升；仔猪于7日龄和21日龄各注射1次，注射部位在后海穴（尾根和肛门之间凹窝处），每次每头注射0.5毫升。弱毒苗于临产前5周和2周分别肌内注射1次，每次每头1毫升。

②综合防控。坚持"自繁自养、全进全出"的生产管理方式。加强猪群的饲养管理，提高猪只抵抗力。注意仔猪的防寒保暖，把好仔猪初乳关，增强母猪和仔猪的抵抗力。一旦发病，应将发病猪立即隔离到清洁、干燥和温暖的猪舍中，加强护理，及时清除粪便和污染物，防止病原传播。因病猪抵抗力下降、畏寒，要加强对病猪的保温工作。提高小猪出生1周内保温箱温度。加强场区道路和猪舍内外环境的卫生消毒。保持猪舍温暖清洁和干燥，猪舍空气清新，确保饲料质量，不使用霉变饲料。

（4）**治疗**。

①饮用葡萄糖甘氨酸溶液（葡萄糖22.5克、氯化钠4.75克、甘氨酸3.44克、枸橼酸0.27克、枸橼酸钾0.04克、无水磷酸钾2.27克，溶于1升水中即成）。

②防脱水和酸中毒，可用5%～10%葡萄糖盐水和10%碳酸氢钠溶液静脉注射，每天1次，连用3天。

③硫酸庆大小诺霉素注射液16万～32万国际单位，地塞米松注射液2～4毫克，1次肌内或后海穴注射，每天1次，连用2～3天。

④枣树皮焙干研末，大猪一次服150～200克，连服3～5次即愈。

42. 如何防控猪圆环病毒病？

猪圆环病毒是一种无囊膜的单股环状DNA病毒，根据抗原性和基因型的不同，可分为猪圆环病毒1型、猪圆环病毒2型和猪圆环病毒3型。其中猪圆环病毒1型普遍认为无致病性，而猪圆环病毒2型和猪圆环病毒3型可造成断奶仔猪多系统衰竭综合征、猪皮炎与肾病综合征、断奶猪和育肥猪的呼吸道病综合征、仔猪的先天性震颤等，还能引发免疫抑制，诱发其他疫病发生。

（1）**流行特征**。猪圆环病毒 2 型在自然界广泛存在，各日龄猪都可感染，但并不都能表现出临床症状，其临床危害主要表现在猪群生产性能下降。病猪和带毒猪是主要的传染源。该病可在猪群中水平传播，也可通过胎盘垂直传播。

猪断奶后多系统衰竭综合征主要发生在哺乳期和保育期的仔猪，尤其是 5 ~ 12 周龄的仔猪，急性发病猪群的病死率可达 10%，因并发或继发其他细菌或病毒感染而导致死亡率上升。猪皮炎与肾病综合征主要发生于保育和生长育肥猪，呈散发，发病率和死亡率均低。繁殖障碍主要发生于妊娠母猪。

我国猪群中猪圆环病毒 2 型感染呈常在性，临床上单独感染猪圆环病毒 2 型的猪场较少见，通常与猪繁殖与呼吸综合征病毒、猪细小病毒等混合感染。

（2）**防控措施**。做好猪群的基础免疫。做好猪场猪瘟、猪伪狂犬病、猪细小病毒病等疫苗的免疫接种，提高猪群整体的免疫水平，可减少呼吸道疫病的继发感染。

采取综合性防控措施。加强饲养管理，降低饲养密度，实行严格的全进全出制和混群制度，避免不同日龄猪混群饲养；减少环境应激因素，控制并发和继发感染，保证猪群具有稳定的免疫状态；加强猪场内部和外部的生物安全措施，引入猪只应来自清洁猪场。

43. 如何防控猪细小病毒病？

猪细小病毒病是由猪细小病毒引起的一种猪繁殖障碍病，该病主要表现为胚胎和胎儿的感染和死亡，特别是初产母猪发生死胎、畸形胎和木乃伊胎，但母猪本身无明显的症状。

（1）**流行特征**。各品系和年龄的猪均易感。母猪和带毒公猪是主要传染源。后备母猪比经产母猪易感染，病毒能通过胎盘垂直传播，而带毒猪所产的活猪能长时间带毒排毒，有的终身带毒。感染种公猪也是该病最危险的传染源，可在公猪的精液、精索、附睾、性腺中分离到病毒，种公猪通过配种传染给易感母猪，并使该病传播扩散。

当前猪群猪细小病毒病感染率高，基因型复杂多样。该病与猪圆环病毒 2 型混合感染在猪群中常见。

（2）**临床症状及病理变化**。仔猪和母猪的急性感染，通常没有明显症状，但在其体内很多组织器官（尤其是淋巴组织）中均有病毒存在。

怀孕母猪被感染时，主要临床表现为母源性繁殖障碍，如多次发情而不受孕或产出死胎、木乃伊胎，或只产出少数仔猪。在怀孕早期感染时，则因胚胎死亡而被吸收，使母猪不孕和不规则地反复发情。怀孕中期感染时，则胎儿死亡后，逐渐木乃伊化，在 1 窝仔猪中有木乃伊胎儿存在时，可使怀孕期或胎儿娩出间隔时间延长，这样就易造成外表正常的同窝仔猪的死产。怀孕后期（70 天后）感染时，则大多数胎儿能存活下来，并且外观正常，但是长期带毒、排毒。本病最多见于初产母猪，母猪首次受感染后可获较坚强的免疫力，甚至可持续终生。细小病毒感染对公猪的性欲和受精率没有明显影响。

怀孕母猪感染后本身没有病变。胚胎的病变是死后液体被吸收，组织软化。受感染而死亡的胎儿可见充血、水肿、出血、体腔积液、脱水（木乃伊化）等病变。病理组织学检查，可见大脑灰质、白质和软脑膜有以增生的外膜细胞、组织细胞和浆细胞形成的血管周围管套为特征的脑膜炎变化。

（3）防控措施。

①把好引种关。引种前了解引进猪群是否有猪细小病毒感染，怀孕母猪是否有繁殖障碍临床表现，母猪群是否做过疫苗免疫接种等情况。

②做好疫苗免疫接种。疫苗免疫是预防猪细小病毒病、提高母猪抗病力和繁殖率的有效方法，选择合适的疫苗对母猪进行免疫接种。

③做好隔离和消毒。猪只饲养过程中，发现母猪产木乃伊胎或者死胎，立即进行紧急隔离，安排专门的饲养员管理带毒的母猪、仔猪等，同时使用专门的饲养用具等，并与健康猪只使用的器具彻底分开，防止发生交叉感染。另外，还要对猪舍进行全面彻底的清洗和消毒。对病死猪与产出的死胎、病猪排出的粪便、采食的饲料以及其他污物等必须采取无害化处理。

44. 如何防控仔猪红痢？

猪产气荚膜梭菌病是由 C 型魏氏梭菌引起的一种肠道疾病，又名猪梭菌性肠炎、猪传染性坏死性肠炎、猪肠毒血症，俗称仔猪红痢。主要侵害 1～3 日龄仔猪，1 周龄以上仔猪很少发病。母猪和中大猪感染后主要表现为血痢，腹部膨气，病程短，又称为"猝死症"。

病猪体温不高，精神沉郁，食欲废绝，排出浅红或红褐色稀粪，粪便很臭，常混有坏死组织碎片及多量小气泡。剖检可见小肠特别是空肠呈紫红色，肠内容物呈红褐色并混杂小气泡，黏膜弥漫性出血，肠壁黏膜下层、肌层及肠系膜有灰色成串的小气泡，肠系膜淋巴结肿大或出血。胸腔、腹腔、心包积有红色或黄色液体。心外膜、肝、脾、肾可见出血点。

因病程急，发病后用药物治疗效果不佳。必要时可用硫酸链霉素每千克体重 10～15 毫克肌内注射，2 次 / 天；或新霉素每千克体重 10～15 毫克口服，2 次 / 天，连用 3 天；或链霉素 1 克，胃蛋白酶 3 克，混合后给 5 头仔猪分服，1～2 次 / 天，连服 2～3 天。

产房、猪舍、环境、母猪乳头进行经常性的消毒。疫区怀孕母猪在临产前免疫接种 C 型魏氏梭菌疫苗。仔猪出生后可口服 2～3 次抗生素进行预防。

45. 大肠杆菌可引起仔猪哪些病?

猪大肠杆菌病是由病原性大肠杆菌引起的仔猪一组肠道传染性疾病,以发生肠炎、肠毒血症为特征。包括仔猪黄痢(早发性大肠杆菌病)、仔猪白痢(迟发性大肠杆菌病)和仔猪水肿病3种。

46. 仔猪黄痢、仔猪白痢各有哪些诊断要点?

仔猪黄痢、仔猪白痢的病原体为致病性大肠杆菌,是养猪场常见的传染病。

(1)仔猪黄痢诊断要点。仔猪黄痢是初生仔猪发生的急性、致死性传染病。主要发生于1周龄以内仔猪,以1~3日龄最为常见,7日龄以上仔猪很少发生;同窝仔猪发病率高达100%,死亡率90%。临床症状以排黄色或黄白色水样粪便和迅速死亡为特征。病仔猪不愿意吃奶、精神委顿、粪便呈黄色糊状、腥臭,严重者肛门松弛,排粪失禁,沾污尾、会阴和后腿部,肛门和阴门呈红色,迅速衰弱,脱水、消瘦、昏迷至死亡。仔猪黄痢在春季气候多变、圈舍潮湿时多发。剖检可见胃臌胀,胃内充满酸臭的凝乳块,胃黏膜红肿;小肠壁薄、松弛、充气,肠内充满黄色、黄白色稀薄内容物,肠黏膜肿胀、充血或出血;肠系膜淋巴结充血、肿大,切面多汁;心、肝、肾有时可见出血点。

(2)仔猪白痢诊断要点。仔猪白痢主要发生于10~30日龄仔猪,以10~20日龄仔猪多见,多发生于断乳当天。一年四季均可发生,但以严冬、炎热及阴雨连绵季节多发常见,气候骤变、卫生条件不良、母猪饲料质量差、母乳中含脂率过高等可使发病率上升。临床上以体温升高,排灰白色、糊状腥臭味稀粪为特征。发病率高,死亡率低。剖检可见胃内有少量凝乳块,胃黏膜充血、出血、水肿,肠内空虚,有大量气体和少量稀薄的黄白或灰白色酸臭稀粪;肠系膜淋巴结水肿。

47. 应该怎样防控仔猪黄痢、仔猪白痢?

(1)加强仔猪的饲养管理。改善饲养卫生条件,用具及食槽应经常清洗,圈舍保持清洁、干燥。在气候多变的春季,要保持猪舍内的温度恒定,在天气骤冷时,要注意防寒保暖。

(2)做好断奶仔猪的饲养管理。仔猪断奶前要提早补料,逐渐增加饲料的饲喂量;断奶后不宜突然更换饲料,要限制高蛋白、高碳水化合物饲料的饲喂,增加日粮中纤维素的含量。

(3)做好母猪围产期管理。应对产房进行彻底清扫、冲洗、消毒。换干净垫草。母猪产仔后,对母猪乳头、乳房和腹部皮肤擦洗干净,逐个奶头挤掉几滴奶水后,再让母猪哺乳。

（4）**进行药物防治**。对于各种细菌性腹泻，选择具有针对性的敏感药物进行预防和治疗，但要考虑轮换用药，以免产生耐药性菌株。

（5）在流行情况严重的猪场，可考虑进行疫苗免疫。

48. 诊断仔猪水肿病需要把握哪些要点?

（1）仔猪水肿病由溶血性大肠杆菌引起。多发生于断奶前后的仔猪，发病多是营养良好、体格健壮的仔猪，且与饲料和饲养方式改变等有关。

（2）临床上突然发病，精神高度沉郁、食欲废绝、体温不高；眼睑、头部、下颌间发生水肿，严重者可引起全身水肿；行走无力，共济失调，转圈，抽搐，四肢呈游泳状划动；触摸皮肤异常过敏，常发出嘶哑尖叫，衰竭死亡。

（3）剖检见上下眼睑水肿，颜面、额部、头顶部皮下呈灰白色胶胨样水肿；胃大弯、贲门水肿，切开浆膜和肌层，有胶胨状肿胀物。结肠系膜胶胨样水肿，肠系膜淋巴结水肿，体腔有积液。

49. 怎么防控仔猪水肿病?

（1）**预防控制**。应加强仔猪断奶前后的饲养管理，防止饲料单一化，补充富含无机盐类和维生素的饲料，断奶时不要突然改变饲养条件。在哺乳母猪饲料中添加硒和维生素能显著降低猪水肿病的发病率。发现病猪时，可在饲料内添加适量的抗菌药物，如土霉素：用量 5～20 毫克 / 千克体重，也可添加磺胺类药物及大蒜。大蒜的用量为：每日每头仔猪 0.01 千克左右，连用 3 天。

（2）**治疗**。出现症状后再治疗一般难以治愈。应在发现第一个病例后，立即对同窝仔猪进行预防性治疗。对病猪可试用以下处方：卡那霉素（25 毫克 / 毫升）注射液 2 毫升、5% 碳酸氢钠注射液 30 毫升、25% 葡萄糖注射液 40 毫升，混合后 1 次静脉注射，每天 2 次；同时，肌内注射维生素 C 注射液（100 毫克）2 毫升，每天 2 次。

50. 如何诊断猪多杀性巴氏杆菌病?

猪多杀性巴氏杆菌病又叫猪肺疫，是由特定血清型的多杀性巴氏杆菌引起的一种猪的传染病。按照《猪巴氏杆菌病诊断技术》（NY/T 564—2016）要求诊断，可依据临床诊断、病理剖检和病原分离鉴定顺序进行。

（1）**临床诊断**。潜伏期 1～5 天，临诊上一般分为最急性型、急性型和慢性型 3 种形式。

①最急性型。突然发病，迅速死亡；体温升高到 41～42℃，食欲废绝，全身衰弱，卧地不起，焦躁不安，呼吸困难，心跳加快；颈下咽喉部发热、红肿、坚硬，严重者向上延至耳根，向后可达胸前，呼吸极度困难，常做犬坐姿势，伸

长头颈呼吸，有时发出喘鸣声，口、鼻流出泡沫；可视黏膜发绀，腹侧、耳根和四肢内侧皮肤出现红斑。病程 1～2 天。

②急性型。体温升高到 40～41℃，咳嗽，呼吸困难，鼻流黏稠液并混有血液，触诊胸部有剧烈的疼痛，听诊有啰音和摩擦音，张口吐舌，呈犬坐姿势；皮肤有淤血和小出血点，可视黏膜蓝紫，常有黏脓性结膜炎；初便秘，后腹泻；心脏衰竭，心跳加快。病程 5～8 天。

③慢性型。持续性咳嗽，呼吸困难，鼻流少许黏脓性分泌物；出现痂样湿疹；关节肿胀；食欲不振，进行性营养不良，泻痢，极度消瘦。

（2）诊断。出现高热；呼吸困难，继而哮喘，口鼻流出泡沫或清液；咽喉部急性肿大、变红、高热、坚硬；腹侧、耳根、四肢内侧皮肤出现红斑，指压褪色等症状，可疑似感染猪肺疫。确诊尚需做病原分离鉴定。

51. 如何防控猪肺疫？

（1）治疗。发现病猪及可疑病猪立即隔离，及时用抗生素、磺胺类药物和喹诺酮类药物治疗。同时做好消毒和护理工作。效果最好的抗生素是庆大霉素，其次是氨苄青霉素、青霉素等。但巴氏杆菌易产生耐药性，因此，抗生素要交叉使用。庆大霉素 1～2 毫克/千克，氨苄青霉素 4～11 毫克/千克，均为每天 2 次肌内注射，直到体温下降，食欲恢复为止。另外，磺胺嘧啶 1 000 毫克，黄素碱 400 毫克，复方甘草合剂 600 毫克，大黄末 2 000 毫克，调匀为一包，体重 10～25 千克的猪服 1～2 包，5～50 千克的猪服 2～4 包，50 千克以上 4～6 包，每 4～6 小时服 1 次。均有一定效果。

（2）预防。每年春、秋两季定期进行预防注射，以增强猪体的特异性抵抗力。目前我国使用以下 2 类菌苗。

①猪肺疫氢氧化铝甲醛菌苗，断奶后的猪，不论大小一律皮下或肌内注射 5 毫升。注射后 14 天产生免疫力，免疫期 6 个月。猪、牛多杀性巴氏杆菌病灭活疫苗，猪皮下或肌内注射 2 毫升，注后 14 天产生免疫力，免疫期 6 个月。

②弱毒冻干菌苗，我国有用多杀性巴氏杆菌 679-230 弱毒株或 C20 弱毒株制成的口服猪肺疫弱毒冻干菌苗，按瓶签说明的头份，用冷开水稀释后，混入少量饲料内喂猪，使用方便。不论大小猪，一律口服 1 头份，稀释疫苗应在 4 小时内用完。免疫期前者为 10 个月，后者为 6 个月。

52. 什么叫猪沙门氏菌病？

猪沙门氏菌病通常称为仔猪副伤寒，是由沙门氏菌引起的断奶仔猪的一种条件性传染病。仔猪副伤寒由沙门氏菌感染引起，主要发生在 6 月龄以下猪，1～2 月龄仔猪多发。主要传染源是病猪及带毒猪，通过粪尿排出病原菌，污染外界环境。仔猪通过消化道感染发病。本病没有明显季节性，在冬春季节，气候寒冷、气温多变时容易发生。仔猪饲养管理不当、环境卫生差、仔猪抵抗力降低等是本病的诱发因素。

（1）**急性型**。多见于断奶后不久的仔猪，常呈败血症变化，表现体温升高到41～42℃，食欲不振，精神沉郁，先便秘后下痢，皮肤上有紫红色斑点，气喘。剖检，脾脏显著肿大，紫红色，散在小坏死灶；全身淋巴结肿大，弥漫性出血；肾、肝不同程度肿大，散见坏死点；盲肠、结肠严重出血。

（2）**亚急性或慢性型**。体温正常或稍高，食欲不振，肠炎、消瘦和顽固性下痢，粪便恶臭，有时带血。剖检，可见大肠黏膜上有糠麸样假膜；肠壁变厚，失去弹性；肝、淋巴结等有干酪样坏死。

53. 如何防控猪沙门氏菌病？

（1）**治疗**。用药前最好进行药敏试验，选择最敏感的药物。常用药物有氟苯尼考、新霉素、磺胺类药物、喹诺酮类药物等。氟苯尼考20～30毫克/千克体重，口服，2次/天；或20毫克/千克体重，肌内注射，1次/天，连用3～5天。新霉素10～15毫克/千克体重，口服，2次/天，连用2～3天。磺胺二甲嘧啶0.1克/千克体重，口服，2次/天，连用7～10天。要设计交替用药，以免产生耐药性菌株。

（2）**预防**。常发地区，1月龄以上哺乳或断奶仔猪用仔猪副伤寒冻干弱毒疫苗预防接种。肌内注射时用20%氢氧化铝生理盐水稀释，1毫升/头，免疫期9个月；口服时，按瓶签说明，服前用冷开水稀释成每头份5～10毫升，掺入料中喂服；或将每头份疫苗稀释于5～10毫升冷开水中灌服。

54. 如何防控猪李氏杆菌病？

（1）**诊断要点**。

①由单核细胞增多症李氏杆菌引起。仔猪和妊娠母猪较易感染，多呈散发，冬季和早春多发。

②败血症和脑膜脑炎混合型多发生于哺乳仔猪，突然发病，体温升高41～42℃，不吮乳，粪干尿少，后期体温下降；多数表现兴奋、共济失调、肌肉震颤、无目的跑动或转圈，或后退、或以头抵地，有的头颈后仰、呈观星姿势，严重者倒地、抽搐、口吐白沫、四肢乱划、给予刺激则惊叫。病程3～7天。较大的猪呈现共济失调，步态强拘，有的后肢麻痹，不能起立，或拖地行走，病程可达半个月以上。

③单纯脑膜脑炎型大多发生于断奶后的仔猪或哺乳仔猪。病情稍缓和，体温与食欲无明显变化，脑炎症状与混合型相似，病程较长，终归死亡。病猪的血液

检查时，其白细胞总数升高。单核细胞达 8% ～ 12%。

④剖检可见，患猪脑和脑膜充血或水肿，脑脊髓液增多、浑浊，脑干变软、有小化脓灶。

⑤采集血液、肝、脾、脑组织或有病变的脑组织等涂片，革兰染色，镜检，可见革兰阳性、呈"V"字形排列或栅形的小杆菌。

（2）防治。

①病猪立即隔离治疗，严格消毒；用大剂量的广谱抗生素和磺胺类药物治疗可获得满意效果。庆大霉素 2 ～ 4 毫克 / 千克体重，或氨苄青霉素 10 ～ 20 毫克 / 千克体重，或 20% 磺胺嘧啶钠 5 ～ 10 毫升，肌内注射，2 次 / 天，连用 3 天。

②不从病场购入种猪；捕杀场内老鼠；定期进行消毒；可选用多价菌苗进行预防接种。

55. 如何诊断猪链球菌病？

猪链球菌病要根据流行特点、临床症状、病理变化、实验室检验等作出诊断。

（1）流行特点。猪、马属动物、牛、绵羊、山羊、鸡、兔、水貂等以及一些水生动物均有易感染性。不同年龄、品种和性别猪均易感。猪链球菌也可感染人。

本菌除广泛存在于自然界外，也常存在于正常动物和人的呼吸道、消化道、生殖道等。感染发病动物的排泄物、分泌物、血液、内脏器官及关节内均有病原体存在。

病猪和带菌猪是本病的主要传染源，对病死猪的处置不当和运输工具的污染是造成本病传播的主要因素。

本病主要经消化道、呼吸道和损伤的皮肤感染。

本病一年四季均可发生，夏秋季多发。呈地方性流行，新疫区可呈暴发流行，发病率和死亡率较高。老疫区多呈散发，发病率和死亡率较低。

（2）临床症状。本病的潜伏期为 7 天。可表现为败血型、脑膜炎型和淋巴结脓肿型等类型。

①败血型。分为最急性型、急性型和慢性型 3 类。

最急性型发病急、病程短，常无任何症状即突然死亡。体温高达 41 ～ 43℃，呼吸迫促，多在 24 小时内死于败血症。

急性型多突然发生，体温升高 40 ～ 43℃，呈稽留热。呼吸迫促，鼻镜干燥，从鼻腔中流出浆液性或脓性分泌物。结膜潮红，流泪。颈部、耳廓、腹下及四肢下端皮肤呈紫红色，并有出血点。多在 1 ～ 3 天死亡。

慢性型表现为多发性关节炎。关节肿胀，跛行或瘫痪，最后因衰弱、麻痹致死。

②脑膜炎型。以脑膜炎为主，多见于仔猪。主要表现为神经症状，如磨牙、口吐白沫，转圈运动，抽搐、倒地四肢划动似游泳状，最后麻痹而死。病程短的几小时，长的 1～5 天，致死率极高。

③淋巴结脓肿型。以颌下、咽部、颈部等处淋巴结化脓和形成脓肿为特征。

（3）病理变化。

①败血型。剖检可见鼻黏膜紫红色、充血及出血，喉头、气管充血，常有大量泡沫。肺充血肿胀。全身淋巴结有不同程度的肿大、充血和出血。脾肿大 1～3 倍，呈暗红色，边缘有黑红色出血性梗死区。胃和小肠黏膜有不同程度的充血和出血，肾肿大、充血和出血，脑膜充血和出血，有的脑切面可见针尖大的出血点。

②脑膜炎型。剖检可见脑膜充血、出血甚至溢血，个别脑膜下积液，脑组织切面有点状出血，其他病变与败血型相同。

③淋巴结脓肿型。剖检可见，关节腔内有黄色胶冻样或纤维素性、脓性渗出物，淋巴结脓肿。有些病例心瓣膜上有菜花样赘生物。

（4）实验室检验。

①涂片镜检。组织触片或血液涂片，可见革兰氏阳性球形或卵圆形细菌，无芽孢，有的可形成荚膜，常呈单个、双连的细菌，偶见短链排列。

②分离培养。该菌为需氧或兼性厌氧，在血液琼脂平板上接种，37℃培养 24 小时，形成无色露珠状细小菌落，菌落周围有溶血现象。镜检可见长短不一链状排列的细菌。

③必要时用 PCR 方法进行菌型鉴定。

（5）结果判定。符合败血型、脑膜炎型和淋巴结脓肿型等类型临床症状之一，或符合败血型、脑膜炎型和淋巴结脓肿型等类型病理变化之一的，可判定为疑似猪链球菌病。

确诊，除符合败血型、脑膜炎型临床症状之一外，还应同时符合败血型、脑膜炎型和淋巴结脓肿型等类型病理变化之一。

56. 对猪链球菌病疫情如何处理？

（1）疫情报告。任何单位和个人发现患有本病或疑似本病的猪，都应及时向当地动物防疫监督机构报告。

当地动物防疫监督机构接到疫情报告后，按国家动物疫情报告管理的有关规定上报。疫情确诊后，动物防疫监督机构应及时上报同级兽医行政主管部门，由兽医行政主管部门通报同级卫生部门。

（2）疫情处理。根据流行病学、临床症状、剖检病变，结合实验室检验做出的诊断结果可作为疫情处理的依据。

①发现疑似猪链球菌病疫情时，当地动物防疫监督机构要及时派兽医、技术人员到现场进行流行病学调查、临床症状检查等，并采样送检。疑似猪链球菌病疫情时，应立即采取隔离、限制移动等防控措施。

②当确诊发生猪链球菌病疫情时，按下列要求处理。划定疫点、疫区、受威胁区。由所在地县级以上兽医行政主管部门划定疫点、疫区、受威胁区。

本病呈零星散发时，应对病猪作无血扑杀处理，对同群猪立即进行强制免疫接种或用药物预防，并隔离观察14天。必要时对同群猪进行扑杀处理。对被扑杀的猪、病死猪及排泄物、可能被污染饲料、污水等按有关规定进行无害化处理；对可能被污染的物品、交通工具、用具、畜舍进行严格彻底消毒。疫区、受威胁区所有易感动物进行紧急免疫接种。

③本病呈暴发流行时（一个乡镇30天内发现50头以上病猪、或者2个以上乡镇发生），由省级动物防疫监督机构用PCR方法进行菌型鉴定，同时报请县级人民政府对疫区实行封锁；县级人民政府在接到封锁报告后，应在24小时内发布封锁令，并对疫区实施封锁。

④无害化处理。对所有病死猪、被扑杀猪及可能被污染的产品（包括猪肉、内脏、骨、血、皮、毛等）按照2022年7月1日实施的《病死畜禽和病害畜禽产品无害化处理管理办法》执行；对于猪的排泄物和被污染或可能被污染的垫料、饲料等物品均需进行无害化处理。

猪尸体需要运送时，应使用防漏容器，并在动物防疫监督机构的监督下实施。

⑤紧急预防。对疫点内的同群健康猪和疫区内的猪，可使用高敏抗菌药物进行紧急预防性给药。

对疫区和受威胁区内的所有猪按使用说明进行紧急免疫接种，建立免疫档案。

⑥进行疫源分析和流行病学调查。

⑦封锁令的解除。疫点内所有猪及其产品按规定处理后，在动物防疫监督机构的监督指导下，对有关场所和物品进行彻底消毒。最后一头病猪扑杀14天后，经动物防疫监督机构审验合格，由当地兽医行政管理部门向原发布封锁令的同级人民政府申请解除封锁。

⑧处理记录。对处理疫情的全过程必须做好完整的详细记录，以备检查。

（3）参与处理疫情的有关人员。应穿防护服、胶鞋、带口罩和手套，做好自身防护。

57. 猪支原体肺炎有什么流行特点?

猪支原体肺炎，又称猪气喘病或猪喘气病或地方流行性肺炎，是由猪肺炎支原体引起猪的一种接触性、慢性、消耗性呼吸道传染病。本病的主要临床症状是咳嗽和气喘。感染或发病猪的生长速度缓慢，饲料利用率低，育肥饲养期延长。

不同品种、年龄、性别的猪只均能感染，其中，以哺乳猪和幼龄猪最易感，发病率较高，但死亡率低。其次是妊娠后期的母猪和哺乳母猪，育肥猪发病较少。母猪和成年猪多呈慢性和隐性感染。

病猪和感染猪是本病的主要传染源。本病主要通过呼吸道感染。病毒存在于病猪的呼吸系统内，随着咳嗽、气喘和喷嚏排出，形成飞沫。健康猪吸入后感染发病。本病具有明显的季节性，以冬春季节多见。

58. 猪支原体肺炎有哪些临床症状和病理变化?

本病潜伏期 10 ～ 16 天。主要症状为咳嗽和气喘。病初为短声连咳，在早晨出圈后受到冷空气的刺激，或经驱赶运动和喂料前后最易听到，同时流少量清鼻液，病重时流灰白色黏性或脓性鼻液。在病的中期出现气喘症状，呼吸每分钟达 60 ～ 80 次，呈明显的腹式呼吸，此时咳嗽少而低沉。体温一般正常，食欲无明显变化。后期则气喘加重，甚至张口喘气，同时精神不振，猪体消瘦，不愿走动。这些症状可随饲养管理和生活条件的变化而减轻或加重，病程可拖延数月，病死率一般不高。

隐性型病猪没有明显症状，有时发生轻咳，全身状况良好，生长发育几乎正常，但 X 线检查或剖检时，可见到猪支原体肺炎病的示病病灶。

本病的病理变化局限于肺和胸腔内的淋巴结。病变由肺的心叶开始，逐渐扩展到尖叶、中间叶及膈叶的前下部。病变部与健康组织的界限明显，两侧肺叶病变分布对称，呈灰红色或灰黄色、灰白色，硬度增加，外观似肉样，俗称"胰样"或"虾肉样"变，切面组织致密，可从小支气管挤出灰白色、混浊、黏稠的液体，支气管淋巴结和纵隔淋巴结肿大，切面黄白色，淋巴组织呈弥漫性增生。急性病例，有明显的肺气肿病变。

59. 怎样诊断猪支原体肺炎?

应根据流行病学、症状、病理变化及实验室检查等综合资料分析、判定。

（1）实验室诊断。对早期的病猪和隐性病猪进行 X 线检查，可以达到早期诊断的目的，常用于区分病猪和健康猪，以培育健康猪群。目前，临床上应用较多的是凝集试验和琼脂扩散试验，主要用于猪群检疫。

（2）鉴别诊断。应与猪流行性感冒、猪肺疫、猪传染性胸膜肺炎、猪肺丝虫病和蛔虫病相鉴别。

60. 猪支原体肺炎的防控措施有哪些?

（1）**防控措施**。加强饲养管理，严格控制猪群的数量，保持合理的猪只密度，确保猪场的清洁和卫生，禁止饲喂霉变的饲料等，防止应激反应发生。给猪群接种疫苗，做好免疫预防。

（2）**治疗**。要选用有效药物进行防控。用药时要注意肺炎支原体对抗生素的耐药性，采取交叉用药或配合用药。

①盐酸土霉素。每日 30 ～ 40 毫克 / 千克体重，用灭菌蒸馏水或 0.25% 普鲁卡因或 4% 硼砂溶液稀释后肌内注射，每天 1 次，连用 5 ～ 7 天为 1 个疗程。重症可延长 1 个疗程。

②硫酸卡那霉素。用量 20 ～ 30 毫克 / 千克体重，每天肌内注射 1 次，5 天为 1 疗程。也可气管内注射。与土霉素碱油剂交替使用，可以提高疗效。

③泰乐菌素。用量 10 毫克 / 千克体重，肌内注射，每天 1 次，连用 3 天为 1 疗程。

④洁霉素。每吨饲料 0.2 千克或金霉素每吨饲料 0.05 ～ 0.2 千克，连喂 3 周。

61. 如何防治猪衣原体病?

猪衣原体病是由鹦鹉热亲衣原体（旧称鹦鹉热衣原体）的某些菌株引起的一种慢性接触性传染病，又称流行性流产、猪衣原体性流产。临诊上可表现为妊娠母猪流产、死产和产弱仔，新生仔猪肺炎、肠炎、胸膜炎、心包炎、关节炎、种公猪睾丸炎等。常因菌株毒力，猪性别、年龄、生理状况和环境的变化而出现不同的征候群。

（1）**流行特点**。猪衣原体病可以一年四季发生，不同日龄、性别、品种的猪皆可感染发病，尤其以怀孕母猪和哺乳仔猪最易感；病猪和康复猪长期携毒，是主要传染源，猪场内活动的人员、鼠类、犬猫等动物可称为中间传播媒介；传播途径包括精液传染、母乳传染、带毒的排泄物或分泌物污染空气、饲料和水源，即可经呼吸道传染或消化道传染。垂直传播也有可能。猪群一旦感染本病很难清除，康复猪群可长期带菌。

本病多发生于初产母猪，流产率为 40% ～ 90%。流产前无先兆，怀孕猪常突然发生流产、产死胎；有的整窝产出死胎；有的活仔和死仔间隔产出；有的产出弱仔，多在产后数日死亡。

（2）**临床症状**。猪衣原体感染典型表现为种猪繁殖障碍性综合征，如怀孕母猪感染后发生流产、早产、产死弱胎等，有的母猪整窝出现死胎；公猪发生睾丸炎、附睾炎、尿道炎等，精液质量下降；母猪配种后受孕率低下，流产率、死胎率增高。病程中后期可继发肺炎、肠炎、关节炎、心包炎、结膜炎、脑炎、脑脊髓炎等。其中，猪衣原体性流产和引起仔猪大批死亡的衣原体性肺炎 – 肠炎，对集约化养猪业具有较大的威胁。

（3）**病理变化**。子宫内膜水肿及严重充血，表面散布不规则坏死病灶；流产胎儿身体明显水肿，头颈部和四肢皮下瘀血，全身出血，胎衣上有圆形或不规则的水疱，水疱液可能是浆液性和脓性；肝组织出血、肿大；公猪表现为睾丸坏死、质地变硬，腹股沟淋巴结肿胀，输精管炎症、出血，阴茎水肿、出血或坏死。肺炎型衣原体感染病例解剖可见肺水肿，肺表面散布出血点或瘀血斑；有时表现为肺充血，肺实质坏死、板结；气管、支气管炎症，内含黄褐色或带凝血块的分泌物。

有一部分感染猪出现结膜出血，水肿；有关节炎症状的猪只，表现为关节肿大，关节囊液浑浊，灰黄色，含有纤维蛋白絮片等。

（4）**治疗**。及时隔离病猪，分开饲养，清除流产死胎、胎盘及其他病料，进行深埋或火化。对猪舍和产房用石炭酸、福尔马林喷雾消毒，以消灭病原。

四环素为首选治疗药物，也可用金霉素、土霉素、红霉素等。对新生仔猪，可肌内注射1%土霉素，每千克体重1毫升，每天1次，连用5天。仔猪断奶或患病时，注射含5%葡萄糖的5%土霉素溶液，每千克体重1毫升，连用5天。

在饲料中添加15%金霉素，每吨饲料3千克，有利于控制其他细菌性继发感染。此外，公母猪配种前1～2周及母猪产前2～3周按0.02%～0.04%的比例将四环素类抗生素混于饲料中，可提高受胎率，增加活仔数及降低新生仔猪的病死率。

（5）**预防**。引进种猪时要严格检疫和监测，阳性种猪场应限制及禁止输出种猪；搞好猪场的环境卫生消毒工作；避免健康猪与病猪、带菌猪及其他易感染的哺乳动物接触；用猪衣原体灭活疫苗对母猪进行免疫接种，初产母猪配种前免疫接种2次，间隔1个月。经产母猪配种前免疫接种1次。

62. 如何诊断猪附红细胞体病？

（1）**流行特点**。猪附红细胞体病又叫猪嗜血支原体病，是由猪嗜血支原体寄生于猪红细胞表面及血浆中引起。无明显季节性，多在温暖季节，尤其是吸血昆虫活动的夏秋季节感染；多表现隐性感染，有应激因素存在时，可使隐性感染猪发病，甚至大批发生，呈地方流行。

（2）**临床症状**。主要表现为皮肤、黏膜苍白，黄疸，后期有些病猪皮肤呈红色（以耳尖和腹下多见），体温升高，精神沉郁，食欲不振。

母猪的症状分为急性和慢性2种：急性感染的症状为持续高热（40～41.7℃），厌食，偶有乳房和阴唇水肿，产仔后奶量少，缺乏母性行为，产后第3

天起逐渐自愈；慢性感染母猪呈现衰弱，黏膜苍白及黄疸，不发情或屡配不孕，如有继发感染或营养不良，可使症状加重，甚至死亡。

主要病理变化为贫血及黄疸。皮下脂肪黄染、血液稀薄、全身性黄疸。肝肿大变性，呈黄棕色，胆囊充盈，胆汁呈胶陈样。脾肿大变软。淋巴结水肿，有时胸腔、腹腔及心包积液。肠系膜淋巴结潮红、肿大，黄染。

63. 如何防治猪附红细胞体病？

（1）附红细胞体病的实验室诊断。在发热期采取耳尖血，用姬姆萨染色法染色后，显微镜检查可见在红细胞内寄生的病原体，其形态为圆盘状、球状，呈蓝色。一个红细胞内寄生1个或数个不等。红细胞多发生变形呈星芒状等不规则形。

（2）预防控制措施。应消除一切应激因素，治疗继发感染，提高疗效，控制本病的发生。

（3）治疗。目前，比较有效的药物有贝尼尔、新胂凡纳明、土霉素等。附红灭 0.05 ～ 0.1 毫升 / 千克体重，肌内注射；新胂凡纳明 10 ～ 15 毫克 / 千克体重，静脉注射，在 2 ～ 24 小时内，病原体可从血液中消失，在 3 天内症状也可消除。由于副作用较大，目前较少应用。对阳性反应的、初生不久的贫血仔猪，1 ～ 2 日龄注射铁制剂 200 毫克至 2 周龄再注射同剂量铁制剂 1 次。

64. 怎样防控猪钩端螺旋体病？

猪钩端螺旋体病是由致病性钩端螺旋体引起的一种人兽共患和自然疫源性传染病。该病的临诊症状表现形式多样，猪钩端螺旋体病一般呈隐性感染，也时有暴发。急性病例以发热、血红蛋白尿、贫血、水肿、流产、黄疸、出血性素质、皮肤和黏膜坏死为特征。猪的带菌率和发病率较高。该病呈世界性分布，在热带、亚热带地区多发。我国许多省、市都有该病的发生和流行，长江流域和南方各地发病较多。

（1）流行病学。各种年龄的猪均可感染，但仔猪发病较多，特别是哺乳仔猪和断奶仔猪发病最严重，中猪、大猪一般病情较轻，母猪不发病。传染源主要是发病猪和带菌猪。钩端螺旋体可随带菌猪和发病猪的尿、乳和唾液等排于体外污染环境。猪的排菌量大，排菌期长，而且与人接触的机会最多，对人也会造成很大的威胁。人感染后，也可带菌和排菌。人和动物之间存在复杂的交叉传播，这在流行病学上具有重要意义。鼠类和蛙类也是很重要的传染源，它们都是该菌的自然贮存宿主。鼠类能终生带菌，通过尿液排菌，造成环境的长期污染。蛙类主要是排尿污染水源。

本病通过直接或间接传播方式，主要途径为皮肤，其次是消化道、呼吸道以及生殖道黏膜。吸血昆虫叮咬、人工授精以及交配等均可传播本病。该病的发生没有季节性，但在夏、秋多雨季节为流行高峰期。本病常呈散发或地方性流行。

（2）**临床症状**。本病潜伏期 2～7 天。

急性型：黄疸常见于育肥猪，发烧，结膜红肿，不吃，皮肤干燥。皮肤黏膜高度苍白、发黄，耳部、头部、外生殖器的皮肤及口腔黏膜坏死，尿发黄、血尿。

亚急性型和慢性型：多见于保育期仔猪，发烧，采食量降低，眼结膜潮红、浮肿、发黄、苍白。全身水肿，皮肤瘙痒、发黄。尿发黄，呈浓茶色或发红，便秘、腹泻，生长缓慢。

母猪采食量减少，低热，腹泻，怀孕母猪流产，产死胎、木乃伊胎、弱仔。

（3）**病理变化**。皮下组织、浆膜和黏膜黄染。肝肿大，呈土黄色、棕黄色，胆囊肿大，胆汁充盈。肾脏肿大出血，有散在的灰白色坏死灶。膀胱内有浓茶样的尿液，黏膜出血。心包内有黄色积液，心肌出血。皮肤坏死。

（4）**诊断**。本病的临床症状和病理变化常常不典型，只能作为诊断时的参考，而确诊则需要实验室检查。

（5）**防控措施**。

①治疗。发病猪群应及时隔离和治疗，对污染的环境、用具等应及时消毒。可使用 10% 氟苯尼考注射液（每千克体重 0.2 毫升，肌内注射，每天 1 次，连用 5 天）、磺胺类药物（磺胺 –5– 甲氧嘧啶，每千克体重 0.07 克，肌内注射，每天 2 次，连用 5 天）对发病猪进行治疗；病情严重的猪可用维生素、葡萄糖进行输液治疗；链霉素、土霉素等四环素类抗生素也有一定的疗效。

感染猪群可用土霉素拌料（0.75～1.5 克 / 千克）连喂 7 天，可以预防和控制病情的蔓延。妊娠母猪产前 1 个月连续用土霉素拌料饲喂，可以防止发生流产。

②防控措施。做好猪舍的环境卫生消毒工作；及时发现、淘汰和处理带菌猪；搞好灭鼠工作，防止水源、饲料和环境受到污染；禁止养犬、养鸡、养鸭；发生过本病的猪场，可用灭活菌苗对猪群进行免疫接种。

65. 如何防控猪华支睾吸虫病？

本病是由后睾科的华支睾吸虫寄生于犬、猫、猪等动物的胆管和胆囊内引起的。主要分布于亚洲东部，在中国分布极广。它也是一种严重的人畜共患病。

寄生于肝脏的成虫排出虫卵，卵随粪便落入水中。被第一中间宿主淡水螺吞食后，毛蚴在螺的消化道中孵出，毛蚴进入螺的淋巴系统，发育为胞蚴、雷蚴和尾蚴。成熟的尾蚴离开螺体落入水中，遇第二中间宿主淡水鱼或虾，便侵入其体内各部，尤以肌肉居多，最后形成囊蚴。当人、犬、猫或猪等动物吞食含囊蚴的生鱼、虾或未经煮熟的鱼虾而感染。幼虫在十二指汤内破囊而出，经总胆管而进入胆管，约经 1 个月发育为成虫。虫体在胆管内吸血，破坏胆管上皮细胞，引起胆管炎或胆囊炎。

（1）**诊断要点**。主要症状为消化不良、下痢、呕吐、黄疸、腹水、消瘦和贫血，甚至发生死亡。

剖检特征为胆囊肿大，胆管增生、胆汁浓稠。胆管和胆囊中有大量虫体和虫卵，肝表面结缔组织增生，严重时发生肝硬化。

可用反复沉淀法和粪便直接涂片法检查虫卵。虫卵很小，大小为（27 ～ 35）微米 ×（12 ～ 20）微米，呈黄褐色，一端有一小盖，另一端有疣状突起，内含毛蚴。

（2）**防控措施**。可用下列药物驱虫：吡喹酮，按 50 ～ 75 毫克 / 千克，一次口服；六氯对二甲苯，按 50 毫克 / 千克，口服，每天 1 次，连用 10 天；丙硫苯咪唑，按 30 毫克 / 千克，口服，每天 1 次，连用 12 大。

控制中间宿主的感染，禁喂生的鱼虾，加强人畜的粪便管理。

66. 怎样防控猪囊尾蚴病？

猪囊尾蚴病又称猪囊虫病，是由带科带属的有钩绦虫的幼虫猪囊尾蚴寄生于人、猪体内而引起的一种绦虫蚴病。猪囊虫大多寄生于猪的横纹肌内，脑、眼和其他脏器也常有寄生。猪囊虫病是人畜共患的寄生虫病。

（1）**流行病学**。本病无明显的季节性。猪是有钩绦虫的中间宿主，人是有钩绦虫的终末宿主，也是中间宿主。猪在放养条件下，有连茅厕、人随地大便情况时，猪吃了有钩绦虫病人粪便中的孕卵节片或虫卵，在胃肠液的作用下，卵中孵出六钩蚴，钻入肠壁小血管或淋巴管，随血液流到猪体各部，多寄生于猪的肌肉和内脏中，经 2 ～ 3 个月发育为具有感染能力的囊尾蚴。而人又吃了没有煮熟的带有活的囊尾蚴的猪肉而感染有钩绦虫病。还有人吃了被绦虫卵污染的食物和水，或病人呕吐把节片返到胃里，外膜及卵膜被消化放出六钩蚴而感染囊虫病。

（2）**临床症状**。猪囊尾蚴寄生部位以舌肌、咬肌、肩腰部肌肉、股内侧肌及心肌较为常见。一般无明显症状，极严重感染的猪可能有营养不良、生长迟缓、贫血和水肿等症状，并常呈两肩显著外展，臀部不正常的肥胖宽阔的哑铃状或狮体状体型。检查舌、眼可发现囊虫。

（3）**病理变化**。肌肉内有米粒大小的白色囊虫，肌肉苍白水肿，切面外翻、凹凸不平；在脑、眼、心、肝、脾、肺等部，甚至淋巴结和脂肪内也可找到虫体。后期可发现钙化灶。

（4）**诊断**。死后在肌肉中发现囊虫便可确诊，主要检验部位为咬肌、深腰肌和膈肌，其他可检部位为心肌、肩甲外侧肌和股部内侧肌。

间接血球凝集试验和酶联免疫吸附试验作猪囊虫病的生前诊断等。

（5）防控措施。

①预防控制。加强肉品卫生检验。对有囊虫寄生的猪肉应严格按国家规定处理。

②治疗。驱除人体有钩绦虫的药物有：槟榔，口服 50～100 克；氯硝柳胺片，咀嚼，3 克，早晨一次空腹服用。治疗猪囊尾蚴的药物有：吡喹酮，混饲，一次量，30～60 毫克／千克体重；丙硫咪唑，30 毫克／千克体重，以橄榄油或豆油做成 6% 悬液肌内注射，或以 20 毫克／千克体重口服 1 次，隔 48 小时再服 1 次，共服 3 次，可治愈。

67.怎样防控猪旋毛虫病？

旋毛虫病是由毛形科的旋毛形线虫成虫寄生于小肠、幼虫寄生于横纹肌引起的一种人畜共患的寄生虫病。

（1）诊断方法。成虫寄生在小肠时引起肠炎。主要危害是幼虫进入肌肉时，在临床上可出现体温升高、肌肉疼痛或僵硬、水肿、嗜酸性粒细胞增多等症状，由于缺乏特异性症状，往往误诊为其他疾病。

猪旋毛虫大多在宰后肉检中发现。采集两侧膈肌角各 30～50 克，撕去肌膜，肉眼观察是否有细小的白点；然后在肉样上顺肌纤维方向剪取 24 块小肉片（约麦粒大）摊平在载玻片上，排成两行，用另一载玻片压上，两端用橡皮筋缚紧，在低倍显微镜下顺序检查，新鲜屠体中的虫体及包囊均清晰，若放置时间较久，幼虫较模糊，包囊可能完全看不清，此时用美蓝溶液染色，染色后肌纤维呈淡蓝色，包囊呈蓝色或淡蓝色，虫体不着色。对钙化包囊的镜检，可加数滴 5%～10% 盐酸或 5% 冰醋酸使之溶解，1～2 小时后肌纤维透明呈淡灰色，包囊膨胀、轮廓清晰。

生前诊断可采用酶联免疫吸附试验和间接血凝试验，可在感染后 17 天检出特异性抗体。

（2）防治。

①加强肉品卫生检验，不仅要检验猪肉，还应检验犬肉及其他兽肉，对检出的屠体应遵章严格处理。严禁人吃生猪肉，禁用河水、废肉渣喂猪。

②治疗可选用丙硫咪唑，混料 0.03% 浓度（0.3 克／千克料）给猪混饲，连喂 10 天；噻苯咪唑，口服，每千克体重 50 毫克，连用 5～10 天。

68.怎样诊断猪弓形虫病？

（1）临床症状。本病由弓形虫引起。3～5 月龄的猪多呈急性发作，症状与猪瘟相似，体温升高至 40～42℃，呈稽留热，精神沉郁；食欲减退或废绝，便秘，有时下痢，呕吐；呼吸困难，咳嗽；体表淋巴结，尤其腹股沟淋巴结明显肿大，身体下部及耳部有淤血斑或大面积发绀；孕猪发生流产或死胎。

（2）病理变化。 剖检可见肺稍膨胀，暗红色带有光泽，间质增宽，有针尖至粟粒大出血点和灰白色坏死灶，切面流出多量带泡沫液体；全身淋巴结肿大，灰白色，切面湿润，有粟粒大、灰白色或黄白色坏死灶并有大小不一的出血点；肝、脾、肾也有坏死灶和出血点；盲肠和结肠有少数散在的浅溃疡，淋巴滤泡肿大或坏死，心包、胸腹腔液增多。

69. 如何防治猪弓形虫病?

（1）猪场发病时，应全面检查，对检出的患猪和隐性感染猪进行登记和隔离；对良种病猪采用有效药物治疗；对治疗耗费超过经济价值，隔离管理又有困难的病猪，可屠宰淘汰。

（2）对病猪舍、饲养场用1%煤酚皂或3%苛性钠或火焰等消毒。

（3）磺胺类药物对本病有较好疗效：磺胺嘧啶，每千克体重70毫克、甲氧苄氨嘧啶，每千克体重14毫克，口服，2次/天，连用3～4天；或磺胺甲基苯嘧啶，每千克体重30毫克、甲氧苄氨嘧啶，每千克体重10毫克，口服，1次/天，连用3～4天；或12%复方磺胺甲基苯吡唑，注射液每千克体重50～60毫克，肌内注射，1次/天，连用4次；或磺胺间甲氧嘧啶，每千克体重60～100毫克，单独口服或配合甲氧苄氨嘧啶，每千克体重14毫克口服，1次/天，连用4次，首次量加倍。

（4）猪场内应开展灭鼠活动，同时，禁止养猫。勿用未经煮熟的屠宰废弃物作为猪的饲料，不用生肉喂猫，控制或消灭鼠类。

70. 如何防治猪棘头虫病?

猪棘头虫病是少棘科巨吻属的蛭形巨吻棘头虫，寄生于猪的小肠，主要是空肠所引起的疾病。国内各地都有流行。本虫有时也可寄生于人、猴、野猪、犬和猫。

（1）流行病学。 呈地方性流行；8～10月龄的猪感染率最高。卵壳厚，对外界的抵抗力甚强，在室外的土壤中，可维持活力3.5年。在70℃以上水中才能被杀死，-10～16℃时大多数虫卵仍可生存；在干湿交替的土壤中，温度为37～39℃时，虫卵可存活365天。放牧猪比舍饲猪感染率高，每年春季、夏季为本病感染季节，这是与甲虫幼虫出现相关联的。甲虫幼虫多存在于12～15厘米深的泥土中，仔猪拱土能力差，故感染率低，后备猪则感染率高。

（2）临床症状。 虫体以吻突牢固地插入肠黏膜内，引起黏膜发炎，甚至坏死和溃疡。若吻突深入到浆膜层，不仅破坏肠壁组织，还可能引起肠穿孔，发生腹膜炎和肠粘连而死亡。虫体代谢产物被吸收，能引起中毒并伴发神经症状。

症状随感染强度和饲养条件不同而有差异。轻度感染症状不明显，严重感染时表现食欲减退，下痢，粪便带血，腹痛，病猪逐渐消瘦，贫血，生长发育迟缓。若寄生部位发生脓肿或肠穿孔时，症状加剧。体温升高41℃，患猪食欲废绝，腹痛，卧地，多以死亡告终。

剖检尸体可见小肠内塞满虫体，黏膜发炎。寄生部位呈现坏死和溃疡，甚至肠壁穿孔。

（3）诊断。根据流行病学及临床症状，再结合粪便检查，发现大量虫卵即可确诊。剖检是最可靠的诊断方法，在小肠内可发现虫体和特征的病理变化。

（4）治疗。目前尚无特效的治疗药物，根据各地报道，应用下列药物有一定疗效。左咪唑8～10毫克/千克体重，混饲料内喂服。敌百虫100～120毫克/千克体重，溶于水灌服。硫双二氯酚160毫克/千克体重，一次投服。四氯乙烯130毫克/千克体重，一次投服。

（5）预防。搞好猪舍及运动场的清洁卫生，及时清除粪便，并利用生物热除虫。在甲虫活动季节应改放牧为舍饲，防止猪吞食各期中间宿主，如被感染的幼虫、蛹、成虫。在流行区，猪只应定期驱虫，每年春、秋季节各一次。发现病猪要及时治疗。

71. 如何防控猪隐孢子虫病？

猪隐孢子虫病是由隐孢子虫寄生于胃肠道和呼吸道上皮细胞内引起的一种原虫病，以腹泻、呕吐、脱水、日增重减少和饲料转化率降低为主要特征。主要感染1～6月龄的断奶仔猪和育肥猪，多发于温暖、潮湿的季节，通过被粪便中卵囊污染的环境、饮水、饲料等，主要经口进入机体而传播感染，也可经气溶胶传播，环境条件及卫生状况差易流行本病。

临床症状：腹泻，粪便含有血液或纤维素；精神沉郁，厌食，长生停滞，极度消瘦。

剖检症状：典型肠炎病变。该病多呈隐性经过，但易与其他病毒、细菌、寄生虫等肠道病原混合或继发感染时易表现明显临床症状。

没有有效治疗方法。对饲养场有针对性地采取消毒、隔离措施，包括粪便无害化处理，常规检疫等防治措施。

72. 猪细小病毒感染有何特征？

猪细小病毒感染是由猪细小病毒引起的一种猪繁殖障碍病，该病主要表现为胚胎和胎儿的感染和死亡，特别是初产母猪产出死胎、畸形胎和木乃伊胎，但母猪本身无明显的症状。

各品系和年龄的猪均可易感。母猪和带毒公猪是主要传染源。后备母猪比经产母猪易感染，病毒能通过胎盘垂直传播，而带毒猪所产的活猪能长时间带毒排毒，有的终身带毒。感染种公猪也是该病最危险的传染源，可在公猪的精液、精索、附睾、性腺中分离到病毒，种公猪通过配种传染给易感母猪，并使该病传播扩散。

当前猪群猪细小病毒病感染率高，基因型复杂多样。该病与猪圆环病毒 2 型混合感染在猪群中常见。

73. 防控猪细小病毒病应采取哪些措施?

（1）**把好引种关。**引种前了解引进猪群是否有猪细小病毒感染，怀孕母猪是否有繁殖障碍临床表现，母猪群是否做过疫苗免疫接种等情况。

（2）**做好疫苗免疫接种。**疫苗免疫是预防猪细小病毒病、提高母猪抗病力和繁殖率的有效方法，选择合适的疫苗对母猪进行免疫接种。

（3）**做好隔离和消毒。**猪只饲养过程中，发现母猪产木乃伊胎或者死胎，应立即进行紧急隔离，安排专门的饲养员管理带毒的母猪、仔猪等，同时使用专门的饲养用具等，并与健康猪只使用的器具彻底分开，防止交叉感染。另外，还要对猪舍进行全面彻底的清洗和消毒。对病死猪与产出的死胎、病猪排出的粪便、采食的饲料以及其他污物等必须采取无害化处理。

74. 如何防控猪丹毒?

猪丹毒是猪丹毒杆菌引起的一种急性热性传染病。

（1）**流行特点。**猪丹毒一年四季都有发生，病猪和带菌猪是该病的传染源，猪丹毒杆菌主要存在于带菌猪的扁桃体、胆囊、回盲瓣的腺体处和骨髓里。病猪及带菌猪从粪尿中排出猪丹毒杆菌，污染饲料、饮水、土壤、用具和场舍等，经消化道传染给易感猪。该病也可通过损伤皮肤及蚊、蝇等吸血昆虫传播。

（2）**临床症状。**分为急性和慢性 2 种。急性败血型猪丹毒常见体温升高达 42～43℃，稽留不退，虚弱，不食，有时呕吐。粪便干硬呈栗状，附有黏液，小猪后期可能下痢。严重的呼吸增快，黏膜发绀，部分病猪耳、颈、背等部皮肤潮红、发紫。病程短促的可突然死亡，病死率 80% 左右。慢性猪丹毒病常见皮肤坏死，常发生于背、肩、耳、蹄和尾，局部皮肤肿胀、隆起、黑色、干硬，似皮革。经 2～3 个月坏死皮肤脱落，遗留一片无毛的疤痕。慢性关节炎表现，四肢关节肿胀，腕关节较为常见，病腿僵硬、疼痛，跛行或卧地不起。呼吸急促，通常心脏麻痹突然倒地死亡。

（3）**防治。**

①加强饲养管理，猪舍用具保持清洁，定期用消毒药消毒。每年按计划进

行预防接种。目前，用于防治本病的疫苗有弱毒苗和灭活苗两大类。乳猪的免疫因可能受到母源抗体的影响，应于断乳后进行；如在哺乳期已进行免疫，则应在断乳后再进行一次免疫，以后每隔6个月免疫一次。做好猪舍灭蚊蝇、灭蚤虱工作。

②检测确诊猪丹毒后，应立即将病猪隔离，及早治疗。猪圈、运动场、饲槽及用具等要认真消毒。粪便和垫草最好烧毁或堆积发酵进行生物热处理。发生猪丹毒疫情后，应立即对全群猪测温，病猪隔离治疗，死猪深埋或烧毁。与病猪同群的未发病猪，用青霉素进行药物预防，待疫情扑灭和停药后，进行1次大消毒。

对疫病流行地区的猪进行免疫。28～35日龄时进行初免，70日龄左右时进行二免。使用疫苗：猪丹毒灭活疫苗。

③将发病猪群隔离处置后，正常猪注射猪丹毒疫苗，巩固防疫效果。对慢性病猪及早淘汰，以减少经济损失，防止带菌传播。

75.如何防控猪传染性胸膜肺炎？

猪传染性胸膜肺炎，又称猪接触性传染性胸膜肺炎，是由胸膜肺炎放线杆菌引起的一种接触性传染病。临床急性型出现呼吸道症状，以急性出血性纤维素性胸膜肺炎和慢性纤维素性坏死性胸膜肺炎为特征，呈现高死亡率。

（1）流行特征。猪群中该病可以出现原发性细菌病，但主要为继发性细菌病，常继发于猪蓝耳病或猪圆环病毒病。病猪和带菌猪是本病的传染源。种公猪和慢性感染猪在传播本病中起着十分重要的作用。各年龄猪都易感，6周龄至6月龄的猪只多发，3月龄仔猪最易感。本病的发生多呈最急性型或急性型病程而迅速死亡，急性暴发猪群的发病率和死亡率一般为50%左右，最急性型的死亡率可达80%～100%。

该病主要通过空气飞沫传播。病菌在感染猪的鼻、扁桃体、支气管和肺脏等部位，随呼吸、咳嗽、喷嚏等途径排出后形成飞沫，经呼吸道传播。也可通过被病菌污染的车辆、器具以及饲养人员的衣帽等间接接触传播。小啮齿类动物和鸟类也可机械传播本病。

一般情况下，传染性胸膜肺炎放线杆菌在外界的存活能力较弱，对常规消毒剂较为敏感；但在气温较低、湿度较大、细菌表面有黏液性物质时，细菌的存活力就会增强，在春、秋换季时空气湿度变化较大，该病容易流行。

（2）防控措施。加强科学的饲养管理，减少应激因素对猪群的影响。猪舍要保持清洁卫生，及时清除粪尿污物，减少有害气体对猪只呼吸道黏膜的刺激与损害；保持干燥，防止潮湿，定期消毒，以减少病原体的繁殖；饲养密度不要过大，给以充足的清洁、安全的饮水和全价营养饲料，增强猪只的抗病能力。

控制病毒性疫病。细菌性疫病经常继发于病毒性疫病，要做好猪场的基础免疫。使用敏感性药物对猪群进行药物预防和治疗。应注意合理交替用药，提高本病的治愈率和减少病原菌的耐药性。

76. 猪传染性萎缩性鼻炎的流行特点是什么？

猪传染性萎缩性鼻炎（AR）又称慢性萎缩性鼻炎或萎缩性鼻炎，是由支气管败血波氏杆菌和产毒素多杀性巴氏杆菌引起的猪的一种慢性接触性呼吸道传染病。它以鼻炎、鼻中隔扭曲、鼻甲骨萎缩和病猪生长迟缓为特征，临诊表现为打喷嚏、鼻塞、流鼻涕、鼻出血、颜面部变形或歪斜，常见于 2～5 月龄猪。目前，已将这种疾病归类于 2 种表现形式：非进行性萎缩性鼻炎（NPAR）和进行性萎缩性鼻炎（PAR）。

各种年龄的猪均易感，但以仔猪最为易感，主要是带菌母猪通过飞沫，经呼吸道传播给仔猪。不同品种的猪易感性有差异，种猪易感性高，而国内土种猪发病较少。本病在猪群中流行缓慢，多为散发或呈地方流行性。饲养管理不当和环境卫生较差等，常使发病率升高。本病无季节性，任何年龄的猪都可以感染，仔猪症状明显，大猪较轻，成年猪基本不表现临床症状。病猪和带菌猪是本病的主要传染源，病原体随飞沫，通过接触经呼吸道传播。

77. 猪传染性萎缩性鼻炎有哪些主要临床症状和病理变化？

猪传染性萎缩性鼻炎早期临诊症状，多见于 6～8 周龄仔猪。表现鼻炎、打喷嚏、流涕和吸气困难。流涕为浆液、黏液脓性渗出物，个别猪因强烈喷嚏而发生鼻衄。病猪常因鼻炎刺激黏膜而表现不安，如摇头、拱地、搔抓或摩擦鼻部直至摩擦出血。发病严重猪群可见患猪两鼻孔出血不止，形成两条血线。圈栏、地面和墙壁上布满血迹。吸气时鼻孔开张，发出鼾声，严重的张口呼吸。由于鼻泪管阻塞，泪液增多，在眼内眦下皮肤上形成弯月形的湿润区，被尘土沾污后黏结成黑色痕迹，称为"泪斑"。

继鼻炎后常出现鼻甲骨萎缩，致使鼻梁和面部变形，此为 AR 特征性临诊症状。如两侧鼻甲骨病理损伤相同时，外观可见鼻短缩，此时因皮肤和皮下组织正常发育，使鼻盘正后部皮肤形成较深皱褶；若一侧鼻甲骨萎缩严重，则使鼻弯向同一侧；鼻甲骨萎缩，额窦不能正常发育，使两眼间宽度变小和头部轮廓变形。病猪体温、精神、食欲及粪便等一般正常，但生长停滞，有的成为僵猪。

鼻甲骨萎缩与猪感染时的周龄、是否发生重复感染以及其他应激因素有非常密切的关系。如周龄越小，感染后出现鼻甲骨萎缩的可能性就越大越严重。一次感染后，若无发生新的重复或混合感染，萎缩的鼻甲骨可以再生。有的鼻炎延及筛骨板，则感染可经此而扩散至大脑，发生脑炎。此外，病猪常有肺炎发生，可能是因鼻甲骨结构和功能遭到损坏，异物或继发性细菌侵入肺部造成，也可能是主要病原直接引发肺炎的结果。因此，鼻甲骨的萎缩促进肺炎的发生，而肺炎又反过来加重鼻甲骨萎缩。

本病的病理变化一般局限于鼻腔和邻近组织，最特征的病理变化是鼻腔的软骨和鼻甲骨的软化和萎缩，特别是下鼻甲骨的下卷曲最为常见。另外也有萎缩限于筛骨和上鼻甲骨的。有的萎缩严重，甚至鼻甲骨消失，而只留下小块黏膜皱褶附在鼻腔的外侧壁上。

鼻腔常有大量的黏液脓性甚至干酪性渗出物，随病程长短和继发性感染的性质而异。急性时（早期）渗出物含有脱落的上皮碎屑。慢性时（后期）鼻黏膜一般苍白，轻度水肿。鼻窦黏膜中度充血，有时窦内充满黏液性分泌物。病理变化转移到筛骨时，当除去筛骨前面的骨性障碍后，可见大量黏液或脓性渗出物的积聚。

78. 猪传染性萎缩性鼻炎的防控措施有哪些?

（1）**药物治疗与预防控制**。哺乳仔猪从 15 日龄能吃食时起，每天可按每千克体重喂给 20～30 毫克金霉素或土霉素，连续喂 20 天，有一定效果。或在母猪分娩前 3～4 周至产后 2 周，每吨饲料中加入 100～125 克磺胺二甲基嘧啶和磺胺噻唑，或每吨饲料中加入土霉素 400 克喂服。

治疗：每吨饲料加入磺胺甲氧嗪 100 克，或金霉素 100 克，或加入磺胺二甲基嘧啶 100 克、金霉素 100 克、青霉素 50 克 3 种混合剂，连续喂猪 3～4 周，对消除病菌、减轻症状及增加猪的体重均有效。

对早期有鼻炎症状的病猪，定期向鼻腔内注入卢格氏液、1%～2% 硼酸溶液、0.1% 高锰酸钾溶液等消毒剂或收敛剂，有一定疗效。

（2）**综合防控措施**。哺乳期病母猪，通过呼吸和飞沫传染给仔猪。病仔猪串圈或混群时，又可传染给其他仔猪，传播范围逐渐扩大。作为种猪通过引种传播到其他猪场。因此，要想有效控制本病，必须执行一套综合性兽医卫生防控措施。

①加强进境猪的检验，防止从国外传入。事实表明，我国的猪传染性萎缩性鼻炎，就是某些地区猪场从国外引进种猪将此病传入而引起流行的，应采取坚决的淘汰和净化措施。

②无本病健康猪场的防制原则。坚决贯彻自繁自养，加强检疫工作及切实执行兽医卫生措施。必须引进种猪时，要到非疫区购买，并在购入后隔离观察 2～3 个月，确认无本病后再合群饲养。

③淘汰病猪，更新猪群。将有病状的猪全部淘汰育肥，以减少传染机会。但有的病猪外表病状不明显时，检出率很低，所以又不是彻底根除病猪的方法。比

较彻底的措施，是将出现过病猪的猪群，全部育肥淘汰，不留后患。

④隔离饲养。凡曾与病猪或可疑病猪接触过的猪只，隔离观察 3～6 个月；母猪所产仔猪，不与其他猪接触；仔猪断奶后仍隔离饲养 1～2 个月；再从仔猪群中挑选无病状的仔猪留作种用，以不断培育新的健康猪群。发现病猪立即淘汰。这种方法在我国还较适用，但也要下功夫才能办到。

至于剖腹取胎、隔离饲养仔猪，从中选育出健康猪的方法，人力、物力花费太大，难以坚持。

⑤改善饲养管理。仔猪断奶、网上培育及肥育均应采取全进全出；降低饲养密度，防止拥挤；改善通风条件，减少空气中有害气体；保持猪舍清洁、干燥、防寒保暖；防止各种应激因素的发生；做好清洁卫生工作，严格执行消毒卫生防疫制度。这些都是防止和减少发病的基本办法，应予十分重视。

⑥免疫接种。用支气管败血波氏杆菌（Ⅰ相菌）灭活菌苗和支气管败血波氏杆菌及 D 型产毒多杀性巴氏杆菌灭活二联苗接种。在母猪产仔前 2 个月及 1 个月接种，通过母源抗体保护仔猪几周内不感染。也可以给 1～3 周龄仔猪免疫接种，间隔 1 周进行第二免。

79. 猪圆环病毒病有哪些临床表现?

猪圆环病毒是一种无囊膜的单股环状 DNA 病毒，根据抗原性和基因型的不同，可分为猪圆环病毒 1 型、猪圆环病毒 2 型和猪圆环病毒 3 型。其中，猪圆环病毒 1 型普遍认为无致病性，而猪圆环病毒 2 型和猪圆环病毒 3 型可造成断奶仔猪多系统衰竭综合征、猪皮炎与肾病综合征、断奶猪和育肥猪的呼吸道病综合征、仔猪的先天性震颤等，还能引发免疫抑制，诱发其他疫病发生。

（1）流行特征。猪圆环病毒 2 型在自然界广泛存在，各日龄猪都可感染，但并不都能表现出临床症状，其临床危害主要表现在猪群生产性能下降。病猪和带毒猪是主要的传染源。该病可在猪群中水平传播，也可通过胎盘垂直传播。

猪断奶后多系统衰竭综合征主要发生在哺乳期和保育期的仔猪，尤其是 5～12 周龄的仔猪，急性发病猪群的病死率可达 10%，因并发或继发其他细菌或病毒感染而导致死亡率上升。猪皮炎与肾病综合征主要发生于保育和生长育肥猪，呈散发，发病率和死亡率均低。繁殖障碍主要发生于妊娠母猪。

我国猪群中猪圆环病毒 2 型感染呈常发性，临床上单独感染猪圆环病毒 2 型的猪场较少见，通常与猪繁殖与呼吸综合征病毒、猪细小病毒等混合感染。

（2）防控措施。做好猪群的基础免疫。做好猪场猪瘟、猪伪狂犬病、猪细小病毒病等疫苗的免疫接种，提高猪群整体的免疫水平，可减少呼吸道疫病的继发感染。

采取综合性防控措施。加强饲养管理，降低饲养密度，实行严格的全进全出制和混群制度，避免不同日龄猪混群饲养；减少环境应激因素，控制并发和继发感染，保证猪群具有稳定的免疫状态；加强猪场内部和外部的生物安全措施，引入猪只应来自清洁猪场。

80. 如何防控副猪嗜血杆菌病？

副猪嗜血杆菌病又称格拉瑟病、多发性纤维素性浆膜炎和关节炎，是由副猪嗜血杆菌引起猪的多发性纤维素性浆膜炎和关节炎的统称。本病多发于断奶前后、保育阶段的仔猪和青年猪，临床上以发热、咳嗽、呼吸困难、消瘦、跛行、关节肿胀、多发性浆膜炎和关节炎为特征。

（1）流行特征。本病虽四季均可发生，但以早春和深秋天气变化比较大时多发。临床上多表现为继发感染，只在与其他病毒或细菌协同作用时才发病。2周龄～4月龄的仔猪均易感，哺乳仔猪多在断奶后、保育期间发病，临床上5～8周龄的猪多发。发病率一般在10%～15%，严重时死亡率可达50%。

病猪和带菌猪是本病的主要传染源。本菌为条件性致病菌，常存在于猪的上呼吸道，通常情况下，无症状隐性带菌猪较常见，母猪和育肥猪是主要的带菌者。

该病主要经空气飞沫、直接接触及排泄物传播。多呈地方性流行，相同血清型的不同地方分离株可能毒力不同。当猪群中存在猪繁殖与呼吸综合征、猪圆环病毒病、猪流感或猪支原体肺炎的情况下，该病更容易发生。饲养环境不良时本病多发。断奶、转群、混群或运输也是常见的诱因。

（2）防控措施。实行全进全出的饲养管理制度，减少各种应激因素的影响。猪舍要保持清洁卫生，及时清除粪尿污物，减少有害气体对猪只呼吸道黏膜的刺激与损害；保持干燥，防止潮湿，定期消毒，以减少病原体的繁殖；要注意防寒保温，通风，尽可能避免发生呼吸道感染；饲养密度不要过大，给以充足的清洁、安全的饮水和全价营养饲料，增强猪只的抗病能力。

做好猪场的基础免疫。副猪嗜血杆菌病大多继发于猪繁殖与呼吸综合征、猪圆环病毒病、猪伪狂犬病、猪瘟等病毒性疾病。按程序做好免疫接种工作，保证猪群常年处于良好的免疫状态。使用敏感的抗菌药物对猪群进行合理的药物预防和保健，可以有效降低发病率和病死率。发病严重的猪场可试用副猪嗜血杆菌病灭活疫苗，但由于副猪嗜血杆菌的血清型众多，疫苗的免疫效果并不确实。

81. 如何防控猪传染性胃肠炎？

（1）流行特点。猪传染性胃肠炎是由传染性胃肠炎病毒引起的高度接触性传染病。临床上以严重腹泻、呕吐和脱水为主要特征。10日龄内仔猪的发病率和死亡率最高，幼龄仔猪死亡率可达100%。5周龄以上仔猪死亡率较低，随着年龄的增长其症状和死亡率都逐渐降低，成年猪几乎没有死亡。病猪和带毒猪是该病重要的传染源，其排泄物、乳汁、呕吐物、呼出的气体等能够携带病毒，通过消化道和呼吸道传播给易感仔猪。猪传染性胃肠炎有明显的季节性，一般发生在 12 月至次年的 4 月。

（2）**防控措施**。坚持自繁自养、全进全出的生产管理方式。加强猪群的饲养管理水平，提高猪只抵抗力。注意仔猪的防寒保暖，把好仔猪初乳关，增强母猪和仔猪的抵抗力。一旦发病，应将发病猪立即隔离到清洁、干燥和温暖的猪舍中，加强护理，及时清除粪便和污染物，防止病原传播。因病猪抵抗力下降、畏寒，要加强对病猪的保温工作。提高小猪出生 1 周内保温箱温度。加强场区道路和猪舍内外环境的卫生消毒。保持猪舍温暖清洁和干燥，猪舍空气清新，确保饲料质量，不使用霉变饲料。

做好疫苗免疫。选择高质量的疫苗，制定科学合理的免疫程序，尤其是做好母猪群的免疫接种工作，提升母猪群的母源抗体水平。

82. 猪流感有什么流行特点？

猪流感也叫猪流行性感冒，是由猪流行性感冒病毒引起的一种急性、高度接触性、呼吸器官的传染病，是以猪群突发、高热、咳嗽、呼吸困难、衰竭、康复迅速或死亡为特征的暴发性疫病。

（1）猪流感病毒是正黏科甲型流感病毒属的单股负链 RNA 病毒，可造成人感染猪流感病毒的血清型主要有 H1N1、H1N2 和 H3N2。猪流感病毒对氧化剂、卤素化合物、重金属、乙醇以及乙醚、氯仿、丙酮等有机溶剂敏感。猪流感病毒对热敏感，56℃条件下，30 分钟可灭活。

（2）猪流行性感冒可感染各个日龄、性别和品种的猪，主要发生在气候多变的秋末、早春和寒冷的冬季。本病接触性传染性极强，主要通过呼吸道传播，2～3 天内群体发病，常呈地方性流行或大流行，寒冷而潮湿的天气可能是该病暴发的诱因。病猪和带毒猪是该病的主要传染源，在规模化猪场中猪流感可演变为地方性疾病，也可造成母猪繁殖障碍的发生。

（3）由于猪流感病毒对整个呼吸道上皮细胞都具有亲嗜性，其病理变化也主要在呼吸器官。该病是猪群中普遍存在却难以根除的呼吸道疾病之一，可以直接导致猪只发病，引起呼吸道症状，而且可感染怀孕母猪，导致流产、产死胎和早产。

（4）该病多散发，有时呈地方流行，寒冷季节多发。猪群饲养密度过大，不同日龄仔猪混群饲养，猪舍卫生条件差，通风不良，温度和湿度过高或过低，有害气体浓度过大，仔猪转群、运输以及其他可能引起应激反应的因素等，均可促使该病的发生与流行。发病受外界因素影响很大，应激状态增强了猪的易感性，猪群在应激因素作用下机体免疫力下降，病原互相作用也可引起免疫抑制，造成多病原感染而发展成为严重疫病。

（5）病原复杂性，常常是由多种病原引发，与环境中多因子密切相关。单一因子感染的病原体危害较小，多易发生混合感染，从而使疾病更加难以控制；一旦发病后就难以完全治愈，且易复发。

（6）感染的普遍性，几乎所有的猪场都感染了有关的病原体，而且很难在猪群中清除这些病原体。

（7）引发病原微生物多为常在病源，故在疾病发生时，多找不到传染源。

（8）天气骤变，空气干燥，温度反常，猪流行性感冒在不同区域可能会呈流行趋势，发病率较高。

83. 猪流感有哪些临床症状和病理变化？如何诊断？

（1）**临床表现**。感染初期体温突然升高至 40～42℃，出现厌食或食欲废绝，极度虚弱乃至虚脱；精神极度委顿，常卧地；皮肤潮红，呼吸急促，腹式呼吸、阵发性咳嗽；病猪挤卧在一起，肌肉僵硬、疼痛，不愿活动，眼和鼻腔流出黏性分泌物。

本病虽然传播快，感染率高，但病死率较低，大部分猪只最终都能耐过，在无继发感染的前提下，大部分病猪在 1 周内逐渐康复，很多猪甚至不用药就能自行康复，但由于发病期间采食量下降，康复后的猪只生长速度与健康猪相比有所减缓，造成猪场效益降低。

（2）**病理变化**。该病的病理变化主要在呼吸器官，鼻、咽、喉、气管的黏膜充血、肿胀，表面覆有黏液，胸腔蓄积大量混有纤维素的浆液，脾脏肿大，胃肠黏膜发生卡他性炎，胃黏膜充血严重，大肠出现斑块状充血。

（3）**诊断要点**。根据猪群的流行病学、临床症状病理变化可作初步诊断。

①一般在秋冬季节或气温发生剧变时发病。

②发病急，整栋舍的猪只几乎同时发病。

③一般 40～80 千克育肥猪先发病，发病率高，几乎 100% 发病，母猪、保育仔猪迟发病或不发病。

④死亡快(继发感染其他疾病)，发病 3 天内有死猪现象，生长快的健康猪易死亡(自由采食更快)，采食量减少一半以下，厌食或不食，体温普遍在 40.3～41.5℃。

⑤精神沉郁、卧地不起，肌肉关节疼痛，驱赶尖叫，咳嗽、打喷嚏、流鼻涕(有的带血)。

若要确诊进行实验室检验以及与其他呼吸道疾病进行鉴别。实验室常见诊断方法包括病毒分离、特异性抗体的检测和 RT-PCR 等。

84. 如何对猪流感进行综合防控?

（1）**预防**。目前，虽然有猪流感病毒疫苗上市，因流感病毒亚型很多，相互之间无交叉免疫力，慎重选择疫苗接种措施。加强生物安全措施，良好的栏舍环境和避免不良应激，有助于预防严重流行性感冒的暴发。

（2）**治疗**。本病尚无特效疗法，主要依靠综合预防措施。一旦出现发病要及时进行隔离，对猪舍进行消毒，降低病毒载量，对栏圈等进行消毒，余料、剩水要深埋或无公害化处理。

发病猪群或个体病猪大量补饮氨基酸多维电解质营养液，在饮水中加入止咳化痰、清热解毒的药物，肌内注射解热镇痛药物，如30%安乃近或安痛定4～10毫升，辅以抗菌药物（如补食或补饮氨苄西林钠＋恩诺沙星溶液）可有效防止继发感染。

拌料：每1 000千克饲料中添加20%泰妙菌素1 000克＋强力霉素200克或混饲每1 000千克饲料中添加替米考星200～400克（以替米考星计)+70%氟苯尼考50克，连续使用5～7天，猪只采食量废绝时采用饮水操作。

饮水：复方阿莫西林10～20毫克/千克体重＋卡巴匹林钙4毫克/千克体重，提前控水，要求其集中2小时内用完，连用3天。

肌内注射：个体发病肌注青霉素3万～4万单位/千克体重＋链霉素1.5万单位/千克体重＋安痛定0.1毫升/千克体重，2次/天，连用3～5天；重病症状猪只肌内注射双黄连20毫升＋头孢菌素5毫克/千克体重＋地塞米松1～2毫升，防止败血症的发生，并辅以静脉注射10%葡萄糖500～1 000毫升+5%碳酸氢钠100～150毫升。

85. 猪痢疾有什么流行特点?

猪痢疾是严重危害猪健康的传染病之一，又称血痢、黑痢、黏液出血性下痢等。病猪以大肠黏膜卡他性、出血性及坏死性炎症为特征。本病呈世界性分布，也在我国许多省市存在。猪痢疾一旦侵入猪群，仔猪发病率和死亡率较高，育肥猪患病后生长速度下降、饲料利用率降低，会给养猪业带来较大损失。

猪痢疾的病原为猪痢疾蛇形螺旋体，密螺旋体属。病原对外界环境有较强抵抗力，在粪便内5℃环境下可存活2个月，25℃能存活7天，对消毒药敏感，普通消毒药如过氧乙酸、来苏尔和氢氧化钠溶液均能将其杀死。

猪痢疾蛇形螺旋体不感染其他动物，只感染猪，各种品种和年龄的猪均易感染，但以2～3月龄猪发病多，哺乳仔猪发病较少。病猪和带菌猪是主要传染源。康复猪可带菌、排菌长达数月。易感猪与临床康复70天以内的猪在同一猪舍时，仍可感染发病。小鼠和犬感染后也可成为传染源。经污染的饲料、饮水、用具、人员、动物及环境等媒介进行传播。发病季节性不明显，四季均有发生，流行缓慢，持续期长，流行初期多为急性经过，以后转变为亚急性和慢性病例。

86. 猪痢疾有哪些临床症状和病理变化?

（1）临床症状。本病潜伏期为 2 天至 3 个月不等，平均为 1 ～ 2 周，常见症状为不同程度的腹泻，有体温升高和腹痛现象，病程长的还表现脱水、消瘦和共济失调。

最急性型多见于暴发初期。生猪突然死亡，且死亡率高，多数病例表现为食欲废绝，病猪肛门松弛，剧烈下痢，粪便开始时呈黄灰色软便，含黏液、血液或血块，气味腥臭。随后迅速转为水样腹泻，高度脱水，寒颤、抽搐、死亡。

急性型多见于流行初期、中期。体温升高至 40 ～ 40.5℃，食欲减少，同时因腹痛表现为拱背，并迅速消瘦，贫血。病初排稀便，继而粪便带有大量半透明的黏液而呈胶胨状，夹杂血液或血凝块及褐色脱落黏膜组织碎片。严重病猪会出现死亡，如能存活一周左右会转为慢性。

亚急性型和慢性型多见于流行的中、后期。猪的病情较轻，食欲正常或稍减退，下痢时轻时重，反复发作。粪带黏液和血液，病程长的进行性消瘦，生长严重受阻，病死率低。亚急性病程为 2 ～ 3 周，慢性为 4 周以上，少数康复猪经过一定时间还会复发。

（2）病理变化。病变主要局限于大肠，最急性和急性病例表现为卡他性出血性炎症、病变肠壁肿胀，肠腔充满黏液和血液，呈红黑色或巧克力色。当病情进一步发展时，大肠壁水肿减轻，而黏膜炎症逐渐加重，出现坏死性炎症。病的后期，病变区扩大，可能分布于整个大肠部分，肠黏膜表面见有点状坏死和伪膜，呈麸皮样。刮去伪膜可露出糜烂面，肠内容物混有坏死组织碎片，血液相对较少。肠系膜淋巴结轻度肿胀、充血，腹水增量。小肠和小肠系膜及其他脏器无明显病变。

根据流行特点、临床症状和病理变化可做出初步诊断，确诊需进一步的实验室检验。

87. 猪痢疾的综合防控措施有哪些?

（1）禁止从疫区引进种猪，引进种猪时应进行严格检疫，并至少隔离观察 1 个月。

（2）在非疫区发现本病，应采取全群淘汰或淘汰阳性猪只的防制策略。经彻底清扫和消毒，并空圈 2 ～ 3 个月后再复养，要从无病猪场引进新猪。

（3）对无病猪群应加强饲养管理和清洁卫生，保持栏圈干燥、洁净，并实行"全进全出"制。如果发病猪数量多、流行面广而难以全群淘汰时，可对猪群采用药物治疗，并结合消毒、隔离、合理处理粪尿等措施，能有效降低猪群的发病率。

（4）疫苗免疫。若急性感染没有用药物治疗的康复猪，能抵抗本菌攻击，证实了其对猪痢疾密螺旋体的免疫性。但本病目前尚无特异性疫苗，国外用自体菌苗可减轻临床症状和病原的排出，对于反复发病的猪场可考虑使用，会有一定效果。

（5）药物防控。药物可控制猪群的发病率、减少死亡，但停药后容易复发，在猪群中难以根除。因此，应采取综合性预防措施，并配合药物防治才能有效控制或消灭该病。可用药物包括泰妙菌素、痢菌净、林可霉素、强力霉素、新霉素等。可用泰妙菌素 150 克、痢菌净 500 克，拌料 1 吨，连喂 5 天。停药 10～20 天后，换用另一种敏感药物。应在防治过程中要及时评估效果，剔除不敏感药物，及时调整防控方案。另外，用药前，场内及周围要全面灭鼠，猪粪要彻底清除、注意环境消毒，搞好猪场卫生管理。

猪痢疾是一种老病，因为没有特异性疫苗，所以成为一种顽症。但养猪人只要严格按照上述方法操作，能够最大程度地减少本病对猪场生产成绩带来的负面冲击。

88. 如何防控猪增生性肠病？

（1）**病原特点**。猪增生性肠病又称增生性肠炎，是生长育成猪常见的肠道传染病。引起猪增生性肠病的病原是细胞内劳森菌，是一种肠细胞专性厌氧菌，在不含细胞的培养基不能生长，仅能在鼠、猪或人等的肠细胞系上生长，革兰氏染色阴性，无鞭毛和纤毛。

（2）**流行病学**。病猪和带菌猪是该病的传染源。感染猪的粪便中含有坏死脱落的肠壁细胞，且含有大量病原菌。病原菌随粪便排出体外，污染外界环境，并随饲料、饮水等经消化道感染。成年猪较易感，一般 2 月龄以内及一年以上的猪不易发病。

该病的发生与外界环境等多种因素有关。气候骤变、长途运输、饲养密度过高、转换饲料、并栏或转栏等应激以及抗生素类添加剂使用不当等因素，均可成为该病的诱因。此外，鸟类、鼠类在该病的传播过程中也起重要的作用。

（3）**临床症状**。猪胞内劳森氏菌感染通常以腹泻为主要临床特征，在感染部位增厚的基础上发生坏死性肠炎或出血性肠炎，重症病例急性期出现煤焦油状黑色粪便，可发展为黄色或血样，并发生突然死亡，多发于 4～12 月龄。慢性期常精神沉郁、被毛粗乱、食欲不佳，且有间歇性腹泻，粪便呈水样或糊状，颜色较深，见于 6～20 周龄的断奶仔猪。亚临床型常以猪体型大小差异为特征，可能伴有偶发性腹泻。慢性型与亚临床型更为常见，大多数病例表现温和而不易查出，往往在最后屠宰时才会发现。

（4）**病理变化**。主要见于小肠后部的回肠段，肉眼观察结肠前部及盲肠，肠管胀满，肠黏膜增厚，急性型肠腔内充血、出血，肠系膜水肿，肠系膜淋巴结肿大；慢性型可见肠黏膜明显增厚、肠系膜淋巴结肿大，肠内容物较稀。病理组织学检查可见肠黏膜上皮细胞和腺上皮细胞增生，急性病例可见上皮细胞坏死溃疡、纤维素渗出，肠绒毛发生扩张，大量的巨噬细胞和中性粒细胞浸润。小肠绒毛长度可见缩短，隐窝加深。

（5）**防控**。关于该病的防控应从饲养管理、严格卫生消毒、生物安全、预防治疗、疫苗免疫等多方面入手，采取综合防控措施，加强饲养管理，实行全进全出或自繁自养制度，加强人员器具管理，严格灭鼠消毒，搞好粪便管理，尽量减少仔猪接触粪便的机会，要尽量减少因外界环境变化引起的应激反应。

（6）**治疗**。选择合适的药物、制定合理的预防程序可以减弱病菌对易感动物的致病能力，从而保护易感动物。临床疾病暴发时，常高剂量使用泰乐菌素、恩诺沙星、四环素、泰妙菌素、替米考星等抗生素，疗效较好。还可接种疫苗来提供免疫保护。

89. 什么是猪丁型冠状病毒感染？

猪丁型冠状病毒感染是一种新出现的可致仔猪腹泻的病毒病，我国猪场的阳性率达到18%～20%。猪丁型冠状病毒主要感染整段小肠，尤其是空肠和回肠，引起严重的肠炎并伴有小猪的腹泻和呕吐。2009—2010年PDCoV在中国香港首次报道该病毒。2014年初，在美国首次报道猪群该病的流行，此后至少有19个州有该新型冠状病毒的报道。在美国，猪丁型冠状病毒感染与猪流行性腹泻（PED）和猪传染性胃肠炎（TGE）的临床发病情况比较相似，但是发病症状相对较轻。新型猪肠道冠状病毒病可引起乳猪腹泻和呕吐，发病率和死亡率高达50%～100%，生长猪和成年猪感染后死亡率低。

集约化猪场5～15日龄乳猪发生传播迅速的严重腹泻，迅速脱水死亡，死淘率高达90%以上。剖检病变主要在小肠，肠管明显扩张，内充满黄色液体，肠壁变薄、松弛，小肠黏膜充血，肠系膜呈索状充血。

因为是一种新病，目前没有本病的特异性防制方法，重点搞好综合防控。坚持自繁自养、全进全出的生产管理方式。加强猪群的饲养管理水平，提高猪只抵抗力。注意仔猪的防寒保暖，把好仔猪初乳关，增强母猪和仔猪的抵抗力。一旦发病，应将发病猪立即隔离到清洁、干燥和温暖的猪舍中，加强护理，及时清除粪便和污染物，防止病原传播。因病猪抵抗力下降、畏寒，要加强对病猪的保温工作。提高小猪出生1周内保温箱温度。加强场区道路和猪舍内外环境的卫生消毒。保持猪舍温暖清洁和干燥，猪舍空气清新，确保饲料质量，不使用霉变饲料。

参考文献

常德雄，2021.规模猪场猪病高效防控手册 [M].北京：化学工业出版社.

李宏全，2016.门诊兽医手册 [M].北京：中国农业出版社.

李连任，2017.家畜寄生虫病防治手册 [M].北京：化学工业出版社.

李连任，2018.猪病中西医结合诊疗处方手册 [M].北京：中国农业科学技术出版社.

李长强，李童，闫益波，2013.生猪标准化规模养殖技术 [M].北京：中国农业科学技术出版社.

万遂如，2014.规模化养猪场驱虫、杀虫与灭鼠的防控技术 [J].猪业观察，(10)：103–107.

闫益波，2015.轻松学猪病防制 [M].北京：中国农业科学技术出版社.

闫益波，2018.生猪饲养管理与疾病防治问答 [M].北京：中国农业科学技术出版社.